玉米盐胁迫及调控机理

王玉凤　杨克军　薛盈文　著

中国农业出版社

北　京

　　全球各种盐渍土面积约 9.5 亿 hm^2，占全球陆地总面积的 10%，广泛分布于 100 多个国家和地区。而且，由于土壤次生盐渍化作用，全球土壤盐渍化面积还在迅速增加。来自联合国粮食及农业组织和教育、科学及文化组织的统计表明，全球灌溉土地约有一半遭受不同程度的盐渍化危害，每年约有 0.1 亿 hm^2 土地因土壤次生盐渍化而被废弃。我国是盐碱地面积较大的国家之一，盐渍土面积有 0.27 亿 hm^2，约占全国总耕地面积的 1/10。随着我国人口的剧增及工业的高速发展，可耕地面积急剧下降，而不合理的灌溉和耕作等因素又造成了大量良田的次生盐渍化，从而导致我国耕地面积逐年下降，严重威胁着我国的粮食生产。在盐渍化土地种植作物一般会减产 20% 以上，严重的不能耕种。我国因土壤盐渍化造成的经济损失每年约 25 亿元。改良和利用盐渍土壤已成为政府和人民关注的热点，提高植物，尤其是作物的耐盐性是开发和利用盐渍土地最有效的方法之一，也是未来农业发展的重大课题之一。

　　玉米是我国的主要粮食作物。我国玉米种植面积居世界第二位。玉米的产量关系到国家粮食安全和地方的经济建设，随着我国畜牧业和粮食加工业的快速发展，今后玉米生产将愈显重要。本书针对我国盐渍化土地面积迅速增加的严峻形势，深入研究玉米的耐盐性及施加外源物质与玉米抗盐性的关系，探索外源物质提高玉米耐盐性的机理。本书对于减轻盐分胁迫逆境对玉米产生的伤害，更好地开发和利用盐渍化土地，保障玉米高产稳产具有重要的现实指导意义。同时，为耐盐育种及盐渍化土壤的改良与利用提供了理论依据。

　　全书共分七章，第一章综述了盐胁迫对植物的伤害及植物的耐盐机制，第二章研究了玉米萌发期和苗期耐盐碱基因型筛选，第三章研究了盐胁迫对不同基因型玉米幼苗生理特性的影响，第四章分别研究了外源钙、钾、磷、硅、NO、甜菜碱对盐胁迫下玉米的调控效应，第五章研究了盐胁迫与碱胁迫对不同基因型玉米幼苗生理特性的影响，第六章研究了盐碱复合胁迫对玉米幼苗生长量及生理生化特性的影响，第七章研究了外源亚精胺对盐碱复合胁迫下玉米幼苗的缓解效应。其中，第一章、第二章、第三章、第六章由杨克军编写，第四章、第五章由王玉凤编写，第七章由薛盈文编写。

　　本书系统地总结了玉米苗期对盐胁迫、碱胁迫及盐碱复合胁迫的生理响应，及外源物质对盐碱胁迫下玉米幼苗的缓解效应，丰富了玉米的抗盐理论，为提高玉米耐盐性提供了理论参考。本书是在国家科技支撑计划——东北平原北部（黑龙江）水稻玉米丰产节水节肥技术集成与示范（2013BAD07B01）、国家重点研发计划——春玉米、粳稻田土壤养分活化与耕作技术（2017YFD0300502）、国家重点研发计划——黑龙江省半干旱区春玉米机械化丰产增效技术体系集成与示范（2018YFD0300101）等项目的大力支持下完成的。此外，在撰写的过程中，还吸收了部分专家、学者的学术成果和著述内容，在此衷心感谢他们对本书的支持。限于编者水平，书中难免存在疏漏和错误，敬请读者不吝指正。

著　者

2019 年 7 月

目 录

第一章　综　　述

第一节　盐胁迫对植物的伤害

当土壤或水域中的盐分显著偏离植物最适生活条件的浓度时，就会引发植物有机体在所有功能水平上产生变化和反应，即产生胁变。植物因这种盐胁迫而产生的胁变，即植物的盐害。盐胁迫的原初伤害是盐离子本身对植物产生的伤害，即离子胁迫导致的伤害。次生盐害包括渗透胁迫和营养胁迫，高盐浓度使得植物组织发生渗透脱水，造成细胞水分亏缺，影响细胞一系列代谢反应，从而产生渗透胁迫伤害。同时，由于植物在吸收矿物元素时存在各种矿物质的竞争，高盐浓度阻止了植物对一些矿物质元素的吸收，从而造成一些营养离子亏缺，破坏细胞中的离子稳态，造成营养胁迫伤害。关于盐胁迫对植物伤害及对植物耐盐机理的研究主要是用 NaCl 进行处理，所以下面主要介绍 NaCl 胁迫对植物的危害。

一、盐胁迫对膜系统的伤害

植物控制物质进出细胞的性质就是细胞质膜透性。生活细胞的物质交换能否正常进行，主要取决于细胞质膜的生理功能能否正常维持。由于质膜是有机体与外界环境之间的界面，所以植物在盐胁迫条件下，细胞质膜首先受到盐离子胁迫影响而产生胁变，导致质膜受伤。NaCl 对膜的破坏作用主要是 Na^+ 在细胞中过度积累，将具有稳定和保护质膜作用的 Ca^{2+} 置换掉。结合到质膜上的 Na^+ 对质膜起不到稳定作用，反而破坏膜的稳定性，膜结构遭到破坏，选择透过性丧失。细胞内 Na^+ 积累过量，导致活性氧产生和清除系统的动态平衡被破坏，膜脂过氧化或膜脂脱脂作用被启动，造成膜脂和膜蛋白损伤，从而影响膜的正常生理功能。高盐浓度胁迫下，膜结构完整性及膜功能改变，促使细胞内 K^+、磷和有机溶质外渗，细胞 K^+/Na^+ 比值下降。盐胁迫对植物造成的伤害中，另一个重要的方面是膜脂过氧化作用。盐胁迫使植物体内代谢失调，细胞内活性氧（ROS）的产生与清除平衡受到破坏，导致生物膜中脂质的过氧化，干扰镶嵌于双层磷脂排列的生物膜系统上多种酶的空间构型，以致

1

膜的孔隙变大，通透性增加，膜结构遭到破坏。丙二醛（MDA）是植物细胞膜脂过氧化反应终产物之一，通过影响细胞膜透性及膜蛋白结构而影响细胞对离子的吸收和积累及活性氧代谢系统的平衡，破坏植物细胞膜，最终影响植物生长。

二、渗透胁迫

盐分浓度过高可造成由于渗透调节能力的缺乏而引起的植物吸水受到抑制以及生理干旱。如果植物生长的土壤中盐浓度很高，土壤溶液水势降低，当土壤溶液水势与根细胞水势接近或低于根细胞水势时，根吸水就会受到抑制，甚至发生水分倒流的现象，导致细胞原生质体失水过多而收缩死亡。这是植物在盐渍土壤中出苗率低且生长状况差的原因之一。植物生长环境盐分过多时，由于高浓度盐离子对细胞的毒害和使环境水势的降低，形成对细胞的渗透胁迫，导致植物其他生理代谢过程紊乱，使植物生长受到阻碍，甚至死亡。

三、离子过量

土壤中盐含量高时，植物吸收盐分并在体内积累造成盐害，特别是当液泡中离子达饱和状态后，细胞质和质外体中离子浓度就会急剧增加。如果是 NaCl 胁迫，由于 Na^+ 的离子半径（0.097nm）与 Ca^{2+} 的离子半径（0.099nm）非常相似，细胞质和质外体中 Na^+ 增加把质膜、液泡膜、叶绿体膜等细胞膜上的 Ca^{2+} 置换下来；而 Na^+ 与 Ca^{2+} 的电荷密度不一样，所以 Na^+ 对细胞膜不但不起稳定和保护作用，反而使膜结构遭到破坏，膜选择透过性丧失，细胞内大量必需元素外渗，大量 Na^+、Cl^- 又进入细胞使细胞质中离子平衡遭到破坏，特别是细胞质中游离 Ca^{2+} 急剧增加，使 Ca^{2+} 介导的 CaM 调节系统和磷酸醇调节系统失调，细胞代谢紊乱，细胞受到伤害而死亡。盐胁迫下大部分植物生长受到抑制是 Na^+ 在细胞内过量积累造成的，过量的 Na^+ 会导致植物细胞膨胀，破坏了质膜选择透过性，使细胞内离子大量流出细胞外，影响一些酶的结构和功能，破坏细胞的新陈代谢。在盐分胁迫下，植物体内 Na^+ 含量升高，K^+ 含量降低，叶片出现症状与钠元素在细胞中的含量有关。此外，细胞质外体盐分积累也是导致植物受害的重要原因。少量的离子可以使狭小的质外体空间离子浓度显著提高，导致渗透效应，使细胞失水，膨压丧失和膜结构被破坏，并产生盐分的次生伤害，阻碍植物的生长发育。

四、矿质元素缺乏

盐胁迫下，植物在吸收矿质元素的过程中，盐离子与各种营养元素相互竞争而造成矿质元素胁迫，打破植物体内的离子平衡，严重影响植物正常生长。植物体内养分离子的不平衡是植物盐害的重要方面。盐离子特别是 Na^+、Cl^- 对植物危害较严重，易造成植物营养失调。由于作物吸收过量 Na^+、Cl^- 等使 K^+、Ca^{2+} 等其他元素的吸收受到抑制，因而 NaCl 胁迫下，许多植物细胞内 K^+ 和 Ca^{2+} 含量下降，导致植物缺乏某些元素而引起生长发育障碍（赵可夫，1993）。盐分可通过干扰氮、磷、钾、钙、镁等矿质元素的吸收而表现在整株水平上（Martinez，1994）。Jaumea Carnosa 在 300、500 mmol NaCl 胁迫下，Na^+ 含量升高的同时，K^+、Ca^{2+}、Mg^{2+} 含量大幅下降（Grattan，1992）。盐胁迫导致大麦等作物 Na^+、Cl^- 的增加以及 K^+、Ca^+、NO_3^- 和无机磷浓度的降低（Rathert，1982）。Bernstein（1974）报道盐胁迫可引起两个玉米品种茎叶和根系 Na^+ 含量的升高，K^+ 含量下降，但 Ca^{2+} 含量升高。盐胁迫下耐盐植物或品种根系吸收 K^+、Ca^{2+} 向地上部运输选择性增加，而 Na^+ 向地上部运输选择性下降；而盐敏感作物相反。在盐渍土壤中，耐盐植物叶片中一般 Na^+ 含量较低，K^+、Ca^{2+} 较高；而根中 Na^+ 含量较高；盐敏感植物则相反。盐胁迫下造成养分不平衡的另一方面在于 Cl^- 抑制植物对 NO_3^- 及 $H_2PO_4^-$ 的吸收，其原因可能是根对这些阴离子的吸收作用存在着吸收竞争性抑制。土壤含某一种或几种盐量高时，作物吸收盐分并在植物体内积累，进而影响其他离子的吸收，使植物因缺乏一些营养元素而引起生长发育障碍。

五、光合作用降低

关于 NaCl 抑制植物光合作用的机理，是一个综合性问题，与植物光合系统的许多方面有关。赵可夫认为，盐渍条件下光合速率降低的原因主要有 4 方面：一是 CO_2 扩散到结合部位受到影响；二是负责光反应的细胞器的结构和功能被改变；三是暗反应的化学过程被改变；四是同化产物转移受到抑制。而朱新广（2000）认为，盐胁迫对光合作用的影响有 3 种可能的途径，即离子伤害、渗透伤害和糖分积累造成反馈抑制。Walker（1993）证明，土壤中盐浓度超过一定范围后，植物光合能力下降，盐浓度越大，作用时间越长，抑制作用越明显。盐胁迫引起水势下降，气孔导度降低，限制 CO_2 到达光合部位而抑制光合作用。在低浓度的 NaCl 胁迫下，高粱叶片的净光合速率、蒸腾速率、气孔导度下降。高浓度的 NaCl 或干旱会导致植物组织中脱落酸水平的提高，脱落酸可以启动保卫细胞等多条信息传递系统引起气孔关闭。盐胁迫下玉米叶片积累 Na^+、Cl^-，加速荧光猝灭，使光系统 II（PS II）的光化学活性和原初光能转化率下降，不利于叶绿体把光能转化为化学能。对玉米叶绿体超微结构的观察发现，100 mmol/L Na^+ 处理 7d，玉米叶绿体的双层膜部分损坏，基粒片层之间的连接出现断裂。盐胁迫可提高叶绿素酶的活性，加速叶绿体 b 的分解，影响藻类光系统 II 和光系统 I 的含量（Jean，1993），影响类囊体膜的形成，降低类囊体膜垛叠能力。盐胁迫下叶片气孔关闭以保持叶肉细胞相对较高的水势，但同时也严重阻碍了 CO_2 进入叶肉细胞。盐胁迫也造成叶绿体结构破坏，叶绿素含量下降，从而使整株植物的光合能力减弱。Na^+ 胁迫会对 PS II 捕光色素蛋白复合体造成伤害，使其发生降解，光能转换能力下降（朱新广，1999），必然降低叶绿体对光能的吸收利用。盐胁迫下叶片中 Na^+ 和 Cl^- 浓度升高，叶肉细胞通过液泡离子区域化作用而使 Cl^- 积累在液泡中（Walker，1993）。在盐敏感植物中，液泡离子区域化能力低，叶绿体中过量积累 Na^+ 和 Cl^- 可引起光系统 II 功能紊乱（Marrilyn，1986）。盐分处理冬小麦两周后，光系统 II 受体侧电子库变小，光系统 II 活性、原处光能转化效率、量子产额与荧光化学猝灭系数下降（朱新广，2000）。

六、活性氧伤害

植物体内重要的活性氧、自由基主要为超氧阴离子自由基、羟自由基、单线态氧、过氧化氢、脂质过氧化物及烷自由基等，这些物质具有很高的活性和很强的氧化能力。在植物正常的代谢过程中，活性氧、自由基一方面不断产生，另一方面又由于非酶机制和酶促防御机制的作用而不断被清除。因此，在正常情况下，活性氧、自由基的产生与清除处于动态的平衡状态而不会引起对植株的伤害。但当植物处于逆境胁迫的条件下时，这种动态的平衡状态有可能被破坏，活性氧、自由基大量累积，当其浓度超过了"阈值"，可导致膜脂中不饱和脂肪酸被氧化，细胞膜的完整性受到破坏，从而表现为细胞膜透性的增大和离子的泄漏，并导致植物的伤害与死亡（Elstner，1982）。谈建康（1998）以 NaCl、Na_2SO_4 和 Na_2CO_3 处理小麦发现，自由基含量上升，产生速率增加，叶片质膜透性增加。Na^+ 促进自由基含量增加，自由基通过过氧化作用影响膜透性，影响植物生长。而植物体中自由基产生及消除的平衡对植物在胁迫环境下是否可以正常生长具有重要影响（霍仕平，1995）。在一定浓度的盐分胁迫下，植物抗氧化酶活性降低，MDA 含量升高。在 NaCl 胁迫下，小麦体内抗氧化酶和多胺含量上升的同时，活性氧含量及膜脂过氧化程度也同样上升（Magy，1995）。随着胁迫时间延长，其活性氧的消除速度低于活性氧的产生速度，导致叶片中产生较多的活性氧而无法及时被消除，对植物细胞造成伤害，抑制植物生长（任红旭，2001）。

此外，盐分胁迫对物质的合成、转化及运输也存在较为明显的影响。拒盐红树植物木榄幼苗表现为干物质和能量积累在低盐下被促进、高盐下被抑制；随着基质盐分浓度的升高，出现干物质重、能量积累倾向于向叶片等光合作用场所和养分吸收器官聚集的现象（王文卿，2001）。

第二节 植物的耐盐机制

植物在长期的进化过程中形成了对各种胁迫的一定抵抗与适应能力，即抗逆性。这种抗逆性既可以表现在基因表达调控的分子水平、形态结构适应的水平，也可以表现在植物体内各种代谢调节的生理生化水平。探究各种适应逆境的生理机制将对未来培育优良作物品种起到积极的、不可估量的作用。在生理生化的水平上，植物的抗逆性主要表现在以下几个方面。

一、细胞膜的变化

细胞膜结构和功能的完整性是细胞控制离子正常运输和分配的前提。植物细胞质膜上存在腺嘌呤核苷三磷酸（ATP）酶，ATP 水解产生的能量把细胞质中的 H^+ 泵到质膜外，形成质子电化学梯度，从而驱动各种离子的跨质膜运输。有报道指出，小麦等作物的耐盐性与根尖细胞质膜上 ATP 酶活性呈极显著正相关关系。一定范围内，盐胁迫造成植物体内 Na^+ 积累，激活了根尖细胞质膜 ATP 酶，从而增加 Na^+ 从根细胞的排出量，减轻了 Na^+ 积累造成的伤害。李长润（1993）研究发现，盐胁迫处理下耐盐小麦品种 LD-1 根尖细胞质膜 ATP 酶活性高于盐敏感品种扬麦 5 号。刘志生（1996）指出，盐胁迫后较高的根尖细胞质膜 ATP 酶活性是强耐盐小麦品种鲁德 1 号具有较高 K^+ 选择性和较低 Na^+/K^+ 比值的主要原因之一。P-ATP 酶与离子通道、Na^+/H^+ 逆向转运、K^+/H^+ 同向运输等共同决定植物根系对离子的选择性（刘友良 等，1998）。盐胁迫 P-H^+-ATP 酶为质膜 Na^+/H^+ 逆向转运供能，把 Na^+ 排到细胞外，阻止 Na^+ 在植物体内过多积累，对维持胞质环境和正常代谢有十分重要的意义。膜分子水平研究表明，植物根部的 H^+-ATP 酶活性与 K^+、Na^+ 的选择性吸收能力密切相关，H^+-ATP 酶活性越高，对 K^+、Na^+ 的选择性吸收能力越强，植物的耐盐性也越强。

二、植物拒钠机制

一定浓度的盐分对盐生植物生长有促进作用。盐生植物大部分是吸钠或兼泌钠植物，而非盐生植物特别是禾本科作物几乎全部是排钠植物。大多数作物主要通过拒盐方式抵抗盐害（Lauchi，1984）。不同耐盐植物拒钠部位不同。大麦根拒 Na^+ 作用可使运往地上部的 Na^+ 含量减少（Nassery，1972）。耐盐芦苇茎基部的韧皮部能从木质部汁液中运转 Na^+ 并将其运至根部，使 Na^+ 大量积累在根部，有效地组织 Na^+ 进入地上部（Matsushita，1992）。大豆茎由于维管组织细胞对 Na^+ 的积累作用，也能从木质部汁液中强烈吸收 Na^+（Jacoby，1964）。不同耐盐品种拒盐部位也有差异。NaCl 处理小麦引起干重下降，盐敏感品种比耐盐品种下降幅度大，盐敏感品种拒钠能力为 5% 左右，而耐盐品种拒钠能力为 50%～60%。盐敏感品种拒钠主要部位是根茎结合部，而耐盐品种的拒盐部位主要在根部（杨洪兵，2001）。在盐胁迫下，作物地上部特别是叶片中的 Na^+ 浓度低于根中的。小麦、玉米在一定浓度的 NaCl 胁迫下，根中 Na^+ 浓度比地上部高出 3～7 倍（Yeo，1982）。经 100 mmol NaCl 胁迫 7d，高粱茎基部木质部汁液中 Na^+ 浓度比穗中木质部汁液中高出 10 倍以上。这可能涉及以下过程：第一作物不将 Na^+ 吸入根部细胞或即使进入根部细胞也可通过钠氢转运泵再排出；第二作物将吸收的 Na^+ 贮存于根茎基部、节、成熟叶叶鞘等薄壁细胞发达器官组织中，而且将 Na^+ 封闭在这些细胞的中央液泡中，从而阻止 Na^+ 向叶片运输；第三盐胁迫下作物根吸收的 Na^+ 向地上部，特别是叶片和籽粒运输的选择性降低，而 K^+ 的选择性增加（王宝山，2000）。

在草坪中，耐盐程度通常与植物限制盐离子聚集有关（Kenneth，1994）。在单子叶盐生植物中，大部分植物具有脉内再循环机制（Winter，1982），其根部 Na^+ 浓度高于叶片（Lauchi，1984）；而一些泌盐植物中，如獐毛由于盐腺的作用，根系吸收的盐分大部分运往叶片，以便随时将盐分分泌到植物体外，因此植物叶片含盐量高于根部（赵可夫，1999）。

三、离子区域化

离子区域化是植物耐盐性的重要实现方式之一。Flowers 等在 1977 年就提出了盐生植物耐盐的基本原理，即盐生植物通过将 Na^+ 区域化到液泡的方式减少盐离子的毒害。离子区域化是植物避免 Na^+ 和 Cl^- 毒害的重要方式之一。Na^+ 在液泡中积累，一方面，可以使过多的 Na^+ 离开代谢位点细胞质，减轻对细胞质中酶和膜系统的伤害；另一方面，植物还可以利用积累在液泡中的 Na^+ 作为渗透调节剂，降低水势，以利于植物从外界环境中吸收水分（王丽燕，2004）。过去人们更多地注意盐胁迫下细胞质和液泡的区域化，然而，Overtli 早在 1968 年就提出了另外一种盐害假说：盐胁迫下，植物组织质外体中离子不能很快进入共质体，导致质外体离子大量积累形成低水势溶液，引起原生质体脱水而发生伤害。Overtli 的观点强调水分胁迫而不是离子的直接伤害。Flowers 等（1991）用 50 mmol/L NaCl 溶液处理水稻 10d，结果叶片质外体 Na^+ 浓度高达 60 mmol/L，含水量明显下降，严重时叶片发生卷曲。他们认为，叶片卷曲是因为质外体积累大量 Na^+ 形成低水势，造成细胞脱水所致，从而证明 Overtli 假说是正确的。王宝山等（1997）研究发现，NaCl 胁迫下，玉米黄化苗根和地上部质外体中，Na^+ 浓度急剧上升，这在根中尤为突出和迅速。50 mmol/L NaCl 溶液胁迫 1h，根质外体 Na^+ 浓度比对照增加了近 14 倍，但地上部却很少增加；在同一时间内，根中共质体 Na^+ 浓度增加了不到 1 倍，地上部则没有任何增加。这些结果证明 Overtli 假说的前半部分是正确的。但是，50 mmol/L NaCl 胁迫 1 h、6 h 和 24 h 并没有使组织含水量下降，更没有对生长产生抑制作用，只有超过一定的胁迫程度，质外体和共质体 Na^+ 浓度都很高时才对生长产生明显的抑制作用；但这种抑制作用仍然不是通过降低组织含水量所致，因为组织含水量没有明显改变，而可能是其他原因所致。

四、渗透调节

目前，国内外对盐分胁迫下植物的渗透调节做了大量的研究工作。渗透调节是指植物生长在渗透胁迫下，细胞中有活性的无毒害作用的溶质的主动净增长过程。盐胁迫下，植物的渗透作用反映在以下 3 方面：植物脱水或吸水、细胞内的溶质主动累积或稀释、细胞体积的变化。对于成熟的组织，细胞体积变化可忽略不计。物质主动积累引起的细胞水势的下降为渗透调节（王锁民，1994）。植物进行渗透调节的方式通常有两种：①吸收和积累无机盐离子，如 K^+、Cl^-、Ca^{2+}、Mg^{2+}、NO_3^- 等，这种方式普遍存在于盐生植物和一些栽培植物中。②合成和积累有机小分子物质，如脯氨酸、可溶性糖、游离有机酸、游离氨基酸等，它们可以降低细胞内的水势，提高植物吸水能力，但它们本身不会对植物细胞造成伤害。这些小分子物质在正常情况下含量很低，只有在盐胁迫等逆境下细胞中的合成反应才会被激活。例如，盐胁迫下生物合成脯氨酸的鸟氨酸途径被激活，脯氨酸含量迅速增加；但是也有人认为脯氨酸含量增加不是作为调节因子，而是受盐离子伤害的结果。再如，甜菜碱也是一种小分子物质，它多积累于盐生植物的原生质中，形成高渗透势，与液泡中盐分保持平衡，以调节细胞内的渗透势，维持水分平衡，还可以保护细胞内许多重要代谢活动所需酶类的活性。通常这两种机制可以同时存在，因不同植物、器官、组织和发育阶段的不同而占有不同比例。王鸣刚等（1995）对筛选出的小麦耐盐细胞研究发现，耐盐细胞的脯氨酸含量不仅稳定，而且远高于对照。甘薯在盐胁迫下，叶片水势和含水量逐渐下降。不同品种的草坪草叶片水势、渗透势以及叶片膨压随盐胁迫程度的加强而下降。与盐敏感品种相比较，耐盐品种在盐胁迫下通常能维持一定的渗透势（Kenneth，1994）。而盐生植物碱茅可通过从外部环境中吸收积累 Na^+、Cl^- 等离子，以及合成积累有机小分子有机物质进行渗透调节（王锁民，1993）。一些甜土植物在盐胁迫下也有一定的渗透调节能力，不同点是盐生植物以 Na^+ 为主，K^+ 为辅；非盐生植物在盐胁迫下以 K^+ 为主，Na^+ 为辅。高粱在一定浓度范围的盐胁迫下，叶片细胞质中 K^+ 成倍增加，虽然叶片中脯氨酸、甜菜碱、蔗糖含量也在成倍增加，但由于其绝对量远低于 K^+，所以 K^+ 是高粱细胞质的主要渗透调节物质。在盐分胁迫下，一些 C_4 植物的渗透适应性与盐离子的聚焦有关（Marcum，1990）。Hayashi（1997）将合成甘氨酸甜菜碱的酶之一——胆碱氧化酶的基因导入拟南芥，使其积累甘氨酸甜菜碱，提高拟南芥抗盐性，说明盐胁迫对渗透作用有一定的影响。

五、植物对元素的吸收及运输选择性改变

在盐渍条件下，许多植物具有选择性吸收土壤溶液中某些低浓度必需元素，而更少吸收非必需元素的特性。以 NaCl 和 Na_2SO_4 为主的盐渍化土壤中，钾含量一般都很低，因此选择性吸收 K^+ 的机能对植物耐盐性起重要作用。首先，保持细胞质有较低渗透势以抵消液泡渗透势降低的影响；其次，缓解盐胁迫下细胞内 K^+ 亏缺而引发的生长抑制。有研究表明，对 K^+ 选择吸收可能与细胞质膜拒 Na^+ 有关（Jeschke，1983）。盐胁迫条件下，耐盐植物或品种根系吸收 K^+、Ca^{2+} 向地上部运输选择性增加，而 Na^+ 向地上部运输选择性下降，这主要表现为在 NaCl 胁迫下根系 Na^+/K^+（Ca^{2+}）与地上部 Na^+/K^+（Ca^{2+}）比值明显增大；而盐敏感作物则相反。因此，在盐渍土壤中耐盐植物叶片中一般 Na^+ 含量较低，K^+、Ca^{2+} 含量较高；而根中 Na^+ 含量较高；盐敏感植物则相反。

六、活性氧清除能力加强

植物在长期的进化过程中，形成了清除 ROS 的保护机制，其中最为重要

的为清除 ROS 的酶系统和非酶系统。清除 ROS 的酶系统主要包括：超氧化物歧化酶（SOD）、过氧化氢酶（CAT）、过氧化物酶（POD）、抗坏血酸过氧化物酶（APX）和谷胱甘肽过氧化物酶（GP）等，其中 SOD 广泛存在于植物体的细胞液、叶绿体、线粒体及过氧化物体等多种细胞器中，并以多种同工酶的形式存在，如 MnSOD、FeSOD 和 CuSOD/ZnSOD。SOD 的主要功能是催化超氧阴离子（O_2^-）发生歧化反应，从而消除 O_2^- 的毒害作用。赵可夫等（1993）发现，在一定范围盐胁迫下，作物内源 SOD 活性增加，MDA 含量下降，质膜透性下降；外源自由基清除剂可降低 MDA 含量，而 SOD 抑制剂预处理则提高 MDA 含量。可见，SOD 等自由基清除系统对保护膜结构、提高作物耐盐性有一定作用。郑海雷等（1998）对海莲和木榄的研究发现，叶片中 SOD 活性随盐浓度的升高而增强，表明减轻膜脂过氧化作用和 SOD 保护作用是耐盐的重要过程。CAT 和 POD 主要存在于过氧化物体，主要作用是当胁迫期间 ROS 的水平很高时清除多余的 ROS。APX 与 H_2O_2 的亲和力相对于 CAT 弱许多（分别为 μmol/L 级和 mmol/L 级），因此有人认为 APX 可能参与了信号作用中 ROS 的调节，而 CAT 可能主要参与过量 ROS 的清除（Mitler，2002）。组织中高浓度 H_2O_2 的清除可能主要依靠 CAT，而低浓度 H_2O_2 的清除可能通过 POD 在氧化相应基质（如酚类化合物）时完成（Mitler，2002）。除了清除活性氧的酶系统外，植物细胞内还广泛存在着清除活性氧的抗氧化剂，如抗坏血酸（ASC）、还原型谷胱甘肽（GSH）和类胡萝卜素等。这些抗氧化剂可被各种 ROS 氧化，从而消耗 ROS，降低 ROS 对植物细胞造成的伤害。另外，酚类化合物和类黄酮化合物也能清除活性氧、自由基（Alscher，1997）。

七、多胺调节

多胺是一类植物体内广泛存在的次生代谢物质，包括腐胺（Put）、亚精胺（Spd）、精胺（Spm）和尸胺（Cad）等。多胺作为生物体代谢过程中具有生物活性的低分子量脂肪族含氮碱，是多种植物的天然成分，是一种高度保守的有机多聚阳离子，它通过调整酶活性保持离子平衡，作为激素媒介加速细胞分化而调节植物生长和发育（赵福庚，1999）。在高等植物中，腐胺、精胺、亚精胺分布普遍。多胺代谢对不良环境敏感，其特殊功能是保持植物中阳离子和阴离子的平衡，并且它可与自由基清除剂结合，通过防止膜脂过氧化来抵抗氧化胁迫（Kramer，1991）。多胺对增强植物的抗盐性具有重要的作用，抗性植物在盐胁迫下一般能够积累较高含量的多胺。Drolet 在体外试验的研究中证实，多胺可以清除自由基，且亚精胺和精胺的清除能力要大于腐胺，因此多胺

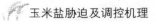

被认为对环境胁迫下的植物有重要的保护作用（刘俊，2005）。

八、逆境蛋白

植物在长期的进化过程中形成了一整套比较完善的基因表达调控体系。植物体在不同的阶段和不同的环境条件下都会有不同的基因表达，这就意味着植物体在不同的时间和空间能合成特异的蛋白质。植物在逆境胁迫条件下，基因表达发生改变，一些正常基因表达被关闭，而一些与适应逆境有关的基因则开始表达，表现为正常蛋白合成受阻，诱导合成特异蛋白（逆境蛋白）（柴小清，2004）。干旱、盐渍、低温等外界因子引起的脱水胁迫能使植物体内产生一系列生理生化变化，并诱导许多特异基因表达，其表达产物多为蛋白质。逆境蛋白对植物的逆境适应起保护作用，它们的诱导是植物对环境的一种适应，可以提高植物耐胁迫能力。随着其他一些胁迫因子诱导蛋白变化的研究和突破，对盐胁迫诱导蛋白研究也成为揭示植物适应逆境基因表达机制的热点。认识植物忍耐环境胁迫能力的一种途径是鉴定胁迫诱导的个别蛋白质含量的变化。

九、细胞程序性死亡调节机制

程序性死亡是指在一定的发育时期和一定的外界条件下，细胞可以遵循自身的程序主动结束其生命的过程，是细胞的生理性自杀行为，对保持周围组织的健康和正常生长具有十分重要的意义。与细胞死亡不同，程序性死亡是自主的、对一定条件主动的反应，受基因控制；而一般的细胞死亡是被动的，不受基因控制。凋亡最早是在动物体中发现的，后来发现在植物体防御反应中也存在类似动物细胞的程序性死亡现象，近年来在植物上的研究迅速增加。迄今为止，已经发现几种胁迫可以激活此反应，并发现一定强度的盐胁迫可诱导玉米、水稻、烟草、大麦和大豆等植物根尖细胞程序性死亡（王应，2001）。这可能会为植物耐盐性研究提供新的途径，但是凋亡在植物体中的发生机理还需要进一步探讨。

第三节　外源物质对盐胁迫的缓解效应

作物耐盐性的提高、盐渍土的生物治理和综合开发是未来农业的重大课题（刘友良等，1998）。在利用和改良耐盐作物品种的同时，提高植物的耐盐能力也是切实可行的措施。近年来，学者们对植物盐适应机制进行了深入的探讨。在此基础上，人们从不同的角度展开了提高植物抗盐性的研究，而添加外源营养物质以提高植物抗盐性已成为植物营养学家研究的热点。

一、钙

自 1976 年钙调素（CaM）被发现以来，钙在生物学中的研究日趋活跃，它对于植物处于逆境时的作用也日渐清楚。钙是植物生长发育必需的营养元素之一，在植物的生理过程中起着重要作用。已经证明，钙与维持细胞质膜的完整性、降低逆境下细胞膜的透性、增加逆境下脯氨酸的含量等多种抗逆境的生理过程有关，且作为细胞内生理生化反应的第二信使对偶联胞外信号、调控多种酶活性等起着重要的作用。当受到环境胁迫时，植物能提高细胞质中游离 Ca^{2+} 的浓度，并通过 Ca^{2+} 与 CaM 结合启动一系列生理生化过程，从而在作物对逆境胁迫的感受、传递、响应和适应过程中发挥重要作用。Epstein（1987）指出，在非盐胁迫条件下植物体正常生长所需的钙的量，在盐胁迫条件下则变得不足，这可能与盐离子抑制植物体对 Ca^{2+} 的吸收和利用有关。盐胁迫对植物的伤害，在很大程度上是通过破坏保证质膜完整性的钙信号系统的正常发生和传递来影响 Ca^{2+} 吸收的（Lynch，1989）。有研究认为，NaCl 胁迫与缺 Ca^{2+} 对植物产生的结果相似，Na^+ 取代内膜系统上的 Ca^{2+}，使结合于膜上的酶脱落，膜磷脂降解（钱骅 等，1995）。近年来，有关钙对盐胁迫的缓解作用的报道很多。阎国华等（1996）认为，在一定范围内，Ca^{2+} 的存在能消除盐胁迫造成的生长抑制，100 mmol/L NaCl 能抑制大豆根尖生长；当 1 mmol/L $CaCl_2$ 存在时，200 mmol/L NaCl 抑制其生长；当把 $CaCl_2$ 浓度增大到 5 mmol/L 时，大豆根尖又能正常生长。钙会抑制钠的吸收，钙浓度增加到 400 mmol/L，可部分消除 1 700 mmol/L NaCl 对棉花幼苗根系生长的抑制作用（郑青松，2001）。Cramer（1985）发现，在盐胁迫下 Ca^{2+} 吸收受阻，这是由于盐离子损伤了膜的功能或是 Ca^{2+} 被 Na^+ 所取代，同时叶片中的 Na^+ 浓度升高，使植物对于 Na^+/K^+ 的选择吸收功能受到影响；当增加培养液中的 Ca^{2+} 含量，Na^+/Ca^{2+} 的比值调到 5.7 左右时，就可以逆转 NaCl 对植物的负面效应。外源钙含量增加时，棉花幼苗明显减少对 Na^+ 的吸收及其向茎秆、叶片的运输，增加对 K^+ 和 Ca^{2+} 的吸收及其向茎秆、叶片的运输，增强棉花幼苗体内的盐分区域化分配（郑青松，2001）。阎国华（1996）的试验表明，加钙处理明显降低了植物体内由盐胁迫导致的 MDA 增加，使其降至或接近正常水平。史跃林（1995）的试验表明，添加 $CaCl_2$ 可提高黄瓜幼苗 CaM 含量，降低 MDA 含量和质膜透性，减轻盐害。钙对盐胁迫有缓解作用，在盐碱土的治理方面有很大的潜力，将为低收入的农民开发利用盐碱地做出贡献。

二、钾

钾是植物生长必需的大量元素之一，也是重要品质要素之一。同时，钾素对植物具有特殊的生理作用。K^+不能在细胞内合成，需要时只能从外界吸收或在不同组织间相互运转。K^+在植物生长过程中起着维持离子平衡（刘伟宏，1999）、调节渗透势、激发酶活性的作用（王凤婷，2005）。K^+作为细胞内主要的渗透调节物质之一，其累积过程参与了细胞对胁迫的适应（Allison，1984）。在大肠杆菌中，渗透胁迫诱导了一个具有高K^+亲和力的Kdp系统K^+-ATP酶。细胞通过该系统累积K^+，保持细胞膨压并由此诱发其他渗透调节过程（Epstein，1984）。细胞内K^+吸收是植物对盐渍和干旱适应过程中渗透调节的一个重要环节（Watad，1991）。Zhu等（1998；2000）采用拟南芥 *sos1*、*sos2*、*sos3* 突变体分析耐盐性基因时发现，拟南芥 *sos1*、*sos2*、*sos3* 突变体的耐盐性与其组织中K^+含量密切相关，而与Na^+含量无关，从而推断K^+营养的均衡化或渗透调节是非盐生植物耐盐性的关键性因素。他们认为，可能在NaCl胁迫下，只有当K^+营养（包括内流、外流、利用）得以满足时，其他一些过程，如胞质低Na^+含量、亲和性溶质的积累及保护性胁迫蛋白的合成等才成为主要的过程。K^+本身也可作为渗透调节物质，在渗透胁迫下促进植物体内其他渗透调节物质的积累（周冀衡，1998）。李长润（1993）报道，耐盐性较强的小麦品种比盐敏感品种具有更高的K^+选择吸收性。NaCl胁迫下，合理施用钾肥可降低溶液Na^+/K^+比值，有利于高Na^+浓度下植物对K^+的吸收，以维持体内离子平衡，促进作物生长（晏斌，1994）。施用适量钾肥明显地提高了NaCl胁迫下冬小麦幼苗地上部、地下部的生长，提高了植株体内可溶性糖的含量和几种抗氧化酶的活性，电解质外渗量和MDA含量明显降低（郑延海，2007）。钾能增强植物叶片的保水能力，增加细胞内亲水物质含量，增强原生质的水合度（曹敏建，1994），保持细胞膜的完整性（汪邓民，1998）。渗透胁迫下提高供钾水平能有效促进烟叶中渗透调节物质的积累，减轻膜脂过氧化作用，增强烟草的抗旱性（汪耀富，2006）。在盐逆境下，施用钾肥可以增加小麦灌浆期旗叶的叶绿素含量，延长叶片的功能期，提高植株叶片的K^+含量及K^+/Na^+比值，增强叶片的保水能力，提高旗叶光合速率和籽粒产量（吕金岭，2007）。

三、磷

磷是植物生长必需的大量元素之一，是细胞质、生物膜、细胞核的组成成分。因此，磷对植物细胞的结构和生理功能有重要作用，可维持细胞壁、细胞膜及膜结合蛋白的稳定性，参与胞内稳态和生长发育的调节过程。磷对作物代谢具有决定性的作用，表现在两方面：一是构成重要有机化合物，在代谢过程中起促进作用；二是磷本身也是代谢过程的调节剂，如磷参与糖类代谢、含氮化合物代谢、脂肪代谢，不仅能促进作物的生长发育与代谢过程，还能促进花芽分化、缩短分化时间，从而使作物的整个生育期缩短。此外，磷也能增强作物的抗性。有资料表明，磷能增强原生质抗脱水的能力，从而提高一些作物抗旱耐盐能力（陆景陵，1994）。在水分胁迫下，施磷肥对植物的生理特性有着重要作用。磷素营养能明显改善植株的水分状况，增加束缚水含量，并使膜的稳定性增强（张岁岐，1998；2000）。Gnansiri（1990）则认为，磷素营养可以明显提高玉米的渗透调节能力和细胞膜的稳定性，明显改善干旱条件下玉米植株的水分状况。钟鹏（2005）采用水培和盆栽试验法研究证明，干旱胁迫下磷素能有效地增强大豆 SOD、POD 和 CAT 活性，减少 MDA 积累。植物在盐胁迫下对磷的需求量会增加，施磷能明显促进玉米在盐胁迫下的生长，因为盐胁迫抑制磷在根细胞内的移动和在地上部不同部位的再分配过程，植物为了维持生长需要，就必须积累更多的磷来维持细胞膜的稳定（冯固，1998），进而维持离子平衡。邵晶（2005）证明，在 30％浓度海水胁迫下，外源磷水平的提高能明显增加芦荟幼苗植株的干重，显著提高其叶片伸长速率、叶绿素含量和根系活力，降低叶片电解质渗漏率。而且，增磷可以显著降低根系 Na^+、Cl^- 含量，促进 K^+、Ca^{2+} 向地上部运输，维持叶片较高的 K^+/Na^+ 比值、Ca^{2+}/Na^+ 比值和 $S_{K,Na}$ 值，从而改善其地上部的离子平衡，明显缓解 30％海水对芦荟幼苗生长的抑制作用。

四、硅

硅是地壳中含量第二丰富的元素，也是地球上绝大多数植物生活的根基。虽然很多人对硅是植物生长的必需元素这一观点持怀疑态度，但目前为止，很多的研究结果都证明硅对植物生长发育具有促进作用，它能明显提高某些植物对生物和非生物等逆境的抗性。现在，在日本和韩国，硅肥被广泛应用于大田中。硅在茎叶表皮细胞与角质之间沉积形成角质与硅的二层结构，抑制蒸腾。硅对缓解植物的盐胁迫有明显的效果。Gong 等（2003）用硅酸钠处理小麦幼苗发现，叶片含水量明显提高，减轻了干旱胁迫导致的水分亏缺和由此带来的次生伤害。硅可部分增加盐胁迫植株的生物量。Liang（1998）发现，加硅可提高盐胁迫大麦叶片的叶绿素含量和 CO_2 同化能力，改善叶细胞的超微结构。盐胁迫使叶绿体的双层膜结构消失、基粒超微结构不完整并变得模糊，而加硅则可提高叶绿体膜结构的完整性，减轻基粒超微结构的损伤。硅缓解植物盐害与其参与了植物的代谢和生理活动有关。硅能显著提高盐胁迫下大麦根系脱氢酶活性，降低叶片细胞汁液浓度，提高大麦体内的 K^+ 浓度，降低 Na^+ 浓度，并改善植株的养分平衡状况。硅还可提高盐胁迫下大麦的 SOD 和质膜 H^+-ATP 酶活性，降低膜脂过氧化（Liang，1999）。束良佐 等（2001）在研究硅对盐胁迫下玉米幼苗的抗氧化系统的作用时发现，硅可使盐胁迫下植株叶片的 SOD、POD、CAT 和 APX 的活性升高，抗坏血酸含量增加，超氧阴离子（O_2^-）产生速率、膜脂过氧化产物 MDA 含量及质膜透性均降低。崔德杰（2000）针对不同水分条件下硅钾肥对冬小麦抗旱性的影响的研究发现，施用硅钾肥能增强小麦的根系活力，提高叶绿素含量，增加叶片中脯氨酸含量，减少叶片中 MDA 含量和降低细胞膜透性等。

五、NO

20 世纪 80 年代以前，NO 被认为是一种对环境和人类有害的气体。自 1987 年生物体内源 NO 合成机制被发现及其生理特性被证实以来，人们开始重视对 NO 的研究。美国科学家 Furchgott 等因揭示了 NO 是心血管系统的信号分子的杰出贡献，而共享 1998 年度诺贝尔生理学或医学奖（任小林，2004）。同时，NO 也是生物体中一种重要的氧化还原信号分子和毒性分子，广泛存在于植物组织中，并参与植物在生物及非生物胁迫下适应性的提高过程（刘鹏程，2004）。已有研究表明，NO 参与了植物的多种生理过程，如呼吸作用、种子萌发、根和叶的生长发育、衰老、胁迫响应等。张绪成等（2005）用 NO 供体 SNP 和 N-亚硝基-乙青霉胺（SNAP）处理需光才能萌发的葛笋种子后，其在黑暗中也能萌发，且种子萌发率与 SNP 和 SNAP 的剂量呈正比。Durner（1998）用 NO 处理烟草叶片后可以检测到 cGMP 水平迅速而短暂的上升。外源 NO 通过提高 NaCl 胁迫下小麦（阮海华，2001）、番茄（吴雪霞，2006）、黄瓜（刘鹏程，2004）幼苗 SOD 和 CAT 活性来缓解盐胁迫导致的 ROS 的累积，从而起到保护作用。但对 NO 在这些生理过程中的作用机理的认识基本上还是一片空白。目前，认为 NO 对细胞中 ROS 自由基水平的调节可能是 NO 参与胁迫应答的作用机制之一。作为一种活性氮，NO 对活性氧水平的调节作用具有双重性。一定生理条件下，低浓度 NO 可作为抗氧化剂对 ROS 起清除作用；而较高浓度的 NO 则引发自由基链式反应，从而导致细胞损伤（Beligni，1999）。同时，NO 通过在 ROS 水平诱导一些特定基因的表达，起信号传导的作用（Camp，1998）。Mata 等（2001）发现，NO 可诱导干旱胁迫下的小麦叶片气孔的关闭。Steven 等（2002）认为，NO 是气孔保卫细胞中脱落酸信号传导的作用因子之一。Akio（2002）研究表明，NO 参与盐胁迫以及渗透胁迫信号应答。低浓度 NO 预处理水稻，能缓解其在盐胁迫和高温胁迫下叶片叶绿素的降解、维持光系统 II 的活性。阮海华（2001）用外源 NO 供体硝普钠（SNP）与 NaCl 同时处理长至两叶一心期的小麦幼苗，结果表明，其对盐胁迫下的叶片的氧化损伤有保护作用。外源 NO 供体 SNP 浸种对盐胁迫导致的水稻种子萌发和幼苗生长抑制有一定的缓解效应（凌腾芳，2005）。段培等（2006）用 0.06 mmol/L 的 SNP 浸种预处理能显著提高盐胁迫下小麦叶片中 SOD、APX 和 CAT 活性。这些研究表明，NO 在植物抗逆应答中可能具有多种作用机理。

基于以上的研究进展，笔者认为，外源物质钙、磷、钾、硅和 NO 在调节植物对逆境反应和逆境适应性过程中发挥着重要的作用。因此，进一步研究钙、磷、钾、硅和 NO 对盐胁迫下的植物各种生理调节机理，揭示钙、磷、钾、硅和 NO 提高玉米耐盐性的作用机制，丰富作物的抗盐理论，对提高作物耐盐性提供高效、经济且适用的方法具有重要的理论和现实意义。

第二章 玉米萌发期和苗期耐盐与耐碱基因型筛选

第一节 玉米耐盐碱鉴定浓度的筛选

一、材料与方法

供试的 29 份玉米杂交品种（表 2-1）由黑龙江八一农垦大学玉米研究室提供。

表 2-1 供试材料

Table 2-1　The tested maize materials

品种编号 Varieties number	材料 Material	品种编号 Varieties number	材料 Material	品种编号 Varieties number	材料 Material
1	先玉 335	11	宁玉 735	21	利民 33
2	DK159	12	农华 101	22	YF16
3	真金 8 号	13	联创 808	23	江育 417
4	宁玉 309	14	农华 106	24	裕丰 619
5	郑单 958	15	庆单 7 号	25	裕丰 19
6	登海 618	16	DK517	26	银河 32
7	宁玉 525	17	庆单 3 号	27	良玉 99
8	丹 8201	18	东方红 2 号	28	鑫鑫 2 号
9	宁玉 524	19	东方红 1 号	29	天发-05
10	KWS5383	20	新玉 56		

（一）处理方法

每个品种挑选籽粒饱满、大小一致的种子 40 粒，将 NaCl 溶液和 NaHCO$_3$ 溶液各设 5 个浓度，分别为 0 mmol/L（对照）、50 mmol/L、100 mmol/L、150 mmol/L、200 mmol/L 和 0 mmol/L（对照）、25 mmol/L、50 mmol/L、75 mmol/L、100 mmol/L，每个处理设 3 次重复。种子经 10% NaClO 溶液消毒 20min，蒸馏水冲洗数遍，在经 75% 酒精消过毒的干燥发芽

盒铺入三层滤纸，分别用已配制好的各浓度 NaCl 和 NaHCO₃ 溶液将滤纸浸湿至水分充足。将选好的种子整齐排列在发芽盒内，再用一层滤纸覆盖，置于 26℃的培养箱中进行黑暗培养，用恒重补水法定期补充适量的蒸馏水，使各浓度梯度的 NaCl 和 NaHCO₃ 溶液浓度维持不变。从处理的第 2d 开始，每天同一时间记录每个发芽盒中萌发种子数，7d 后从每个发芽盒中取长势均匀的玉米 10 株，测量胚根、胚芽的长度以及鲜重和干重，并取平均值，计算发芽率、发芽势、发芽指数、活力指数、耐盐系数、耐碱系数。

（二）指标测定方法

（1）处理的第 7d 统计发芽数，计算各品种的发芽率。发芽率（%）=（发芽种子数/种子总数）×100。

（2）统计处理前 3d 发芽的种子数，计算各品种的发芽势。发芽势（%）=（前 3d 发芽种子数/种子总数）×100。

（3）处理第 8d 测量各品种的芽长和最长根的长度（cm），每个处理 3 次重复，每次重复取长势均匀的 10 株分别进行测量，并计算平均值。

（4）将上述 10 株的胚根和胚芽分别称重，再取平均值即为胚根和胚芽的鲜重（g）；将已取的 10 株胚根和胚芽放在 80℃烘箱中恒温烘干至恒重，再称重取平均值即为胚根和胚芽的干重（g）。

（5）发芽指数　$GI = \sum(G_t/D_t)$，G_t 指在不同时间（t）的发芽数，D_t 指不同的发芽试验天数。

（6）活力指数　$VI = S \times \sum(G_t/D_t)$，$S$ 为鲜重。

（三）数据统计

采用 Excel 软件对测定的各项指标进行数据整理，利用 SPSS 17.0 软件对测定的各项指标进行显著性差异统计分析、主成分分析、聚类分析。

（1）各测定指标的耐盐（碱）系数　测定指标的耐盐（碱）系数=（处理值/对照值）×100。

（2）不同品种玉米各综合指标的隶属函数值　$u(X_j) = (X_j - X_{min})/(X_{max} - X_{min})(j = 1, 2, \cdots, n)$，$X_j$ 表示第 j 个综合指标；X_{min} 表示第 j 个综合指标中的最小值；X_{max} 表示第 j 个综合指标中的最大值。

（3）各综合指标的权重　$\omega_j = p_j/\sum_{j=1}^{n} p_j(j = 1, 2, \cdots, n)$，权重（$\omega_j$）表示第 j 个综合指标在所有综合指标中的重要程度；p_j 表示不同玉米品种各指标经过主成分分析后得到的第 j 个综合指标的贡献率。

（4）不同品种玉米的综合能力大小 $D = \sum_{j=1}^{n} \left[u(X_j) \times \omega_j \right] (j = 1, 2, \cdots, n)$，$D$ 表示盐分胁迫下不同玉米品种综合指标评价所得的耐盐性综合评价值。

二、结果与分析

（一）玉米萌发期耐盐性鉴定浓度的筛选

1. 不同浓度 NaCl 处理对玉米各品种发芽势的影响

如表 2-2 所示，NaCl 浓度为 150～200 mmol/L 时，29 份玉米品种的发芽势与对照组相比均有所下降。NaCl 浓度为 50 mmol/L 时，各品种的发芽势与对照组相比差异均不显著，并且先玉 335、宁玉 309、登海 618、东方红 2 号、YF16、江育 417、裕丰 619、裕丰 19 的发芽势均高于对照组，其他品种与对

表 2-2　不同浓度 NaCl 处理对玉米各品种发芽势影响的显著性比较

Table 2-2　Effect of different concentration of NaCl treatment on maize

germination potential significance comparison of each type（%）

品种编号 Varieties number	NaCl					品种编号 Varieties number	NaCl				
	0 mmol/L	50 mmol/L	100 mmol/L	150 mmol/L	200 mmol/L		0 mmol/L	50 mmol/L	100 mmol/L	150 mmol/L	200 mmol/L
1	95.83a	96.67a	90.83ab	88.33bc	84.17c	16	96.67a	94.17ab	93.33abc	91.67bc	90.00c
2	100.00a	99.17a	98.33a	98.30a	86.67b	17	95.83a	91.67a	89.17a	76.67b	45.00c
3	96.67a	96.67a	91.67a	89.17a	75.83b	18	97.50a	98.33a	95.00a	87.50b	84.17b
4	97.50a	98.33a	95.00ab	92.50b	89.17c	19	90.00a	88.33ab	78.33b	62.50c	46.67d
5	100.00a	97.50a	97.50a	92.50b	92.50b	20	95.00a	93.33a	93.33a	93.33a	72.50b
6	97.50a	98.33a	96.67a	95.00a	88.33b	21	100.00a	100.00a	99.17a	99.17a	96.67b
7	85.83a	85.83a	85.83a	68.33b	66.67b	22	91.67a	95.00a	80.83b	80.83b	45.83b
8	98.33a	96.67ab	91.67ab	90.00b	78.33c	23	97.50a	98.33a	93.33b	92.50b	91.67b
9	96.67a	90.83ab	83.33bc	80.00c	77.50c	24	96.67a	97.50a	95.83a	94.17a	90.00a
10	73.33a	67.50a	64.17a	68.33a	35.00b	25	95.83a	96.67a	94.17a	94.17a	93.33a
11	99.17a	98.33a	97.50a	95.00a	90.83b	26	95.83a	91.67a	90.00a	86.67ab	75.00b
12	99.17a	91.67a	50.00b	35.00c	13.33d	27	90.00a	87.50ab	84.17ab	75.00b	56.67c
13	100.00a	97.50ab	94.17ab	86.67b	46.67c	28	100.00a	99.17a	99.17a	95.00a	94.17a
14	96.67a	95.83a	90.00a	71.67b	30.83c	29	70.00a	64.17a	53.33a	31.67b	15.00b
15	100.00a	100.00a	99.17a	98.33a	98.33a						

注：编号含义同表 2-1。表中小写字母表示在 0.05 水平差异显著。下同。

Note：Number meaning is the same as table 2-1. The lowercase letters indicated significant difference at the 0.05 level. The same below.

照相比均有所下降；NaCl 浓度为 100 mmol/L 时，只有农华 101、东方红 1 号、YF16、江育 417 的发芽势与对照组的差异达到显著水平；NaCl 浓度为 150 mmol/L 时，DK159、真金 8 号、登海 618、KWS5383、宁玉 735、庆单 7 号、新玉 56、利民 33、裕丰 619、裕丰 19、银河 32、鑫鑫 2 号的发芽势与对照组相比差异不显著，其他品种与对照组的差异均达到显著水平；NaCl 浓度为 200 mmol/L 时，除了庆单 7 号、裕丰 619、裕丰 19、鑫鑫 2 号外，其他品种发芽势与对照组的差异均达到显著水平。由此可以说明，NaCl 低浓度（50～100 mmol/L）盐分胁迫对这 29 份供试材料的发芽势影响较小，浓度为 50 mmol/L 时对玉米的萌发具有促进作用。

2. 不同浓度 NaCl 处理对玉米各品种发芽率的影响

如表 2-3 所示，NaCl 浓度为 150～200 mmol/L 时，29 份玉米品种的发芽率与对照组相比均有所下降。NaCl 浓度为 50 mmol/L 时，各品种的发芽率与对照组相比差异均不显著，而且 YF16、江育 417、裕丰 619、裕丰 19 的发芽率均高于对照组，其他品种与对照组相比均有所下降；NaCl 浓度为 100 mmol/L 时，

表 2-3　不同浓度 NaCl 处理对玉米各品种发芽率影响的显著性比较

Table 2-3　Effect of different concentrations of NaCl treatment on maize germination rate significance comparison of each type（%）

品种编号 Varieties number	NaCl					品种编号 Varieties number	NaCl				
	0 mmol/L	50 mmol/L	100 mmol/L	150 mmol/L	200 mmol/L		0 mmol/L	50 mmol/L	100 mmol/L	150 mmol/L	200 mmol/L
1	98.33a	97.5ab	94.17bc	94.17bc	91.67c	16	96.67a	94.17ab	94.17ab	92.50ab	90.83b
2	100.00a	100.00a	99.78a	98.69a	86.67b	17	99.17a	96.67a	96.67a	94.17a	81.67b
3	98.33a	98.33a	93.33a	93.33a	86.67b	18	99.17a	99.17a	98.33a	98.33a	98.33a
4	99.17a	99.17a	99.17a	96.67ab	93.33b	19	95.00a	90.83a	85.83a	72.50b	59.17c
5	100.00a	99.17a	98.33ab	95.00bc	94.17c	20	99.17a	98.33a	96.67a	95.83a	74.17b
6	99.17a	98.33a	97.50a	96.67a	96.67a	21	100.00a	100.00a	100.00a	99.17a	99.17a
7	85.83a	84.17a	85.83a	71.67b	70.83b	22	95.00ab	97.50a	87.50bc	84.17c	73.33d
8	99.17a	96.67ab	94.17b	94.17b	90.00c	23	97.50ab	98.33a	93.33bc	93.33bc	92.50c
9	97.50a	91.67ab	85.83bc	85.00bc	77.50c	24	96.67a	97.50a	95.83a	95.00a	90.00a
10	75.83a	73.33a	70.00a	69.17a	43.33b	25	95.83a	96.67a	95.83a	95.00a	95.00a
11	99.17a	98.33a	97.50a	95.00a	90.83b	26	95.83a	91.67a	90.83a	90.83a	79.17b
12	100.00a	98.33a	90.83a	60.83b	35.00c	27	93.33a	93.33a	93.33a	93.33a	74.17b
13	100.00a	98.33a	95.83a	87.50b	76.67c	28	100.00a	100.00a	100.00a	97.50ab	95.00b
14	98.33a	97.50a	96.67a	90.00a	74.17b	29	77.50a	70.83a	60.83a	35.83b	25.83b
15	100.00a	100.00a	100.00a	98.33a	98.33a						

只有先玉 335、丹 8201、宁玉 524、YF16、江育 417 的发芽率与对照组相比达到显著水平；NaCl 浓度为 150 mmol/L 时，先玉 335、郑单 958、宁玉 525、丹 8201、宁玉 524、农华 101、联创 808、YF16、江育 417、天发-05 的发芽率与对照组相比差异均达到显著水平；NaCl 浓度为 200 mmol/L 时，只有登海 618、庆单 7 号、东方红 2 号、利民 33、裕丰 619、裕丰 19 的发芽率与对照组相比差异不显著，其他品种与对照组相比差异均达到显著水平。因此，低浓度 NaCl（50～100 mmol/L）盐分胁迫对这 29 份供试材料的发芽率影响较小，浓度为 50 mmol/L 时对玉米的萌发具有促进作用。

3. 不同浓度 NaCl 处理对玉米各品种发芽指数的影响

如表 2-4 所示，随 NaCl 浓度的升高，各品种的发芽指数均有所下降，不同品种下降的幅度不同。NaCl 浓度为 50 mmol/L 时，DK159、真金 8、郑单 958、登海 618、宁玉 525、丹 8201、宁玉 524、农华 101、农华 106、庆单 3 号、东方红 1 号、利民 33、裕丰 619、鑫鑫 2 号的发芽指数与对照组的差异均达到显著水平；NaCl 浓度为 100 mmol/L 时，宁玉 309、KWS5383、宁玉 735、庆单 7 号、

表 2-4　不同浓度 NaCl 处理对玉米各品种发芽指数影响的显著性比较

Table 2-4　Effect of different concentrations of NaCl treatment on maize germination index significance comparison of each type

品种编号 Varieties number	NaCl					品种编号 Varieties number	NaCl				
	0 mmol/L	50 mmol/L	100 mmol/L	150 mmol/L	200 mmol/L		0 mmol/L	50 mmol/L	100 mmol/L	150 mmol/L	200 mmol/L
1	99.15a	95.84a	76.48b	70.89c	70.53c	16	80.59a	73.33a	74.39a	62.32b	58.43b
2	93.38a	85.23b	68.26c	65.71c	54.17d	17	91.67a	78.63b	71.66b	53.68c	34.87d
3	96.76a	82.35b	65.26c	58.74c	48.94d	18	84.29a	84.57a	74.34b	62.00c	53.45d
4	87.72a	80.24ab	76.21ab	67.28b	69.41b	19	60.70a	52.46b	45.02c	34.86d	26.70e
5	102.38a	89.88b	77.89c	60.63d	56.91d	20	92.80a	88.09a	81.66ab	72.56b	43.70c
6	93.96a	84.99b	75.51c	69.28c	55.73d	21	82.05a	69.71b	62.60bc	61.35bc	58.35c
7	81.52a	71.02b	63.35b	50.97c	44.41c	22	59.58a	58.87a	56.61a	45.52ab	31.72b
8	69.16a	63.09b	56.83c	53.44d	45.95e	23	97.29a	89.65a	72.97b	67.19bc	58.99c
9	87.63a	73.79b	57.43c	55.47c	51.21c	24	95.59a	82.45b	80.06b	67.08c	60.51c
10	56.82a	48.34a	40.26a	42.96a	21.92b	25	92.73a	87.42a	78.43b	69.88c	61.56c
11	75.52a	78.15a	76.12a	61.53b	60.21b	26	87.56a	81.57a	68.10b	59.73b	46.22c
12	88.10a	68.20b	41.02c	25.09d	10.63e	27	65.12a	59.71a	57.49a	46.65b	35.57c
13	99.71a	96.54a	80.75b	66.47c	34.03d	28	89.71a	78.73b	77.02bc	69.62cd	65.42d
14	83.74a	69.83b	53.58c	43.03d	23.07e	29	45.63a	38.99ab	30.84b	18.03c	10.35c
15	103.21a	102.56a	103.38a	99.15a	92.99b						

DK517、新玉 56、YF16、良玉 99 的发芽指数与对照组相比差异不显著，其他品种与对照组的差异均达到显著水平；NaCl 浓度为 150 mmol/L 时，只有 KWS5383、庆单 7 号、YF16 的发芽指数与对照组的差异不显著，其他品种均与对照组达到显著水平；NaCl 浓度为 200 mmol/L 时，29 份供试品种的发芽指数差异均与对照组达到显著水平。由此表明，NaCl 浓度越高，对玉米的发芽指数影响越大，从而影响了玉米种子的萌发。0～200 mmol/L NaCl 溶液处理中，浓度为 200 mmol/L 时玉米各品种发芽指数与对照差异最明显，所以可以将 200 mmol/L NaCl 浓度作为玉米萌发期耐盐性筛选的鉴定浓度。

4. 不同浓度 NaCl 处理对玉米各品种活力指数的影响

如表 2-5 所示，NaCl 浓度 50 mmol/L 时，除了江育 417、银河 32、良玉 99 的活力指数高于对照组外，其他品种的活力指数与对照组相比均降低，而且 DK159、真金 8 号、宁玉 309、农华 101、农华 106、DK517、东方红 1 号、利民 33、YF16、裕丰 619、鑫鑫 2 号的活力指数与对照组的差异达到显著水平。NaCl 浓度为 100～200 mmol/L 时，所有供试品种的活力指数均低于对照组，

表 2-5　不同浓度 NaCl 处理对玉米各品种活力指数影响的显著性比较

Table 2-5　Effect of different concentrations of NaCl treatment on corn vigor index significance comparison of each type

品种编号 Varieties number	NaCl					品种编号 Varieties number	NaCl				
	0 mmol/L	50 mmol/L	100 mmol/L	150 mmol/L	200 mmol/L		0 mmol/L	50 mmol/L	100 mmol/L	150 mmol/L	200 mmol/L
1	70.33a	67.06a	23.96b	20.56b	10.18b	16	93.86a	68.73b	47.55b	58.30bc	33.65c
2	61.00a	33.67b	26.51bc	20.98c	8.11d	17	70.55a	67.18a	54.76b	36.19c	23.30d
3	71.40a	23.04b	10.97b	8.22b	5.83b	18	145.47a	132.00a	105.63b	87.23bc	73.92c
4	65.05a	36.87b	16.27c	11.84c	5.40c	19	233.87a	136.56b	89.35bc	66.34c	44.17c
5	76.44a	66.60a	47.52b	32.36b	29.25b	20	136.70a	125.90a	84.44b	64.11b	21.50c
6	98.83a	63.85ab	51.77ab	47.25b	25.81b	21	156.83a	115.30b	78.54c	71.89c	54.36c
7	135.58a	113.90a	101.08ab	74.33bc	50.66c	22	167.99a	128.78b	106.07b	59.75c	9.63d
8	158.89a	142.68a	113.62b	99.58b	70.22c	23	172.34a	183.15a	123.54b	110.30bc	63.61c
9	140.00a	106.48ab	77.70bc	79.14bc	62.57c	24	165.63a	134.02b	126.81b	89.61c	54.58d
10	110.55a	58.19ab	45.95b	47.02b	19.28b	25	156.32a	138.62ab	123.28bc	106.08c	47.22d
11	120.67a	76.46ab	68.82b	53.43b	49.34b	26	203.45a	211.33a	142.05b	110.25b	49.69c
12	122.77a	88.85b	26.31c	13.05c	2.01c	27	70.86a	88.85ab	60.23bc	45.31cd	34.00d
13	89.00a	63.17ab	27.11bc	10.92c	6.31c	28	146.21a	99.99b	96.13b	66.65c	30.91d
14	84.46a	56.23b	16.46c	26.71cd	4.20d	29	84.57a	55.69ab	43.25bc	25.28bc	7.83c
15	88.28a	71.46ab	57.87b	28.79c	23.99c						

不同品种与对照组的差异性不同。浓度为 100 mmol/L 时，只有登海 618、宁玉 525 的活力指数与对照组的差异不显著，其他品种与对照组相比差异均达到显著水平；浓度为 150、200 mmol/L 时，各品种的活力指数均与对照组的差异达到显著水平。综上所述，NaCl 浓度为 50 mmol/L 时对江育 417、银河 32、良玉 99 的萌发具有促进作用，随着 NaCl 浓度的升高玉米的萌发会受到抑制，浓度越高抑制作用越强。

（二）玉米萌发期耐碱性鉴定浓度的筛选

以下供试玉米品种为萌发期 NaCl 胁迫下耐盐与盐敏感的基因型。

1. 不同浓度 NaHCO₃ 处理对玉米各品种发芽势的影响

如表 2-6 所示，$NaHCO_3$ 浓度为 25 mmol/L 时，东方红 2 号、利民 33 和裕丰 19 的发芽势均高于对照组，说明该处理对玉米发芽具有促进作用，其他品种均低于对照组，并且随着浓度的升高各品种的发芽势均降低；$NaHCO_3$ 浓度为 50 mmol/L 时，除了庆单 3 号和 YF16 的发芽势与对照组相比差异显著外，其他品种与对照组差异均不能达到显著水平，并且 DK159 和真金 8 号的发芽势仍为 100%；$NaHCO_3$ 浓度为 75 mmol/L 时，庆单 3 号、东方红 2 号、YF16、裕丰 619、天发-05 的发芽势与对照组相比差异均显著，其他品种

表 2-6　不同浓度 $NaHCO_3$ 处理对玉米各品种发芽势影响的显著性比较

Table 2-6　Effect of different concentration of $NaHCO_3$ treatment on maize germination potential significance comparison of each type（%）

品种编号 Varieties number	NaHCO₃					品种编号 Varieties number	NaHCO₃				
	0 mmol/L	25 mmol/L	50 mmol/L	75 mmol/L	100 mmol/L		0 mmol/L	25 mmol/L	50 mmol/L	75 mmol/L	100 mmol/L
1	100a	95.00a	86.90ab	85.71ab	69.05b	14	100a	100a	98.33a	96.67a	86.67b
2	100a	100a	100a	98.81a	94.05a	16	100a	95.24a	90.48a	78.57ab	61.90b
3	100a	100a	100a	99.30a	98.00b	17	99.17a	93.33ab	88.33bc	84.17c	75.00d
4	100a	98.81ab	96.43ab	95.83ab	92.86b	18	96.67a	97.50a	87.50a	69.17b	46.67c
5	100a	100a	100a	100a	98.33a	21	98.33a	99.17a	98.33a	95.00ab	89.17b
7	100a	92.86ab	92.86ab	92.38ab	85.71b	22	100a	93.10ab	85.71bc	79.76c	79.17c
8	100a	97.14a	92.62a	92.38a	91.31a	23	100a	98.81ab	98.81ab	98.81ab	96.43b
9	100a	91.67a	90.95a	90.48a	85.71a	24	100a	94.17ab	93.33ab	92.50b	91.67b
11	99.17a	98.81a	97.50a	95.83a	95.48a	25	97.50a	100a	95.83a	95.83a	87.50b
12	99.17a	95.83a	94.17a	90.83a	64.17b	29	83.33a	82.50a	78.33ab	65.00b	64.17b
13	100a	98.81a	97.62a	97.62a	95.24a						

与对照组差异不显著，郑单 958 的发芽势仍能达到 100％；NaHCO$_3$ 浓度为 100 mmol/L 时，只有 DK159、郑单 958、丹 8201、宁玉 524、宁玉 735、联创 808 的发芽势与对照组差异不显著，剩余品种均与对照组差异达到显著水平。

2. 不同浓度 NaHCO$_3$ 处理对玉米各品种发芽率的影响

如表 2-7 所示，NaHCO$_3$ 浓度为 25 mmol/L 时，东方红 2 号、利民 33 和裕丰 19 的发芽率均高于对照组，促进种子萌发，农华 106 和裕丰 19 的发芽率达到 100％；NaHCO$_3$ 浓度为 0～50 mmol/L 时，DK159 和真金 8 号的发芽率均为 100％，郑单 958 的发芽率在 NaHCO$_3$ 浓度为 0～75 mmol/L 范围内也是 100％；NaHCO$_3$ 浓度为 50 mmol/L 时，只有宁玉 525 和庆单 3 号的发芽率与对照组差异显著，其他品种与对照组差异均不显著；NaHCO$_3$ 浓度为 75 mmol/L 时，宁玉 525、东方红 2 号、YF16、裕丰 619 的发芽率与对照组差异达到显著水平，其他品种相对于对照组差异均不显著；NaHCO$_3$ 浓度为 100 mmol/L 时，除了 DK159、郑单 958、丹 8201、宁玉 524、宁玉 735、联创 808 的发芽率与对照组差异不显著外，其他品种相对于对照组均达到显著水平，其中东方红 2 号的发芽率最低，为 48.33％。

表 2-7 不同浓度 NaHCO$_3$ 处理对玉米各品种发芽率影响的显著性比较

Table 2-7 Effect of different concentrations of NaHCO$_3$ treatment on maize germination rate significance comparison of each type（％）

品种编号 Varieties number	NaHCO$_3$					品种编号 Varieties number	NaHCO$_3$ （mmol/L）				
	0 mmol/L	25 mmol/L	50 mmol/L	75 mmol/L	100 mmol/L		0 mmol/L	25 mmol/L	50 mmol/L	75 mmol/L	100 mmol/L
1	100a	97.50a	86.90ab	85.71ab	69.05b	14	100a	100a	98.33a	98.33a	88.33b
2	100a	100a	100a	98.81a	94.05a	16	100a	95.24a	91.67a	79.76ab	63.10b
3	100a	100a	100a	99.17a	97.50b	17	99.17a	93.33ab	88.33bc	84.17c	75.00d
4	100a	98.81ab	97.62ab	95.83ab	94.05b	18	96.67a	97.50a	87.50a	69.17b	48.33c
5	100a	100a	100a	100a	98.33a	21	98.33a	99.17a	98.33a	95.00ab	89.17b
7	100a	95.24ab	92.86b	92.38b	86.90c	22	100a	95.83ab	94.05ab	86.90b	86.67b
8	100a	98.33a	92.50a	92.38a	91.31a	23	100a	98.81ab	98.81ab	98.81ab	96.43b
9	100a	92.86a	91.79a	90.48a	86.90a	24	100a	94.17ab	93.33ab	92.50b	91.67b
11	99.17a	98.81a	98.33a	97.50a	95.48a	25	97.50a	100a	95.83a	95.83a	87.50b
12	99.17a	95.83a	95.00a	93.33a	69.17b	29	83.33a	82.50a	78.33ab	69.17ab	64.17b
13	100a	98.81a	97.62a	97.62a	95.24a						

3. 不同浓度 NaHCO₃ 处理对玉米各品种发芽指数的影响

如表 2-8 所示，各品种的发芽指数随着 $NaHCO_3$ 浓度的升高呈不同程度的下降趋势。$NaHCO_3$ 浓度为 25 mmol/L 时，宁玉 309、郑单 958、联创 808、DK517、庆单 3 号、YF16 的发芽指数相对于对照组差异显著，其他品种与对照组相比差异均未达到显著水平；真金 8 号、丹 8201、宁玉 524、宁玉 735、利民 33、江育 417、裕丰 19 的发芽指数在 $NaHCO_3$ 浓度为 50～75 mmol/L 时与对照组差异不显著，东方红 2 号和天发-05 的发芽指数在 $NaHCO_3$ 浓度为 50 mmol/L 时与对照组相比差异也不显著，其他品种在 $NaHCO_3$ 浓度为 50～75 mmol/L 时与对照组差异均达到显著水平；$NaHCO_3$ 浓度为 100 mmol/L 时，只有宁玉 735 和利民 33 的发芽指数与对照组差异不显著，其他品种均与对照差异达到显著水平，且东方红 2 号的发芽指数相对于对照组下降幅度最大，为 63.13%。

表 2-8　不同浓度 NaHCO₃ 处理对玉米各品种发芽指数影响的显著性比较

Table 2-8　Effect of different concentrations of NaHCO₃ treatment on maize germination index significance comparison of each type

品种编号 Varieties number	NaHCO₃					品种编号 Varieties number	NaHCO₃				
	0 mmol/L	25 mmol/L	50 mmol/L	75 mmol/L	100 mmol/L		0 mmol/L	25 mmol/L	50 mmol/L	75 mmol/L	100 mmol/L
1	99.15a	89.72ab	74.42bc	67.79cd	50.18d	14	83.74a	80.89a	69.46b	66.26b	56.00c
2	93.38a	84.75ab	82.29b	79.78b	63.18c	16	80.59a	64.97b	58.60bc	48.16cd	37.78d
3	103.71a	103.24a	101.89ab	101.29ab	100.36b	17	87.02a	73.63b	63.95c	54.79d	47.84e
4	87.72a	72.72b	68.11bc	69.89bc	62.98c	18	94.48a	93.45a	83.75a	52.85b	31.35c
5	102.38a	86.05b	75.05c	74.38c	69.65d	21	59.58a	59.53a	56.58a	54.18a	52.48a
7	81.52a	73.30ab	69.08b	66.96b	61.36b	22	97.29a	83.96b	82.72b	77.72b	77.15b
8	69.16a	68.80a	68.43a	67.43ab	58.84b	23	67.21a	66.85a	66.71a	61.25a	55.48b
9	87.68a	85.39ab	81.21ab	76.85ab	68.43b	24	91.05a	82.00ab	77.97bc	73.94bc	68.96c
11	75.52a	74.62a	71.51a	68.29a	67.83a	25	80.79a	79.38a	75.06a	74.89a	62.08b
12	61.85a	59.23ab	53.28bc	48.66c	35.62d	29	49.04a	45.06a	41.63a	32.30b	30.99b
13	99.71a	70.65b	70.53b	64.34bc	62.11c						

4. 不同浓度 NaHCO₃ 处理对玉米各品种活力指数的影响

如表 2-9 所示，随着 $NaHCO_3$ 浓度的升高，各品种玉米的活力指数呈下降趋势，且均低于对照组。$NaHCO_3$ 浓度为 50 mmol/L 时，只有真金 8 号和宁玉 735 的活力指数与对照组差异不显著，其他品种相对于对照组均达到显著水平；$NaHCO_3$ 浓度为 75～100 mmol/L 时，所有供试品种的活力指数均与对照组差异显著，其中 DK159、真金 8 号、宁玉 524 和农华 101 的活力指数在 NaHCO₃ 浓度为 75～100 mmol/L 时与对照组差异显著，其他品种差异均不显著，说明 NaHCO₃ 浓度为 100 mmol/L 时可作为玉米萌发期耐碱性筛选的最适鉴定浓度。

表 2-9　不同浓度 NaHCO₃ 处理对玉米各品种活力指数影响的显著性比较

Table 2-9　Effect of different concentrations of NaHCO₃ treatment on corn vigor index significance comparison of each type

品种编号 Varieties number	NaHCO₃					品种编号 Varieties number	NaHCO₃				
	0 mmol/L	25 mmol/L	50 mmol/L	75 mmol/L	100 mmol/L		0 mmol/L	25 mmol/L	50 mmol/L	75 mmol/L	100 mmol/L
1	70.33a	50.28ab	38.08bc	23.25cd	12.83d	14	84.46a	65.43b	53.49bc	48.57bc	37.19c
2	61.00a	54.18ab	48.26b	46.00b	29.14c	16	55.84a	40.45b	25.86c	18.06cd	13.45d
3	76.06a	73.59a	68.01a	46.56b	24.72c	17	204.36a	185.23a	114.15b	67.25c	55.93c
4	65.05a	48.62b	35.85c	30.40cd	22.82d	18	248.82a	248.39a	128.71b	58.43c	27.63c
5	137.87a	98.05b	75.66c	58.02d	54.82d	21	167.52a	169.14a	117.85b	92.52bc	63.80c
7	67.79a	55.54b	43.46c	29.82c	25.83d	22	67.33a	49.50b	40.43bc	33.75c	27.25c
8	79.45a	62.57b	47.82bc	39.18c	33.83c	23	86.00a	53.18b	51.48b	44.03bc	33.03c
9	83.72a	79.58a	64.13b	51.49b	31.63c	24	120.59a	114.39a	71.00b	67.47b	58.61b
11	60.34a	50.33a	47.14ab	29.23b	27.61b	25	129.21a	96.00b	88.17b	81.46b	63.24b
12	96.30a	93.80a	76.58b	59.13c	41.57d	29	59.67a	45.97ab	41.09bc	31.02bc	26.52c
13	89.00a	50.09b	44.93b	37.72b	31.48b						

（三）玉米苗期耐盐性鉴定浓度的筛选

1. 不同浓度 NaCl 处理对玉米各品种苗高的影响

如表 2-10 所示，各品种的苗高随 NaCl 浓度的升高均呈下降趋势，且均低于对照组。NaCl 浓度为 50 mmol/L 时，登海 618、宁玉 525、丹 8201、宁玉 524、KWS5383、庆单 7 号、裕丰 619、鑫鑫 2 号的苗高与对照组相比差异均不显著，其他品种相对于对照组差异均达到显著水平；NaCl 浓度为 100 mmol/L 时，只有宁玉 524 和鑫鑫 2 号的苗高与对照组相比差异不显著，其他品种与对照组差异均显著；NaCl 浓度为 150～200 mmol/L 时，所有供试品种的苗高均与对照组差异达到显著水平，但是所有供试品种的苗高在 NaCl 浓度为 150 mmol/L 和 200 mmol/L 之间时的差异不能全部达到显著水平，NaCl 浓度为 100～200 mmol/L 时天发-05 的苗高下降幅度最大，分别为 14.47 mm、18.29 mm 和 20.13 mm。

表 2-10　不同浓度 NaCl 处理对玉米各品种苗高影响的显著性比较

Table 2-10　Effect of different concentrations of NaCl treatment on

maize shoot height significance comparison of each type（cm）

品种编号 Varieties number	NaCl					品种编号 Varieties number	NaCl				
	0 mmol/L	50 mmol/L	100 mmol/L	150 mmol/L	200 mmol/L		0 mmol/L	50 mmol/L	100 mmol/L	150 mmol/L	200 mmol/L
1	46.83a	40.61b	37.54c	36.15c	35.75c	15	47.60a	46.28a	38.35b	35.50c	31.89d
2	59.40a	51.99b	51.54b	43.73c	42.18c	16	46.18a	44.90b	39.69c	34.96d	31.27e
3	54.31a	46.85b	45.69b	44.47b	37.95c	17	51.86a	46.06b	43.04c	39.31d	34.29e
4	49.98a	45.87b	44.32b	42.27b	42.02b	18	44.71a	41.48b	40.23bc	39.25c	35.53d
5	51.01a	43.96b	42.71b	42.22b	41.08b	19	56.49a	54.69b	45.07c	42.77d	41.89d
6	51.65a	51.12a	43.57b	42.17b	38.50b	20	55.07a	49.39b	46.67c	40.63d	37.71e
7	48.79a	48.20ab	46.09bc	44.04c	41.39d	21	59.70a	53.80b	51.30c	45.97d	42.47e
8	59.89a	57.80a	52.12b	47.22c	44.90c	22	55.05a	52.43b	48.00c	43.45d	36.98e
9	45.62a	43.27ab	42.84ab	41.16b	36.85c	23	51.86a	43.03b	41.76b	40.35b	38.43b
10	44.77a	40.73ab	35.78bc	30.81cd	28.67d	24	52.41a	47.79ab	42.58bc	41.04bc	38.29c
11	47.67a	44.65b	42.71c	40.36d	38.17e	25	50.91a	48.38a	41.75b	41.14b	39.61b
12	56.89a	51.71b	46.87c	43.59d	40.40e	26	52.45a	45.21b	42.94b	42.62b	38.98c
13	57.14a	49.09b	46.67c	44.86c	44.81c	28	45.39a	39.71ab	39.53ab	35.61b	34.54b
14	59.29a	48.33b	47.35b	42.95c	39.75c	29	62.05a	55.46b	47.58c	43.76d	41.92d

2. 不同浓度 NaCl 处理对玉米各品种根长的影响

如表 2-11 所示，各品种的根长随 NaCl 浓度的升高均有下降，且低于对照组。NaCl 浓度为 50 mmol/L 时，先玉 335、宁玉 525、KWS5383、农华 106、庆单 7 号、DK517、庆单 3 号、东方红 1 号、利民 33、YF16、江育 417、裕丰 619、裕丰 19、鑫鑫 2 号、天发-05 的根长与对照组差异不显著，其他品种相对于对照组差异均显著；NaCl 浓度为 100～200 mmol/L 时，DK159 在所有品种中根长下降幅度均最大，分别为 16.00 mm、17.28 mm 和 20.04 mm；NaCl 浓度为 100 mmol/L 时，只有先玉 335、农华 106、DK517、裕丰 19 的根长相对于对照组差异不显著，其他品种与对照组差异均达到显著水平；NaCl 浓度为 150 mmol/L 时，只有 DK517、裕丰 19 的根长与对照组相比差异不显著；NaCl 浓度为 200 mmol/L 时，只有裕丰 19 的根长与对照组相比差异不显著。其他品种相对于对照组的差异均显著。所有供试品种的根长在 NaCl 浓度为 150 mmol/L 和 200 mmol/L 之间的差异不能全部达到显著水平。

表 2-11　不同浓度 NaCl 处理对玉米各品种根长影响的显著性比较

Table 2-11　Effect of different concentration of NaCl treatment on maize root long significance comparison of each type（cm）

品种编号 Varieties number	NaCl					品种编号 Varieties number	NaCl				
	0 mmol/L	50 mmol/L	100 mmol/L	150 mmol/L	200 mmol/L		0 mmol/L	50 mmol/L	100 mmol/L	150 mmol/L	200 mmol/L
1	21.14a	21.08a	18.51ab	17.33bc	14.91c	15	34.03a	32.09a	27.62b	24.01c	22.54c
2	45.81a	34.19b	29.81c	28.53cd	25.77d	16	22.09a	20.77a	20.36a	18.27b	14.35c
3	26.29a	18.19b	18.11b	17.48bc	15.47c	17	24.26a	23.35a	23.04a	22.25a	17.69b
4	32.53a	26.01b	22.77c	21.39c	18.22d	18	30.04a	27.35b	25.27c	22.98d	21.41d
5	27.06a	24.07b	22.82c	21.27d	20.81d	19	27.11a	25.43a	22.75b	22.61b	20.87b
6	32.07a	26.52b	26.04b	23.57c	22.38c	20	29.42a	25.78b	25.25b	24.78b	21.47c
7	29.15a	28.20ab	27.03b	26.49b	22.56c	21	29.13a	27.34ab	26.45b	21.19c	20.74c
8	17.74a	19.35b	17.27bc	16.27cd	15.00d	22	17.86a	17.69a	16.07b	15.53b	15.37b
9	29.45a	26.11b	24.95bc	23.84c	20.97d	23	35.95a	34.89a	30.84b	29.24b	25.50c
10	30.91a	28.01a	21.84b	20.39b	18.99b	24	23.53a	23.08ab	21.27bc	19.97cd	18.37d
11	26.36a	22.75b	21.91bc	21.06bc	20.45c	25	33.21a	33.10a	32.92a	31.92a	30.45a
12	19.13a	17.75b	17.25bc	16.61cd	15.96d	26	31.41a	28.06b	27.76b	27.39b	17.78c
13	20.53a	19.12b	18.58b	17.23c	16.43c	28	33.87a	31.49a	27.99b	24.51c	19.64d
14	23.47a	22.89ab	22.46ab	21.27bc	19.63b	29	19.80a	19.19a	16.73b	16.48b	16.37b

3. 不同浓度 NaCl 处理对玉米各品种地上部鲜重的影响

如表 2-12 所示，各品种的地上部鲜重随 NaCl 浓度的升高均呈下降趋势，且低于对照组。NaCl 浓度为 50 mmol/L 时，DK159、宁玉 524、宁玉 735、农华 101、联创 808、东方红 2 号、东方红 1 号、新玉 56、利民 33、裕丰 619、天发-05 的地上部鲜重与对照组相比差异均达到显著水平，其他品种相对于对照组差异均不显著；NaCl 浓度 100~200 mmol/L 时，利民 33 在所有品种中的地上部鲜重下降幅度均最大，分别为 10.65%、12.4% 和 17.55%；NaCl 浓度 100 mmol/L 时，只有先玉 335、郑单 958、农华 106、庆单 7、庆单 3、YF16、江育 417、裕丰 19 的地上部鲜重与对照组相比差异不显著；NaCl 浓度 150 mmol/L 时，只有裕丰 19 的地上部鲜重与对照组相比差异不显著，其他品种相对于对照组均达到显著水平；NaCl 浓度为 200 mmol/L 时，所有供试品种的地上部鲜重与对照组相比差异均显著。

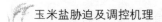

表 2-12　不同浓度 NaCl 处理对玉米各品种地上部鲜重影响的显著性比较

Table 2-12　Effect of different concentrations of NaCl treatment on corn aboveground fresh weight significance comparison of each type（g）

品种编号 Varieties number	NaCl					品种编号 Varieties number	NaCl				
	0 mmol/L	50 mmol/L	100 mmol/L	150 mmol/L	200 mmol/L		0 mmol/L	50 mmol/L	100 mmol/L	150 mmol/L	200 mmol/L
1	12.34a	10.16ab	9.90ab	7.24b	6.24b	15	14.99a	15.12a	9.31ab	5.26b	5.15b
2	24.69a	20.41b	19.90b	15.75c	13.76c	16	17.19a	16.55a	10.02b	9.52b	9.15b
3	18.83a	14.98ab	14.53b	11.25bc	8.85c	17	21.28a	19.53ab	15.69abc	11.44bc	8.05c
4	20.12a	17.63ab	15.82bc	13.19c	12.70c	18	14.26a	12.32b	12.11b	9.80c	6.41d
5	19.70a	17.40ab	17.06ab	13.36bc	9.90c	19	18.43a	21.51b	11.94c	9.69d	6.92e
6	17.50a	14.63ab	12.54b	11.72b	10.65b	20	19.89a	14.11b	12.97b	12.95b	10.11b
7	16.36a	14.64ab	13.64b	9.64c	8.72c	21	29.33a	22.87b	18.68bc	16.93c	11.78d
8	24.52a	22.52ab	18.69b	14.84c	11.88c	22	20.27a	17.30a	15.74ab	11.52bc	7.57c
9	17.13a	13.75b	13.01b	9.95c	6.81d	23	16.60a	12.82ab	11.98ab	11.51b	9.79b
10	18.86a	17.22b	10.36b	9.85c	9.15c	24	21.23a	15.56b	13.36bc	10.84bc	9.82c
11	16.20a	13.68b	12.31b	8.80c	7.41c	25	15.81a	14.93a	12.56a	12.58a	7.89b
12	23.33a	16.53b	15.52b	12.28bc	9.52c	26	19.25a	14.73ab	11.36b	10.87b	10.05b
13	20.77a	13.65b	13.17b	10.15c	8.29d	28	18.94a	15.65ab	10.29bc	8.16c	6.69c
14	21.12a	16.39ab	15.72ab	10.96bc	7.68c	29	25.12a	18.46b	18.36b	17.35b	13.87c

4. 不同浓度 NaCl 处理对玉米各品种根鲜重的影响

如表 2-13 所示，各品种的根鲜重随 NaCl 浓度的升高均呈下降趋势，且低于对照组。NaCl 浓度为 50～100 mmol/L 时，DK159、真金 8 号、宁玉 309、宁玉 525、KWS5383、农华 101、农华 106、庆单 7 号、庆单 3 号、YF16、江育 417、裕丰 19 的根鲜重与对照组相比差异不显著；浓度为 50 mmol/L 时，DK517、银河 32、鑫鑫 2 号的根鲜重相对于对照组差异也不显著，其他品种与对照组相比差异均达到显著水平；NaCl 浓度为 150 mmol/L 时，只有 DK159、真金 8 号、农华 101、庆单 7 号、庆单 3 号、裕丰 9 号的根鲜重与对照组差异不显著，其他品种均与对照组的差异达到显著水平；NaCl 浓度为 200 mmol/L 时，只有庆单 7 号和庆单 3 号的根鲜重与对照组相比差异不显著，其他供试品种相对于对照组差异均显著。

表 2-13 不同浓度 NaCl 处理对玉米各品种根鲜重影响的显著性比较

Table 2-13 Effect of different concentrations of NaCl treatment on maize root fresh weight significance comparison of each type（g）

品种编号 Varieties number	NaCl					品种编号 Varieties number	NaCl				
	0 mmol/L	50 mmol/L	100 mmol/L	150 mmol/L	200 mmol/L		0 mmol/L	50 mmol/L	100 mmol/L	150 mmol/L	200 mmol/L
1	3.28a	2.71a	2.29bc	2.22bc	1.85c	15	3.86a	3.52a	2.88a	2.79a	2.45a
2	5.53a	4.74a	5.10ab	4.92ab	3.27b	16	5.44a	5.43a	4.43b	4.00b	3.99b
3	5.25a	4.55a	4.42a	3.99ab	2.49b	17	5.64a	4.83a	4.63a	3.04a	2.79a
4	5.69a	5.12ab	4.74abc	4.37bc	3.77c	18	6.12a	5.08b	5.03b	4.77c	3.00d
5	7.62a	5.88b	5.82b	5.19b	4.82b	19	6.31a	5.51b	4.56c	4.49d	4.22e
6	4.45a	3.29b	3.19b	2.66c	2.28c	20	5.61a	4.65b	4.20b	3.73b	3.58b
7	4.64a	4.61ab	4.15ab	4.10b	3.56c	21	7.67a	8.28b	7.90bc	7.45c	5.05d
8	7.60a	5.68b	5.49b	4.69b	3.39c	22	6.27a	6.13a	6.09ab	4.57bc	3.48c
9	7.86a	5.64b	5.32b	5.05b	4.72b	23	4.36a	4.05ab	3.79ab	3.53b	3.01b
10	6.60a	6.46a	6.42a	4.90b	4.14b	24	5.24a	5.67b	4.75bc	4.61bc	3.97c
11	5.33a	4.84b	4.72b	4.26c	3.58d	25	4.05a	3.73a	3.26a	3.02a	2.82b
12	6.93a	6.23a	5.57a	5.26a	3.20b	26	4.51a	3.77ab	3.26a	2.70b	2.24b
13	5.28a	4.30a	4.05b	3.75b	2.97c	28	4.18a	3.93ab	3.55bc	3.13c	2.80c
14	6.52a	5.40ab	5.19ab	4.73bc	3.49c	29	4.89a	4.11b	4.05b	3.40b	3.26c

（四）玉米苗期耐碱性鉴定浓度的筛选

以下供试玉米品种为萌发期耐盐碱与盐碱敏感及苗期耐盐与盐敏感的基因型。

1. 不同浓度 NaHCO$_3$ 处理对玉米各品种苗高的影响

如表 2-14 所示，随着 NaHCO$_3$ 浓度的升高，各品种玉米的苗高均下降，且低于对照组。NaHCO$_3$ 浓度为 25～50 mmol/L 时，先玉 335、郑单 958、江

表 2-14 不同浓度 NaHCO$_3$ 处理对玉米各品种苗高影响的显著性比较

Table 2-14 Effect of different concentrations of NaHCO$_3$ processing of corn shoot height significance comparison of each type（cm）

品种编号 Varieties number	NaHCO$_3$					品种编号 Varieties number	NaHCO$_3$				
	0 mmol/L	25 mmol/L	50 mmol/L	75 mmol/L	100 mmol/L		0 mmol/L	25 mmol/L	50 mmol/L	75 mmol/L	100 mmol/L
1	40.63a	35.85b	35.58b	34.86b	31.55b	23	53.41a	47.05b	46.61b	40.83c	36.20d
3	49.34a	42.65ab	42.01ab	41.42b	38.31b	24	45.05a	43.20ab	42.73b	42.63b	36.05c
5	48.61a	41.03b	40.86b	40.45b	39.02b						

育 417 的苗高与对照组相比差异达到显著水平，真金 8 号与对照组差异不显著；NaHCO₃ 浓度为 75～100 mmol/L 时，所有供试品种的苗高与对照组相比差异均能达到显著水平，浓度为 75 mmol/L 和 100 mmol/L 之间先玉 335、真金 8 号、郑单 958 的苗高与对照组差异不显著。

2. 不同浓度 NaHCO₃ 处理对玉米各品种根长的影响

如表 2-15 所示，各品种的根长随 NaHCO₃ 浓度的升高而下降，且均低于对照。NaHCO₃ 浓度为 25～75 mmol/L 时，先玉 335、真金 8 号的根长与对照组差异均显著，裕丰 619 的根长相对于对照组差异均不显著，在两浓度之间差异不显著；NaHCO₃ 浓度为 100 mmol/L 时，所有供试品种的根长与对照组相比差异均达到显著水平。

表 2-15　不同浓度 NaHCO₃ 处理对玉米各品种根长影响的显著性比较

Table 2-15　Effect of different concentrations NaHCO₃ treatment on maize root long significance comparison each type（cm）

品种编号 Varieties number	NaHCO₃					品种编号 Varieties number	NaHCO₃				
	0 mmol/L	25 mmol/L	50 mmol/L	75 mmol/L	100 mmol/L		0 mmol/L	25 mmol/L	50 mmol/L	75 mmol/L	100 mmol/L
1	23.19a	18.87b	17.33bc	17.15bc	16.03c	23	31.32a	30.05ab	29.43ab	27.39bc	25.37c
3	24.62a	20.80b	18.82b	18.65b	18.26b	24	26.88a	24.91ab	24.26ab	23.67ab	22.76b
5	24.39a	24.21a	23.96ab	22.29bc	22.11c						

3. 不同浓度 NaHCO₃ 处理对玉米各品种地上部鲜重的影响

如表 2-16 所示，各品种的地上部鲜重随 NaHCO₃ 浓度的升高呈下降趋势，且均低于对照组。NaHCO₃ 浓度为 25～100 mmol/L 时，所有供试品种的地上部鲜重与对照组差异均显著；NaHCO₃ 浓度为 25～75 mmol/L 时，先玉 335 和郑单 958 的地上部鲜重相比于对照组差异不显著；NaHCO₃ 浓度为 75～100 mmol/L 时，江育 417 和裕丰 619 的地上部鲜重相对于对照组差异也不显著。综上所述，100 mmol/L 的 NaHCO₃ 胁迫浓度可作为玉米苗期耐碱性

表 2-16　不同浓度 NaHCO₃ 处理对玉米各品种地上部鲜重影响的显著性比较

Table 2-16　Effect of different concentrations of NaHCO₃ processing of corn aboveground fresh weight significance comparison of each type（g）

品种编号 Varieties number	NaHCO₃					品种编号 Varieties number	NaHCO₃				
	0 mmol/L	25 mmol/L	50 mmol/L	75 mmol/L	100 mmol/L		0 mmol/L	25 mmol/L	50 mmol/L	75 mmol/L	100 mmol/L
1	10.62a	7.16b	6.66b	6.21b	4.58c	23	20.48a	15.92b	13.11c	7.53d	6.46d
3	17.58a	12.95b	8.19c	8.17c	5.91d	24	17.97a	12.64b	10.88b	7.35c	6.48c
5	18.61a	13.04b	12.32b	11.75b	6.53c						

筛选的理想鉴定浓度。

4. 不同浓度 NaHCO₃ 处理对玉米各品种根鲜重的影响

如表 2-17 所示，随 NaHCO₃ 浓度的升高各品种玉米的根鲜重呈下降趋势，并且低于对照。NaHCO₃ 浓度为 25～50 mmol/L 时，除了先玉 335 的根鲜重与对照组差异不显著外，其他品种与对照组差异均能达到显著水平；NaHCO₃ 浓度为 75～100 mmol/L 时，所有供试品种的根鲜重相对于对照组差异均达到显著水平，两浓度之间比较，先玉 335、江育 417 和裕丰 619 与对照组相比差异不显著。

表 2-17　不同浓度 NaHCO₃ 处理对玉米各品种根鲜重影响的显著性比较

Table 2-17　Effect of different concentrations of NaHCO₃ processing of corn root fresh weight significance comparison of each type（g）

品种编号 Varieties number	NaHCO₃					品种编号 Varieties number	NaHCO₃				
	0 mmol/L	25 mmol/L	50 mmol/L	75 mmol/L	100 mmol/L		0 mmol/L	25 mmol/L	50 mmol/L	75 mmol/L	100 mmol/L
1	2.25a	1.99a	1.74ab	1.56b	1.30b	23	4.47a	3.71b	3.41b	2.88c	2.82c
3	3.22a	2.24b	2.23b	1.81c	1.51d	24	5.26a	3.92b	3.71b	3.40c	3.00c
5	4.33a	4.20b	3.94c	3.90c	3.81d						

第二节　玉米萌发期耐盐碱基因型筛选

一、材料与方法

（一）培养方法

每品种选用饱满一致的玉米种子，经 10％NaClO 消毒 20min 后用蒸馏水冲洗数次，浸泡 10min 再用蒸馏水冲洗 5～6 次，在 26℃左右浸种 12h，吸去多余水分，将种子均匀放在铺有 2 层滤纸的发芽盒中，26℃培养箱中催芽，期间及时补充蒸发的水分。萌发后，选取生长状况良好的幼苗进行水培，每 3d 更换一次 1/2Hoagland 营养液（每盆营养液用量为 6L）。在人工气候室进行培养，昼夜温度为（25±2）℃、（20±2）℃，每天光照 12h，光强为 2 500～3 000 lx，相对湿度为 60％～80％。待幼苗长至三叶一心期进行盐胁迫处理，将 NaCl 和 NaHCO₃ 各设置 5 个浓度分别为 0（对照）、50、100、150、200 mmol/L 和 0（对照）、25、50、75、100 mmol/L，每个处理 3 次重复。胁迫初期按照每 24h，Na⁺ 浓度增加 1/4，逐渐达到设计浓度。7d 后每个处理取长势均匀的 5 株幼苗，测量苗高、根长、地上部鲜重、根鲜重、地上部干重、根干重，并取平均值，计算地上部含水量、根含水量、耐盐系数、耐碱系数。

（二）指标测定方法

1. 苗高的测定

盐处理后，以苗地上部与根的连接处为起点至苗地上部最高点的拉直高度为终点的总长度。

2. 根长的测定

盐处理后，以苗地上部与根的连接处为起点至最长根拉直的终点的总长度。

3. 地上部鲜重、根鲜重、地上部干重、根干重的测定

盐处理后，每个处理取出 5 株，用去离子水冲洗根部的盐分及地上部的灰尘，用滤纸吸干植株表面残留的去离子水后在苗地上部与根连接处将其分开，分别称重，地上部质量即为地上部鲜重，根质量即为根鲜重；然后将地上部与根分开放入烘箱 105℃ 杀青 30min，80℃ 烘干至恒重后分别称重，即为地上部干重和根干重。

4. 地上部含水量和根含水量的计算

根据植株的鲜重和干重计算玉米幼苗的自然含水量（%）。

地上部含水量＝［（地上部鲜重－地上部干重）/地上部鲜重］×100

根含水量＝［（根鲜重－根干重）/根鲜重］×100

二、结果与分析

（一）玉米萌发期耐盐基因型筛选

1. NaCl 胁迫下玉米萌发期各指标的耐盐系数分析

各指标的相对值能够消除品种间所固有的差异，更能准确反映植物的耐盐能力。如表 2-18 所示，不同品种玉米萌发期各指标的耐盐系数不同，同一品种不同指标所表现出的该品种的耐盐程度也不同。不同品种各指标的耐盐系数都小于 1，说明发芽率、发芽势、发芽指数、活力指数、芽长、芽鲜重、芽干重、根长、根鲜重、根干重与对照组相比均有所下降，并且下降幅度不同。根据其变异系数，各指标对 NaCl 胁迫的敏感程度为：芽鲜重＞芽长＞芽干重＞根长＞活力指数＞发芽势＞发芽指数＞根鲜重＞根干重＞发芽率，因此用单项指标来评价玉米萌发期的耐盐性所得结果各不相同。

2. NaCl 胁迫下玉米萌发期耐盐性主成分分析

主成分分析可以将需要分析的指标数据集进行降维处理，把较多的测试指标转化成少量的综合评价指标，保留数据最重要的部分，代替各单项指标评价结果的不足。如表 2-19 所示，通过主成分分析将 10 个单项指标的耐盐系数转化成 F_1、F_2 两个综合指标，累计贡献率为 81.25%。这两个综合指标代表了

各单项指标的绝大部分信息，可以进一步来评价各玉米品种的耐盐性。

表 2-18　盐胁迫下玉米萌发期各指标的耐盐系数

Table 2-18　Salt tolerance coefficient of every indicator at corn bud under salt stress

品种编号 Varieties number	指标 Indicator									
	发芽率 Germination rate	发芽势 Germination force	发芽指数 Germination index	活力指数 Vigor index	芽长 Germinal length	芽鲜重 Shoot fresh weight	芽干重 Shoot dry weight	根长 Root length	根鲜重 Root fresh weight	根干重 Root dry weight
1	0.932 5	0.877 9	0.711 4	0.157 0	0.294 4	0.217 1	0.422 2	0.366 1	0.579 6	0.630 1
2	0.966 7	0.866 7	0.580 1	0.132 8	0.289 3	0.229 3	0.277 8	0.517 0	0.577 7	0.548 4
3	0.882 5	0.787 3	0.507 5	0.087 3	0.159 8	0.168 7	0.213 0	0.273 1	0.493 2	0.427 1
4	0.941 7	0.914 5	0.794 1	0.080 6	0.169 3	0.096 8	0.306 3	0.522 2	0.680 0	0.591 9
5	0.941 7	0.925 0	0.592 2	0.382 8	0.608 9	0.652 1	1.226 9	0.519 2	0.772 5	0.702 6
6	0.975 0	0.906 0	0.594 4	0.261 4	0.435 7	0.442 2	0.545 9	0.438 5	0.703 7	0.768 8
7	0.827 4	0.781 1	0.547 6	0.376 1	0.712 9	0.703 3	0.541 6	0.283 5	0.721 3	0.693 0
8	0.907 5	0.798 2	0.664 8	0.441 3	0.648 5	0.663 7	0.732 9	0.240 5	0.809 6	0.634 2
9	0.795 2	0.802 6	0.587 2	0.439 5	0.630 3	0.749 8	0.878 9	0.179 2	0.529 0	0.537 2
10	0.561 2	0.443 4	0.372 3	0.231 9	0.759 2	0.556 9	0.780 2	0.176 0	0.215 3	0.288 8
11	0.916 0	0.916 0	0.803 8	0.436 8	0.648 1	0.560 9	0.624 9	0.434 2	0.805 7	0.550 4
12	0.350 0	0.134 2	0.120 3	0.017 4	0.138 7	0.129 6	0.217 8	0.190 9	0.293 7	0.348 9
13	0.766 7	0.466 7	0.343 8	0.091 7	0.266 0	0.236 3	0.410 5	0.202 3	0.501 5	0.403 8
14	0.752 6	0.318 4	0.275 0	0.050 0	0.243 4	0.181 4	0.295 1	0.242 2	0.320 7	0.276 9
15	0.983 3	0.983 3	0.900 6	0.278 9	0.296 9	0.308 9	0.650 0	0.439 3	0.815 3	0.627 8
16	0.939 9	0.931 4	0.728 8	0.372 1	0.508 3	0.525 2	0.640 0	0.484 0	0.783 9	0.649 0
17	0.822 9	0.470 3	0.382 9	0.330 9	0.803 3	0.874 3	1.019 7	0.499 6	0.641 6	0.477 6
18	1.009 0	0.863 0	0.636 7	0.509 2	0.796 5	0.804 3	0.871 0	0.289 8	0.766 3	0.630 9
19	0.621 8	0.520 4	0.440 1	0.195 2	0.743 9	0.448 6	0.600 3	0.135 3	0.340 0	0.425 3
20	0.748 7	0.768 9	0.472 9	0.161 4	0.447 7	0.338 7	0.633 3	0.253 1	0.522 0	0.679 5
21	0.991 7	0.966 7	0.713 4	0.346 0	0.523 5	0.484 7	0.686 9	0.275 8	0.845 0	0.520 8
22	0.771 8	0.507 6	0.535 0	0.057 6	0.200 4	0.110 7	0.200 6	0.260 5	0.468 5	0.536 2
23	0.948 7	0.940 2	0.606 5	0.370 4	0.578 2	0.613 5	0.719 2	0.278 1	0.501 2	0.545 5
24	0.930 5	0.930 5	0.632 6	0.332 1	0.494 9	0.524 8	0.765 2	0.223 6	0.749 8	0.748 4
25	0.992 8	0.975 4	0.665 4	0.294 5	0.554 3	0.444 6	0.730 2	0.306 9	0.794 1	0.669 5
26	0.825 8	0.781 2	0.528 7	0.232 0	0.490 0	0.428 1	0.700 5	0.336 8	0.590 4	0.610 2
27	0.794 9	0.629 9	0.546 9	0.496 9	0.787 7	0.910 5	0.815 4	0.299 3	0.611 9	0.483 7
28	0.950 0	0.941 7	0.729 0	0.212 1	0.355 4	0.291 1	0.481 5	0.393 0	0.593 2	0.613 8

（续）

品种编号 Varieties number	指标 Indicator									
	发芽率 Germination rate	发芽势 Germination force	发芽指数 Germination index	活力指数 Vigor index	芽长 Germinal length	芽鲜重 Shoot fresh weight	芽干重 Shoot dry weight	根长 Root length	根鲜重 Root fresh weight	根干重 Root dry weight
29	0.334 6	0.210 8	0.231 4	0.092 5	0.517 8	0.419 6	0.529 1	0.271 6	0.460 0	0.552 7
均值 Mean value	0.833 9	0.736 5	0.560 2	0.427 6	0.486 3	0.452 3	0.604 1	0.321 8	0.603 0	0.557 7
标准差 Standard deviation	0.175 6	0.245 0	0.178 8	0.142 3	0.209 9	0.233 2	0.248 6	0.115 5	0.173 7	0.127 0
变异系数 Coefficient of variation	21.06%	33.27%	31.92%	33.28%	43.17%	51.56%	41.15%	35.90%	28.81%	22.78%

表 2-19　盐胁迫下主成分分析各综合指标系数、贡献率及特征向量

Table 2-19　Coefficient of the composite indicator principal component analysis, the contribution rate and the feature vector under salt stress

综合指标 Composite indicator		F₁	F₂
特征根 Eigen values		5.29	2.835
贡献率 Contributive ratio（%）		52.901	28.347
累计贡献率 Cumulative contributive ratio（%）		52.901	81.248
特征向量 Eigen vector	发芽率 Germination rate	0.347	−0.258
	发芽势 Germination force	0.369	−0.243
	发芽指数 Germination index	0.349	−0.266
	活力指数 Vigor index	0.359	0.295
	芽长 Germinal length	0.214	0.490
	芽鲜重 Shoot fresh weight	0.260	0.461
	芽干重 Shoot dry weight	0.283	0.377
	根长 Root length	0.218	−0.277
	根鲜重 Root fresh weight	0.384	−0.135
	根干重 Root dry weight	0.322	−0.164

3. NaCl 胁迫下玉米萌发期各品种耐盐性综合评价及分类

D 值表示玉米各品种耐盐能力的大小，D 值越大耐盐能力越强。由表 2-20

可以得出，东方红 2 号的 D 值最大，为 0.912；农华 101 的 D 值最小，为 0.202。因此，29 份玉米品种中，东方红 2 号的耐盐能力最强，农华 101 的耐盐能力最差。

表 2-20　玉米各品种综合指标值、权重、u（x_j）、D 值以及耐盐性综合评价

Table 2-20　Comprehensive indicator, weight, u（x_j）, comprehensive evaluation on the D value and salt resistance of each maize type

品种及编号 Varieties and number	F_1	F_2	u（x_1）	u（x_2）	D 值 D value	耐盐性评价 Salt resistance evaluation
18（东方红 2 号）	2.805	1.694	0.974	0.796	0.912	高度耐盐 High
5（郑单 958）	3.040	0.695	1	0.644	0.876	高度耐盐 High
27（良玉 99）	1.175	2.740	0.792	0.956	0.849	高度耐盐 High
15（庆单 3 号）	0.897	2.544	0.761	0.926	0.819	耐盐 Resistant
8（丹 8201）	1.941	0.975	0.877	0.686	0.811	耐盐 Resistant
9（宁玉 524）	0.831	2.087	0.754	0.856	0.790	耐盐 Resistant
11（宁玉 735）	2.301	−0.091	0.918	0.524	0.780	耐盐 Resistant
7（宁玉 525）	1.294	0.980	0.805	0.687	0.764	耐盐 Resistant
24（裕丰 619）	1.705	−0.007	0.851	0.537	0.741	耐盐 Resistant
16（DK517）	2.198	−0.767	0.906	0.420	0.737	耐盐 Resistant
21（利民 33）	1.699	−0.262	0.850	0.498	0.727	耐盐 Resistant
25（裕丰 19）	1.852	−0.474	0.868	0.465	0.727	耐盐 Resistant
23（江育 417）	0.968	0.697	0.769	0.644	0.725	耐盐 Resistant
6（登海 618）	1.459	−1.275	0.824	0.343	0.656	中度耐盐 Medium
15（庆单 7 号）	1.952	−2.121	0.879	0.214	0.647	中度耐盐 Medium
26（银河 32）	0.147	−0.024	0.677	0.534	0.627	中度耐盐 Medium
10（KWS5383）	−2.629	3.028	0.368	1	0.588	中度耐盐 Medium
19（东方红 1 号）	−2.147	1.989	0.422	0.841	0.568	中度耐盐 Medium
28（鑫鑫 2 号）	0.558	−1.763	0.723	0.268	0.565	中度耐盐 Medium
20（新玉 56）	−0.660	−0.172	0.587	0.511	0.561	中度耐盐 Medium
1（先玉 335）	0.006	−2.084	0.662	0.219	0.507	敏感 Sensitive
2（DK159）	−0.342	−2.438	0.623	0.165	0.463	敏感 Sensitive
29（天发-05）	−3.340	1.543	0.289	0.773	0.458	敏感 Sensitive
4（宁玉 309）	0.078	−3.520	0.670	0	0.436	敏感 Sensitive
13（联创 808）	−2.896	−0.318	0.338	0.489	0.391	敏感 Sensitive
3（真金 8 号）	−2.110	−1.933	0.426	0.242	0.362	敏感 Sensitive
22（YF16）	−2.609	−1.725	0.370	0.274	0.337	敏感 Sensitive
14（农华 106）	−4.246	−0.260	0.188	0.498	0.296	高度敏感 Highly sensitive
12（农华 101）	−5.928	0.265	0	0.578	0.202	高度敏感 Highly sensitive
权重 Index weight（ω_j）			0.651	0.349		

对 D 值进行聚类分析，如图 2-1 所示。将 29 份玉米品种按耐盐性由强到弱分为 5 类，分别为高度耐盐、耐盐、中度耐盐、敏感和高度敏感。其中，东方红 2 号、郑单 958、良玉 99 高度耐盐，庆单 3 号、丹 8201、宁玉 524、宁玉 735、宁玉 525、裕丰 619、DK517、利民 33、裕丰 19、江育 417 耐盐，登海 618、庆单 7 号、银河 32、KWS5383、东方红 1 号、鑫鑫 2 号、新玉 56 中度耐盐，先玉 335、DK 159、天发-05、宁玉 309、联创 808、真金 8 号、YF16 对盐分敏感，农华 106 和农华 101 对盐分高度敏感。

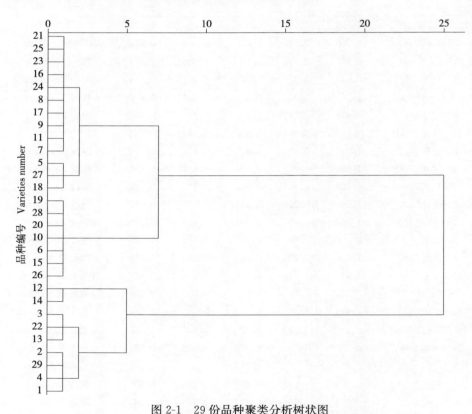

图 2-1　29 份品种聚类分析树状图

Fig. 2-1　29 varieties cluster analysis tree

（二）玉米萌发期耐碱基因型筛选

1. NaHCO₃ 胁迫下不同品种玉米各指标的耐碱系数分析

经过 NaCl 处理筛选出玉米萌发期耐盐与盐敏感的材料共 21 份，再经过 NaHCO₃ 胁迫处理该 21 份玉米材料，得到这些材料萌发期的 10 个指标的耐碱系数，如表 2-21 所示。不同指标的变化幅度不同，根据其变异系数的大小，各指标对 NaHCO₃ 胁迫的敏感程度为：根长＞活力指数＞芽干重＞芽鲜重＞根干重＞根鲜重＞发芽指数＞芽长＞发芽势＞发芽率。同一品种不同指标的耐碱系数或同一指标不同品种的耐碱系数均有较大的变化幅度，因此用单项指标的耐碱系数来评价玉米耐碱性没有较强的说服力，不能准确评价各玉米材料的耐碱性。

表 2-21 碱胁迫下玉米萌发期各指标的耐碱系数

Table 2-21 Alkali tolerance coefficient of every indicator at corn bud under alkali stress

品种编号 Varieties number	指标 Indicator									
	发芽率 Germination rate	发芽势 Germination force	发芽指数 Germination index	活力指数 Vigor index	芽长 Germinal length	芽鲜重 Shoot fresh weight	芽干重 Shoot dry weight	根长 Root length	根鲜重 Root fresh weight	根干重 Root dry weight
1	0.690 5	0.690 5	0.505 2	0.194 0	0.591 6	0.368 5	0.588 9	0.216 7	0.580 7	0.506 1
2	0.940 5	0.940 5	0.676 5	0.478 3	0.811 0	0.711 1	0.666 7	0.229 2	0.453 0	0.351 1
3	0.975 0	0.975 0	0.967 7	0.250 7	0.420 2	0.363 7	0.287 0	0.342 1	0.370 6	0.293 6
4	0.940 5	0.928 6	0.718 1	0.352 8	0.595 7	0.493 2	0.655 1	0.270 3	0.285 9	0.376 1
5	0.983 3	0.983 3	0.680 3	0.397 4	0.744 0	0.583 9	0.574 1	0.307 1	0.439 2	0.500 6
7	0.869 0	0.857 1	0.756 5	0.380 2	0.589 4	0.504 4	0.778 6	0.239 8	0.379 6	0.399 0
8	0.913 1	0.913 1	0.852 5	0.430 7	0.508 1	0.501 9	0.498 4	0.329 0	0.464 1	0.446 8
9	0.869 0	0.857 1	0.787 2	0.383 0	0.427 4	0.484 0	0.553 8	0.285 5	0.429 5	0.431 7
11	0.963 3	0.963 3	0.908 0	0.515 5	0.551 8	0.609 1	0.695 9	0.265 0	0.257 0	0.323 8
12	0.696 4	0.645 7	0.574 1	0.431 4	0.761 2	0.755 1	0.727 3	0.177 7	0.460 6	0.445 1
13	0.952 4	0.952 4	0.622 7	0.407 1	0.531 5	0.654 6	0.543 9	0.239 6	0.375 7	0.504 0
14	0.883 3	0.866 7	0.671 9	0.446 3	0.745 8	0.663 6	0.579 7	0.350 7	0.540 3	0.582 6
16	0.631 0	0.619 0	0.476 3	0.245 8	0.529 1	0.529 6	0.567 0	0.363 1	0.602 6	0.766 6
17	0.756 4	0.756 4	0.550 9	0.277 0	0.668 9	0.507 1	0.575 0	0.073 5	0.404 2	0.451 2
18	0.500 0	0.483 8	0.329 7	0.120 4	0.559 9	0.352 0	0.381 8	0.063 9	0.319 1	0.295 4
21	0.906 4	0.906 4	0.826 0	0.386 7	0.524 1	0.467 9	0.654 9	0.156 0	0.419 4	0.445 5
22	0.866 7	0.791 7	0.881 2	0.406 2	0.624 5	0.459 9	0.533 5	0.331 2	0.514 2	0.423 2
23	0.964 3	0.964 3	0.792 0	0.380 7	0.538 1	0.474 0	0.625 0	0.188 7	0.478 2	0.500 2
24	0.916 7	0.916 7	0.762 8	0.487 2	0.569 4	0.641 4	0.787 7	0.139 4	0.449 2	0.514 7
25	0.897 4	0.897 4	0.772 2	0.494 0	0.620 5	0.633 1	0.651 4	0.096 8	0.369 3	0.423 8

（续）

品种编号 Varieties number	指标 Indicator									
	发芽率 Germination rate	发芽势 Germination force	发芽指数 Germination index	活力指数 Vigor index	芽长 Germinal length	芽鲜重 Shoot fresh weight	芽干重 Shoot dry weight	根长 Root length	根鲜重 Root fresh weight	根干重 Root dry weight
29	0.772 1	0.772 1	0.631 9	0.458 8	0.717 0	0.709 6	0.807 7	0.180 3	0.539 7	0.609 5
均值 Mean value	0.851 8	0.842 0	0.702 1	0.377 4	0.601 4	0.546 1	0.606 4	0.230 8	0.434 9	0.456 7
标准差 Standard deviation	0.147 4	0.154 2	0.173 0	0.141 0	0.135 2	0.172 7	0.212 4	0.107 5	0.112 5	0.138 1
变异系数 Coefficient of variation	17.31%	18.32%	24.64%	37.35%	22.49%	31.63%	35.03%	46.59%	25.86%	30.25%

2. NaHCO₃ 胁迫下不同品种玉米萌发期耐碱性主成分分析

为了更加明确各抗碱指标的相对重要性，利用 SPSS20.0 软件对 21 份玉米材料萌发期的 10 个指标的耐碱系数进行了主成分分析。将 10 个单项指标的耐碱系数转化成 F_1、F_2、F_3 3 个综合指标，并计算了各主成分的特征向量和累计贡献率。如表 2-22 所示，F_1 的方差贡献率为 36.534%，F_2 的方差贡献率为 28.551%，F_3 的方差贡献率为 17.335%，三者的累计贡献率为 82.440%，代表了所有指标的大部分信息，综合指标 F_1 的贡献率是最大的且是最重要的。

3. 不同材料耐碱性综合评价及分类

根据综合耐碱评价值 D 值对 21 份玉米材料的耐碱能力进行排序，结果如表 2-23 所示。农华 106 的 D 值最大，为 0.761，表明 21 份玉米材料中农华 106 对 NaHCO₃ 的耐性最强；东方红 2 号的 D 值最小，为 0.108，表明 21 份玉米材料中东方红 2 号对 NaHCO₃ 最敏感。利用 D 值做聚类分析，如图 2-2 所示。将 21 份玉米材料分为 5 类：农华 106、天发-05、DK159、郑单 958、裕丰 619 为第一类，即高度耐碱型；宁玉 735、丹 8201、联创 808、江育 417、YF16、裕丰 19、农华 101 为第二类，即耐碱型；宁玉 525、利民 33、宁玉 524、DK517、宁玉 309 为第三类，即中度耐碱型；真金 8 号、先玉 335、庆单 3 号为第四类，即对碱敏感型；东方红 2 号为第五类，即高度敏感型。

表 2-22　碱胁迫下各综合指标的主成分分析

Table 2-22　Principal component analysis of the composite indicator under alkali stress

综合指标 Composite indicator		F_1	F_2	F_3
特征根 Eigen values		3.653	2.855	1.736
贡献率 Contributive ratio（%）		36.534	28.551	17.355
累计贡献率 Cumulative contributive ratio（%）		36.534	65.084	82.440
特征向量 Eigen vector	发芽率 Germination rate	0.493	−0.109	0.090
	发芽势 Germinatioe force	0.483	−0.113	0.077
	发芽指数 Germination index	0.435	−0.224	0.134
	活力指数 Vigor index	0.439	0.272	−0.063
	芽长 Germinal length	0.019	0.450	−0.175
	芽鲜重 Shoot fresh weight	0.223	0.477	−0.113
	芽干重 Shoot dry weight	0.175	0.433	−0.192
	根长 Root length	0.148	−0.093	0.608
	根鲜重 Root fresh weight	−0.160	0.303	0.533
	根干重 Root dry weight	−0.114	0.367	0.479

表 2-23　玉米各品种综合指标值、权重、u（x_j）、D 值以及耐碱性综合评价

Table 1-23　Comprehensive indicator, weight, u（x_j）, comprehensive evaluation on the D value and alkali resistance of each maize type

品种及编号 Varieties and number	F_1	F_2	F_3	u（x_1）	u（x_2）	u（x_3）	D 值 D value	耐碱性评价 Alkali resistance evaluation
14（农华 106）	0.502	1.817	1.624	0.721	0.819	0.748	0.761	高度耐碱 High
29（天发-05）	−0.219	3.188	0.089	0.631	1.000	0.470	0.725	高度耐碱 High
2（DK159）	1.549	1.611	−0.925	0.851	0.792	0.286	0.712	高度耐碱 High
5（郑单 958）	1.148	0.582	0.643	0.801	0.656	0.570	0.702	高度耐碱 High
24（裕丰 619）	1.339	1.290	−0.510	0.825	0.750	0.361	0.701	高度耐碱 High
11（宁玉 735）	2.751	−0.849	−1.269	1.000	0.468	0.224	0.652	耐碱 Resistant
8（丹 8201）	0.995	−1.166	1.319	0.782	0.426	0.692	0.640	耐碱 Resistant
13（联创 808）	0.855	−0.104	0.072	0.765	0.566	0.467	0.633	耐碱 Resistant
23（江育 417）	0.815	−0.478	0.531	0.760	0.516	0.550	0.631	耐碱 Resistant
22（YF16）	0.293	−0.602	1.259	0.695	0.500	0.681	0.625	耐碱 Resistant
25（裕丰 19）	1.219	0.513	−1.548	0.810	0.647	0.173	0.620	耐碱 Resistant

（续）

品种及编号 Varieties and number	F_1	F_2	F_3	$u(x_1)$	$u(x_2)$	$u(x_3)$	D 值 D value	耐碱性评价 Alkali resistance evaluation
12（农华 101）	−0.945	2.651	−1.260	0.541	0.929	0.225	0.609	耐碱 Resistant
7（宁玉 525）	0.613	−0.111	−0.654	0.735	0.565	0.335	0.592	中度耐碱 Medium
21（利民 33）	0.644	−0.740	−0.334	0.739	0.482	0.393	0.577	中度耐碱 Medium
9（宁玉 524）	0.283	−1.457	0.738	0.694	0.387	0.587	0.565	中度耐碱 Medium
16（DK517）	−3.317	1.304	3.018	0.247	0.751	1.000	0.580	中度耐碱 Medium
4（宁玉 309）	0.963	−1.110	−0.838	0.778	0.433	0.302	0.558	中度耐碱 Medium
3（真金 8 号）	0.788	−4.393	1.073	0.756	0.000	0.648	0.472	敏感 Sensitive
1（先玉 335）	−3.162	−0.087	0.935	0.266	0.568	0.623	0.446	敏感 Sensitive
15（庆单 3 号）	−1.805	0.169	−1.459	0.435	0.602	0.189	0.441	敏感 Sensitive
18（东方红 2 号）	−5.308	−2.029	−2.505	0.000	0.312	0.000	0.108	高度敏感 Highly Sensitive
权重 Index weight（ω_j）				0.443	0.346	0.211		

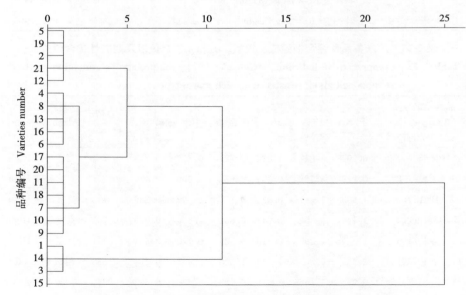

图 2-2　21 份品种聚类分析树状图

Fig. 2-2　21 varieties cluster analysis tree

4. 不同品种玉米萌发期耐盐碱性分类

结合上述耐盐和耐碱性的分析和分类得出，玉米萌发期既耐盐又耐碱的品种为郑单 958、丹 8201、宁玉 524、宁玉 525、裕丰 619、DK517、利民 33、裕丰 19、江育 417；对盐和碱均敏感的品种为真金 8 号和先玉 335（表 2-24）。

表 2-24 玉米各品种萌发期耐盐碱性综合评价

Table 2-24 Corn bud each type saline resistance comprehensive evaluation

耐盐碱性 Saline-alkaline tolerance	品　种 Varieties
耐盐碱 Resistant	郑单 958 丹 8201 宁玉 524 宁玉 525 裕丰 619 DK517 利民 33 裕丰 19 江育 417
盐碱敏感 Sensitive	真金 8 号　　　　　　　　　　　先玉 335

第三节　玉米苗期耐盐基因型筛选

一、NaCl 胁迫下玉米苗期各指标的耐盐系数分析

NaCl 胁迫下玉米材料苗期 8 个指标耐盐系数如表 2-25 所示。不同品种的同一指标或同一品种不同指标的耐盐系数各不相同，根据其变异系数的大小，各指标对 NaCl 胁迫的敏感程度排序为：根干重＞地上部鲜重＞根鲜重＞地上部干重＞根长＞苗高＞地上部含水量＞根含水量。

表 2-25 盐胁迫下玉米苗期各指标的耐盐系数

Table 2-25 The indicator of maize seedling under salt stress coefficient

品种编号 Varieties number	苗高 Shoot height	根长 Root length	地上部 鲜重 Above- ground fresh weight	地上部 干重 Above- ground dry weight	根鲜重 Root fresh weight	根干重 The root dry weight	地上部 含水量 Above- ground water content	根含水量 Root water content
1	0.763 6	0.712 1	0.514 4	0.645 3	0.569 9	0.817 7	0.977 8	0.970 9
2	0.710 3	0.562 7	0.558 5	0.756 8	0.607 4	0.361 7	0.970 5	1.025 9
3	0.699 2	0.588 9	0.474 4	0.794 0	0.480 5	0.437 4	0.945 7	1.014 2
4	0.841 7	0.560 2	0.636 3	0.769 3	0.678 8	0.251 7	0.981 0	1.066 6
5	0.804 8	0.769 4	0.570 9	1.150 0	0.636 2	0.762 8	0.961 9	0.981 9
6	0.745 5	0.698 2	0.622 0	0.651 0	0.518 6	0.570 2	1.002 2	0.992 1
7	0.848 5	0.775 6	0.533 5	0.834 1	0.765 6	0.865 7	0.949 6	0.988 5
8	0.749 8	0.847 7	0.486 4	0.760 7	0.453 4	0.562 7	0.953 8	0.975 8

（续）

品种编号 Varieties number	指标 Indicator							
	苗高 Shoot height	根长 Root length	地上部 鲜重 Above- ground fresh weight	地上部 干重 Above- ground dry weight	根鲜重 Root fresh weight	根干重 The root dry weight	地上部 含水量 Above- ground water content	根含水量 Root water content
9	0.807 9	0.711 8	0.400 2	0.737 8	0.608 1	0.738 7	0.940 3	0.980 0
10	0.640 0	0.614 4	0.484 6	0.597 0	0.626 9	0.547 9	0.980 7	1.013 4
11	0.807 5	0.779 6	0.459 5	0.732 7	0.670 7	0.635 3	0.953 8	1.005 9
12	0.710 4	0.835 1	0.410 6	0.764 4	0.465 6	0.586 1	0.937 8	0.983 5
13	0.784 6	0.801 8	0.399 5	0.516 4	0.561 8	0.671 2	0.975 4	0.984 5
14	0.670 7	0.835 7	0.395 5	0.690 0	0.540 5	0.590 6	0.939 7	0.992 4
15	0.669 7	0.662 2	0.332 8	0.576 2	0.636 4	0.773 7	0.912 3	0.990 6
16	0.657 7	0.654 1	0.538 1	0.598 4	0.734 8	0.748 7	0.988 9	0.999 8
17	0.661 2	0.729 5	0.446 7	0.760 9	0.720 0	0.808 5	0.947 8	0.981 4
18	0.794 9	0.714 0	0.452 4	0.792 1	0.508 2	0.603 7	0.938 3	0.978 6
19	0.741 9	0.771 8	0.375 3	0.639 0	0.693 3	0.618 2	0.929 4	1.007 1
20	0.684 9	0.730 4	0.529 8	0.736 3	0.660 8	0.663 9	0.969 5	0.998 4
21	0.711 4	0.713 5	0.401 4	0.625 8	0.661 6	0.609 2	0.957 3	1.007 6
22	0.672 2	0.860 8	0.382 6	0.674 6	0.556 9	0.509 9	0.941 8	1.006 6
23	0.741 0	0.710 4	0.639 1	0.839 1	0.708 7	0.446 6	0.972 5	1.035 9
24	0.735 6	0.780 5	0.473 7	0.682 3	0.784 6	0.710 8	0.969 5	1.009 6
25	0.743 9	0.569 1	0.577 9	0.587 6	0.496 4	0.358 2	1.003 0	1.024 0
26	0.778 8	0.916 6	0.502 5	0.756 4	0.708 5	0.654 6	0.955 6	1.006 7
28	0.770 3	0.581 1	0.386 8	0.478 8	0.657 4	0.627 8	0.978 0	1.007 9
29	0.676 8	0.829 0	0.549 8	0.593 9	0.665 5	0.446 2	0.991 1	1.031 1
均值 Mean value	0.736 6	0.725 6	0.483 4	0.705 0	0.620 6	0.606 4	0.961 6	1.002 2
标准差 Standard deviation	0.065 3	0.106 9	0.143 9	0.198 8	0.177 2	0.209 5	0.029 6	0.027 5
变异系数 Coefficient of variation	8.86%	14.73%	29.77%	28.20%	28.55%	34.55%	3.08%	2.75%

二、NaCl 胁迫下玉米苗期耐盐性主成分分析

通过主成分分析，将玉米材料苗期 8 个指标的耐盐系数转化成 F_1、F_2、F_3 3 个综合指标，并计算了各主成分的特征向量和累计贡献率。如表 2-26 所示，F_1 的方差贡献率为 35.236%，F_2 的方差贡献率为 20.594%，F_3 的方差贡献率为 14.987%，三者的累计贡献率为 70.817%，代表了所有指标的大部分信息。

表 2-26 盐胁迫下主成分分析各综合指标系数、贡献率及特征向量

Table 2-26 Coefficient of the composite indicator principal component analysis, the contribution rate and the feature vector under salt stress

	综合指标 Composite indicator	F_1	F_2	F_3
	特征根 Eigen values	2.819	1.648	1.199
	贡献率 Contributive ratio （%）	35.236	20.594	14.987
	累计贡献率 Cumulative contributive ratio （%）	35.236	55.830	70.817
特征向量 Eigen vector	苗高 Shoot height	0.029	0.554	−0.118
	根长 Root length	−0.366	0.181	−0.041
	地上部鲜重 Aboveground fresh weight	0.450	0.400	−0.031
	地上部干重 Aboveground dry weight	−0.042	0.625	−0.320
	根鲜重 Root fresh weight	0.038	0.258	0.818
	根干重 The root dry weight	−0.459	0.196	0.404
	地上部含水量 Aboveground water content	0.446	0.020	0.173
	根含水量 Root water content	0.500	−0.066	0.133

三、不同材料耐盐性综合评价及分类

根据综合耐盐评价值 D 值对玉米材料苗期的耐盐性进行评价，结果如表 2-27 所示。宁玉 309 的 D 值最大，为 0.755，说明苗期 28 份玉米材料中宁玉 309 对 NaCl 耐性最强；农华 101 的 D 值最小，为 0.123，说明苗期 28 份玉米材料中农华 101 对 NaCl 耐性最弱。

利用 D 值对苗期的玉米材料做聚类分析，共分为 5 类。如图 2-3 所示，宁玉 309 和江育 417 为高度耐盐型；DK159、银河 32、天发-05、宁玉 525、DK517、裕丰 619、郑单 958、登海 618 为耐盐型；裕丰 19、新玉 56、

KWS5383、宁玉 735、鑫鑫 2 号为中度耐盐型；先玉 335、利民 33、庆单 3
号、真金 8 号、东方红 1 号、宁玉 524、联创 808 为敏感型；东方红 2 号、丹
8201、YF16、农华 106、庆单 7 号、农华 101 为高度敏感型。

表 2-27　玉米各品种的综合指标值、权重、u（x_j）、D 值以及耐盐性综合评价

Table 2-27　Maize the comprehensive indicator of each type, weight, u（x_j）,

comprehensive evaluation on the D value and salt resistance

品种及编号 Varieties and number	F_1	F_2	F_3	u（x_1）	u（x_2）	u（x_3）	D 值 D value	耐碱性评价 Salt resistance evaluation
4（宁玉 309）	4.457	1.253	−0.250	1.000	0.566	0.440	0.755	高度耐盐 High
23（江育 417）	2.372	1.350	0.248	0.692	0.584	0.563	0.633	高度耐盐 High
2（DK159）	2.447	−0.359	−0.596	0.703	0.271	0.355	0.504	耐盐 Resistant
26（银河 32）	3.169	−1.042	−1.000	0.810	0.146	0.255	0.500	耐盐 Resistant
29（天发-05）	1.749	−0.753	0.706	0.600	0.199	0.675	0.499	耐盐 Resistant
7（宁玉 525）	−1.198	2.794	1.214	0.165	0.848	0.800	0.498	耐盐 Resistant
16（DK517）	0.652	−0.607	2.025	0.438	0.226	1.000	0.495	耐盐 Resistant
24（裕丰 619）	−0.170	0.510	1.878	0.317	0.430	0.964	0.487	耐盐 Resistant
5（郑单 958）	−0.747	3.627	−0.865	0.232	1.000	0.289	0.467	耐盐 Resistant
6（登海 618）	1.506	0.163	−0.669	0.564	0.367	0.337	0.459	耐盐 Resistant
25（裕丰 19）	−0.728	1.379	0.589	0.235	0.589	0.647	0.425	中度耐盐 Medium
20（新玉 56）	0.103	0.096	0.555	0.357	0.354	0.638	0.416	中度耐盐 Medium
10（KWS5383）	1.230	−1.719	0.626	0.524	0.022	0.656	0.406	中度耐盐 Medium
11（宁玉 735）	−0.438	0.952	0.258	0.278	0.511	0.565	0.406	中度耐盐 Medium
28（鑫鑫 2 号）	0.419	−1.631	1.069	0.404	0.038	0.765	0.374	中度耐盐 Medium
1（先玉 335）	−0.825	0.331	0.141	0.220	0.397	0.536	0.339	敏感 Sensitive
21（利民 33）	−0.329	−0.940	0.654	0.294	0.165	0.663	0.334	敏感 Sensitive
15（庆单 3 号）	−1.604	−0.018	1.210	0.105	0.333	0.799	0.319	敏感 Sensitive
3（真金 8 号）	0.833	−0.874	−1.829	0.465	0.177	0.051	0.294	敏感 Sensitive
19（东方红 1 号）	−1.257	−0.526	0.630	0.157	0.240	0.657	0.287	敏感 Sensitive
9（宁玉 524）	−1.719	0.604	−0.247	0.088	0.447	0.441	0.267	敏感 Sensitive
13（联创 808）	−1.001	−0.737	0.026	0.194	0.202	0.508	0.263	敏感 Sensitive
18（东方红 2 号）	−1.173	0.545	−1.649	0.169	0.437	0.096	0.231	高度敏感 Highly Sensitive
8（丹 8201）	−1.153	0.187	−2.037	0.172	0.371	0.000	0.193	高度敏感 Highly Sensitive

（续）

品种及编号 Varieties and number	F_1	F_2	F_3	$u (x_1)$	$u (x_2)$	$u (x_3)$	D值 D value	耐碱性评价 Salt resistance evaluation
22（YF16）	−1.093	−1.325	−0.766	0.181	0.094	0.313	0.184	高度敏感 Highly Sensitive
12（农华106）	−1.554	−1.146	−0.825	0.113	0.127	0.299	0.156	高度敏感 Highly Sensitive
15（庆单7号）	−2.318	−1.841	0.673	0.000	0.000	0.667	0.141	高度敏感 Highly Sensitive
12（农华101）	−1.738	−0.525	−1.840	0.086	0.241	0.049	0.123	高度敏感 Highly Sensitive
权重 Index weight（ω_j）				0.498	0.291	0.212		

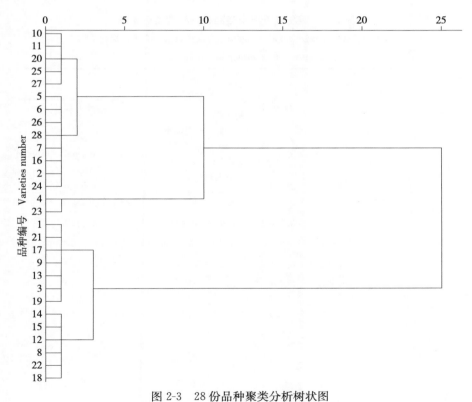

图 2-3　28 份品种聚类分析树状图

Fig. 2-3　28 varieties cluster analysis tree

第四节　玉米苗期耐碱基因型筛选

一、NaHCO₃ 胁迫下不同品种玉米苗期各指标的耐碱系数分析

结合以上 3 次筛选得出，郑单 958、裕丰 619 和江育 417 萌发期高度耐盐碱并且苗期耐盐，先玉 335 和真金 8 号萌发期对盐碱高度敏感并且苗期对盐敏感，因此选用这 5 个材料进行 NaHCO₃ 胁迫下的进一步苗期耐碱性筛选。NaHCO₃ 胁迫下 5 个玉米材料苗期 8 个指标耐碱系数如表 2-28 所示。不同品种的同一指标或同一品种不同指标的耐碱系数各不相同，根据其变异系数的大小，各指标对 NaHCO₃ 胁迫的敏感程度为：根干重＞根鲜重＞地上部鲜重＞地上部干重＞根长＞苗高＞根含水量＞地上部含水量。

表 2-28　碱胁迫下玉米苗期各指标的耐碱系数

Table 2-28　Maize alkali resistance coefficient of indicator at seedling stage under alkali stress

品种编号 Varieties number	指 标 Indicator							
	苗高 Shoot height	根长 Root length	地上部 鲜重 Above- ground fresh weight	地上部 干重 Above- ground dry weight	根鲜重 Root fresh weight	根干重 The root dry weight	地上部 含水量 Above- ground water content	根含水量 Root water content
1	0.777 1	0.693 2	0.431 3	0.633 8	0.581 8	0.627 7	0.940 7	0.997 7
3	0.776 5	0.746 5	0.336 1	0.619 7	0.472 6	0.455 0	0.935 5	1.002 1
5	0.802 9	0.906 6	0.352 9	0.687 5	0.880 8	0.808 2	0.925 0	1.006 5
23	0.677 6	0.812 2	0.315 9	0.601 9	0.633 0	0.604 3	0.933 6	1.002 9
24	0.800 7	0.854 2	0.361 0	0.671 9	0.569 9	0.792 2	0.939 5	0.979 2
均值 Mean value	0.767 0	0.802 5	0.359 4	0.655 4	0.627 6	0.657 6	0.934 9	0.997 7
标准差 Standard deviation	0.053 2	0.101 3	0.050 8	0.087 4	0.148 2	0.165 9	0.008 8	0.013 0
变异系数 Coefficient of variation	6.94%	12.63%	14.14%	13.34%	23.61%	25.23%	0.94%	1.31%

二、NaHCO₃ 胁迫下不同品种玉米苗期耐碱性主成分分析

通过主成分分析，将 5 份玉米材料苗期 8 个指标的耐碱系数转化成 F_1、F_2、F_3 3 个综合指标，并计算了各主成分的特征向量和累计贡献率。如表 2-29 所示，F_1 的方差贡献率为 47.412%，F_2 的方差贡献率为 31.242%，F_3 的方差贡献率为 14.134%，三者的累计贡献率为 92.788%，代表了所有指标的大部分信息。

表 2-29　碱胁迫下各综合指标系数、贡献率及特征向量的主成分分析

Table 2-29　Principal component analysis of coefficient of the composite indicator, the contribution rate and the feature vector under alkali stress

	综合指标 Composite indicator	F_1	F_2	F_3
	特征根 Eigen values	3.793	2.499	1.131
	贡献率 Contributive ratio（%）	47.412	31.242	14.134
	累计贡献率 Cumulative contributive ratio（%）	47.412	78.654	92.788
特征向量 Eigen vector	苗高 Shoot height	0.239	0.429	0.258
	根长 Root length	0.455	−0.135	−0.385
	地上部鲜重 Above-ground fresh weight	−0.056	0.463	0.571
	地上部干重 Above-ground dry weight	0.451	0.286	0.053
	根鲜重 Root fresh weight	0.449	−0.184	0.259
	根干重 The root dry weight	0.441	0.217	−0.150
	地上部含水量 Above-ground water content	−0.365	0.416	−0.179
	根含水量 Root water content	0.010	−0.498	0.578

三、不同材料耐碱性综合评价及分类

根据综合耐碱评价值 D 值对 5 份玉米材料苗期的耐碱性进行评价，结果如表 2-30 所示。郑单 958 的 D 值最大，为 0.740，说明苗期 5 份材料中郑单 958 耐碱性最强；江育 417 的 D 值最小，为 0.115，说明苗期 5 份材料中江育 417 耐碱性最弱。

利用 D 值对苗期的 5 份玉米材料做聚类分析，共分为 3 类。如图 2-4 所示，郑单 958 为耐碱型；裕丰 619 和先玉 335 为中间型；真金 8 号和江育 417 为敏感型。

表 2-30　玉米各品种的综合指标值、权重、u（x_j）、D 值以及耐碱性综合评价

Table 2-30　Maize the comprehensive indicator of each type，weight，u（x_j），comprehensive evaluation on the D value and alkali resistance

品种及编号 Varieties and number	F_1	F_2	F_3	u（x_1）	u（x_2）	u（x_3）	D 值 D value	耐碱性评价 Alkali resistance evaluation
5（郑单 958）	3.079	−0.727	0.719	1.000	0.321	0.794	0.740	耐碱型 Resistant
24（裕丰 619）	0.744	1.878	−1.362	0.503	1.000	0.000	0.594	中间型 Medium
1（先玉 335）	−1.315	1.347	1.258	0.065	0.862	1.000	0.475	中间型 Medium
3（真金 8 号）	−1.619	−0.539	0.126	0.000	0.370	0.568	0.211	敏感型 Sensitive
23（江育 417）	−0.889	−1.959	−0.742	0.155	0.000	0.237	0.115	敏感型 Sensitive
权重 Index weight（ω_j）				0.511	0.337	0.152		

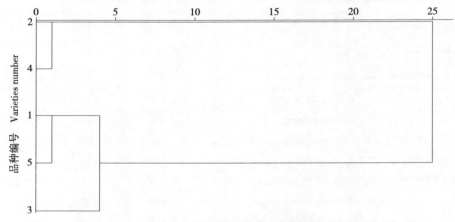

图 2-4　5 份品种聚类分析树状图

Fig. 2-4　5 varieties cluster analysis tree

四、结论与讨论

（一）玉米萌发期耐盐与耐碱性筛选

1.50 mmol/L NaCl 胁迫下对玉米品种先玉 335、宁玉 309、登海 618、东方红 2 号、YF16、江育 417、裕丰 619、裕丰 19、银河 32、良玉 99 的萌发具有促进作用；25 mmol/L NaHCO₃ 胁迫下对玉米品种东方红 2 号、利民 33、裕丰 19、真金 8 号的萌发具有促进作用。综上所述，200 mmol/L NaCl 和 100 mmol/L NaHCO₃ 对供试品种的萌发期和苗期胁迫与对照组差异最显著，所以 200 mmol/L NaCl 可作为玉米萌发期和苗期耐盐性筛选的理想鉴定浓度，

100 mmol/L NaHCO$_3$可作为玉米萌发期和苗期耐盐性筛选的理想鉴定浓度，玉米萌发期 NaCl 胁迫下芽鲜重最为敏感，可作为耐盐性筛选的主要鉴定指标。玉米萌发期 NaCl 胁迫下，供试材料中东方红 2 号、郑单 958、良玉 99 为高度耐盐品种，庆单 3 号、丹 8201、宁玉 524、宁玉 735、宁玉 525、裕丰 619、DK517、利民 33、裕丰 19、江育 417 耐盐，登海 618、庆单 7 号、银河 32、KWS5383、东方红 1 号、鑫鑫 2 号、新玉 56 中度耐盐，先玉 335、DK159、天发-05、宁玉 309、联创 808、真金 8 号、YF16 对盐分敏感，农华 106、农华 101 对 NaCl 高度敏感。玉米萌发期 NaHCO$_3$胁迫下根长最为敏感，可作为耐碱性筛选的主要鉴定指标。玉米萌发期耐盐与盐敏感的 21 份材料中，萌发期 NaHCO$_3$胁迫下农华 106、天发-05、DK159、郑单 958、裕丰 619 高度耐碱，宁玉 735、丹 8201、联创 808、江育 417、YF16、裕丰 19 耐碱，宁玉 525、利民 33、宁玉 524、DK517、宁玉 309 中度耐碱，真金 8 号、先玉 335、庆单 3 号对 NaHCO$_3$敏感，东方红 2 号对 NaHCO$_3$高度敏感。

玉米萌发期既耐盐又耐碱的品种为郑单 958、丹 8201、宁玉 524、宁玉 525、裕丰 619、DK517、利民 33、裕丰 19、江育 417，盐碱敏感的品种为真金 8 号和先玉 335。

（二）玉米苗期耐盐与耐碱性筛选

玉米苗期 NaCl 胁迫下根干重最为敏感，可作为耐盐性筛选的主要鉴定指标。玉米苗期 NaCl 胁迫下，供试材料中宁玉 309 和江育 417 为高度耐盐品种，DK159、银河 32、天发-05、宁玉 525、DK517、裕丰 619、郑单 958、登海 618 为耐盐品种，裕丰 19、新玉 56、KWS5383、宁玉 735、鑫鑫 2 号为中度耐盐品种，先玉 335、利民 33、庆单 3 号、真金 8 号、东方红 1 号、宁玉 524、联创 808 为盐敏感品种，东方红 2 号、丹 8201、YF16、农华 106、庆单 7、农华 101 为高度敏感品种。玉米苗期 NaHCO$_3$胁迫下根干重最为敏感，可作为耐碱性筛选的主要鉴定指标。

（三）玉米萌发期与苗期耐盐与耐碱品种筛选

玉米萌发期耐盐碱与敏感的品种及苗期耐盐碱与敏感的品种中，苗期 NaHCO$_3$胁迫下郑单 958 为耐碱型，裕丰 619、先玉 335 为中间型，真金 8 号和江育 417 为碱敏感型。玉米萌发期与苗期既耐盐又耐碱的品种为郑单 958，对盐碱均敏感的品种为真金 8 号。

通过 NaCl 胁迫处理对 29 份玉米材料进行萌发期耐盐品种筛选，得出玉米萌发期耐盐与敏感品种共 21 份；再经过 NaHCO$_3$胁迫处理该 21 份玉米材料，得出耐碱与敏感品种共 16 份；结合以上两次筛选得出玉米萌发期既耐盐又耐碱的品种为郑单 958、丹 8201、宁玉 524、宁玉 525、裕丰 619、DK517、利民 33、裕丰 19、江育 417；对盐和碱均敏感的品种为真金 8 号和先玉 335。

通过 NaCl 胁迫处理对 29 份玉米材料进行苗期耐盐品种筛选，得出玉米苗期耐盐与敏感品种共 21 份。结合 3 次筛选得出郑单 958、裕丰 619 和江育 417 萌发期高度耐盐碱并且苗期耐盐，先玉 335 和真金 8 号萌发期对盐碱高度敏感并且苗期对盐敏感，因此选用这 5 个材料进一步进行 NaHCO$_3$ 胁迫下苗期耐碱性筛选。最终得到，玉米萌发期、苗期均耐盐碱的品种为郑单 958，盐碱均敏感的品种为真金 8 号。因此，选用这两个品种进行盐碱复合胁迫，研究其幼苗生长量和生理生化的特性。

（四）讨论

研究表明，盐胁迫下玉米萌发期和苗期是对盐胁迫最敏感的时期。种子萌发阶段对外界环境较敏感，是鉴定植物耐盐性的重要时期；三叶一心期对盐分最为敏感，该时期进行耐盐性鉴定的结果具有高度代表性，实践意义十分重要。本试验分别利用 5 个 NaCl 浓度（0 mmol/L、50 mmol/L、100 mmol/L、150 mmol/L、200 mmol/L）和 NaHCO$_3$ 浓度（0 mmol/L、25 mmol/L、50 mmol/L、75 mmol/L 、100 mmol/L）处理来筛选玉米萌发期和苗期耐盐碱性的理想鉴定浓度。由于不同品种玉米在 200 mmol/L NaCl 和 100 mmol/L NaHCO$_3$ 处理下各个指标均显示与对照组有显著性差异，因此 200 mmol/L NaCl 可作为玉米萌发期和苗期耐盐性筛选的理想鉴定浓度，100 mmol/L NaHCO$_3$ 可作为玉米萌发期和苗期耐碱性筛选的理想鉴定浓度。郑飞等研究认为，200 mmol/L NaCl 处理能较好地区分不同基因型玉米萌发期和苗期的耐盐能力。付艳研究认为，250 mmol/L NaCl 是衡量不同品种玉米萌发期和苗期耐盐性的理想盐分浓度，与本文研究结果不同的原因可能是种质资源间耐盐性存在较大的差异，试验条件不同也会影响耐盐性鉴定浓度的筛选。

由于种质资源间的耐盐性存在较大的差异，通过相关性以及各指标的耐盐系数和耐碱系数分析又得出，盐碱对玉米的胁迫是一个综合且复杂的过程。研究分析表明，耐盐性较强的茶菊并不是在所有指标上均表现有较强的耐盐能力，耐盐能力弱的品种也不是在所有指标上均表现对盐分较敏感，耐盐性研究中棉花和药用菊花也有类似报道。用单项指标来评价其耐盐碱性结果有片面性，甚至具有不一致性，因此对各指标进行多元统计分析，来综合评价玉米各品种的耐盐碱性。对各指标耐盐系数和耐碱系数进行主成分分析，萌发期在 NaCl 胁迫下将 10 个指标转化成 2 个综合指标，在 NaHCO$_3$ 胁迫下将 10 个指标转化成 3 个综合指标，苗期在 NaCl 和 NaHCO$_3$ 胁迫下均将 8 个指标转化成 3 个综合指标，又经过隶属函数值和权重的统计分析，最终得到不同品种玉米萌发期和苗期耐盐碱性的综合评价值，进一步反映了各品种的耐盐碱性程度和差异。利用聚类分析将 NaCl 胁迫的供试品种萌发期和苗期均分为耐盐性程度不同的 5 种类型，即高度耐盐、耐盐、中度耐盐、敏感、高度敏感；玉米萌发期经 NaHCO₃ 胁迫将萌发期耐 NaCl 和对其敏感的 21 份玉米材料分为高度耐碱、耐碱、中度耐碱、敏感、高度敏感 5 类，苗期经 NaHCO₃ 胁迫将 3 次聚类分析得到的萌发期与苗期耐盐与敏感及萌发期耐碱与敏感材料分为耐碱型、中间型和碱敏感型 3 类，结合耐盐和耐碱的聚类分析，最终得到萌发期与苗期耐盐碱品种为郑单 958 和盐碱敏感品种为真金 8 号。

盐碱胁迫下，通过玉米萌发期的表型分析可知，各品种的耐盐和耐碱性并不完全一致，耐盐的品种在碱环境下可能较敏感，如东方红 2 号、宁玉 525、利民 33 等品种；盐敏感品种在碱环境下可能抗性增强，如农华 106、农华 101、天发-05 等品种。从各品种玉米萌发期的 10 个指标即发芽率、发芽势、发芽指数、活力指数、芽长、芽鲜重、芽干重、根长、根鲜重、根干重的变异系数来看，各指标对盐和碱的敏感程度不同，盐胁迫下芽鲜重变异系数最大，最为敏感，可作为玉米萌发期耐盐性筛选的主要鉴定指标；碱胁迫下根长变异系数最大，最为敏感，可作为玉米萌发期耐碱性筛选的主要鉴定指标。发芽率在盐和碱胁迫下 10 个指标中表现最不敏感。从各品种玉米苗期的 8 个指标苗高、根长、地上部鲜重、地上部干重、根鲜重、根干重、地上部含水量、根含水量的变异系数来看，盐和碱胁迫下根干重变异系数均最大，最为敏感，可作为玉米苗期耐盐和耐碱性筛选的主要鉴定指标。

主成分分析中，萌发期指标在盐和碱胁迫下转化的综合指标数和累计贡献率都不相同。萌发期，盐胁迫下，将 10 个指标转化成 2 个综合指标，累计贡献率为 81.248%；碱胁迫下，将 10 个指标转化成 3 个综合指标，累计贡献率为 82.440%。苗期，盐胁迫和碱胁迫下，均将 8 个指标转化成 3 个综合指标，累计贡献率分别为 70.817% 和 92.788%。鉴于上述分析，盐胁迫和碱胁迫之所以不同，可能与碱环境下有 pH 的胁迫以及玉米萌发期和苗期耐盐与耐碱的机制不同有关。相关研究报道，萌发期耐盐体现的是种子吸水膨胀的能力，生物机体的主要机理是抵抗渗透胁迫；而苗期耐盐机制多为拒 Na⁺。

第三章　NaCl 胁迫对玉米幼苗
生理特性的影响

　　土壤盐渍化是目前危害农业生产的环境因子之一，我国约有 0.27 亿 hm² 盐渍土地，约占可耕地面积的 1/10。关于如何提高作物耐盐性，增加在盐胁迫下作物的产量，一直是人们关注的焦点。对作物盐胁迫的反应机制和耐盐机理的探明，是通过生物工程方法和其他措施改良作物品种、提高其耐盐能力的前提，在理论和实践上都有十分重要的意义。作物耐盐性涉及生理生化多方面因素，是一个极为复杂的反应过程。本文以当前大面积栽培的玉米品种——郑单 958 为材料，从渗透调节、保护酶活性、离子的吸收与运转等方面进行研究，探讨了玉米幼苗对 NaCl 胁迫的生理响应。

一、材料与方法

（一）材料培养和 NaCl 处理

　　试验材料为当前大面积推广的玉米品种——郑单 958（经前期试验证明该品种比较耐盐），种子用 10％的 NaClO₄ 消毒 10 min，自来水充分冲洗，后用蒸馏水冲洗数遍，28℃萌发，挑选发芽状况一致的种子培养，培养桶外裹双层黑遮光布。水培至一叶一心期，后用 1/2 的 Hongland 营养液培养（Hongland 等，1938），昼夜温度分别为 28℃和 20℃，每天光照 16h，每 3d 换一次营养液。幼苗三叶一心期进行如下处理：①1/2 Hongland；②1/2 Hongland＋50 mmol/L NaCl；③1/2 Hongland＋100 mmol/L NaCl；④1/2 Hongland＋150 mmol/L NaCl；⑤1/2 Hongland＋200 mmol/L NaCl。为防止盐冲击，各处理每天递增预定浓度的 1/4。各处理同一天达到预定浓度，此时为胁迫第一天。处理期间每 2d 换一次营养液，营养液 pH 为 6.2，全天通气培养。处理 6d 后采样测定各项指标。

（二）测定项目及方法

1. 干重及含水量测定

　　视苗生长状况每个处理取 7～10 株，将幼苗分成以下 4 部分：根、生长叶（未展开叶）、成熟叶（完全展开叶）的叶鞘和成熟叶的叶片，迅速用自来水冲洗后，用去离子水冲洗 3 次，吸水纸吸干，称鲜重。之后在 70℃下烘至恒重，称干重。将干材料磨成粉末，用来进行离子含量的测定。含水量计算公式：含水量（％）＝［（鲜重－干重）/鲜重］×100。

2. 细胞质膜透性

利用电导率法测定，细胞质膜透性以煮前和煮后两次电导的比值，即相对电导率来表示（张宪政，1992）。

3. 根系活力

采用 TTC 染色法测定根系活力（李合生，2003）。

4. 叶绿素含量

采用乙醇丙酮法测定叶绿素含量（张宪政，1992）。

5. 光合测定

NaCl 处理后第 6d，选取自下向上数第 3 片完全展开叶，用美国 LI-COR 公司的 LI-6400 便携式光合测定系统，设定光量子通量密度为 800 μmol/（$m^2 \cdot s$），温度25℃，于上午 9：00 测定净光合速率（Pn）、气孔导度（Gs）、胞间 CO_2 浓度（Ci）、蒸腾速率（Tr）。每个处理各测定 5 株，每株重复测定 3 次。

气孔限制值（Ls）按 Berry 等（1982）的方法计算：气孔限制值＝1－细胞间隙 CO_2 浓度/空气中 CO_2 浓度。

瞬间水分利用效率（WUE）按廖建雄等（1999）方法计算：瞬间水分利用效率＝净光合速率/蒸腾速率。

6. 丙二醛

参照邹琦（1995）方法测定丙二醛含量（MDA）。

7. 可溶性糖

采用蒽酮-硫酸法测定可溶性糖含量（张宪政，1992）。

8. 可溶性蛋白

采用考马斯亮蓝 G-250 染色法测定可溶性蛋白含量（李合生，2003）。

9. 游离氨基酸

采用茚三酮显色法测定游离氨基酸含量（李合生，2003）。

10. 脯氨酸

采用磺基水杨酸法测定脯氨酸含量（邹琦，1995）。

11. SOD 活性

采用 NBT 光化还原法测定 SOD 活性，以抑制光还原 NBT 50％为一个酶活单位（邹琦，1995）。

12. POD 活性

采用愈创木酚法测定 POD 活性（李合生，2003）。

13. CAT 活性

采用高锰酸钾滴定法测定 CAT 活性（李合生，2003）。

14. Cl⁻ 含量测定

（1）提取　按王宝山等（1995）第 2 种方法进行。植株样品磨碎过筛（0.6mm）后，各称取 100mg 置于 25mL 大试管中，加入 20mL 蒸馏水，摇匀后沸水浴 1.5h，冷却后于 50mL 容量瓶中定容备测。

（2）测定　参照土壤农化分析（略有改动），吸取待测液 20mL 加入 K_2CrO_4 指示剂 4 滴，用标准 $AgNO_3$ 溶液滴定至微红色不再消失为止，记下 $AgNO_3$ 用量（V_1）；吸取 20mL 蒸馏水加 4 滴 K_2CrO_4 指示剂做空白滴定，记下 $AgNO_3$ 用量（V_0）。

（3）计算　Cl⁻ 含量＝［$AgNO_3$ 标准溶液浓度×（V_1－V_0）×35.5］/吸取待测液相当的样品重。

15. K^+、Na^+、Ca^{2+}、Mg^{2+}、Zn^{2+} 含量测定

用 HNO_3-$HClO_4$（4：1）混合液法消煮，用原子吸收法测定 K^+、Na^+、Ca^{2+}、Mg^{2+}、Zn^{2+} 含量。

16. K^+、Na^+、Ca^{2+} 吸收和运输的选择系数的计算

采用杨敏生等（2003）对根系中 K^+、Na^+、Ca^{2+} 向地上部运输的选择性的计算方法（略做改动），运输选择系数（$S_{K,Na}$运输，$S_{Ca,Na}$运输）的计算公式如下：

成熟叶叶片 K、Na 运输选择系数：$S_{K,Na}$运输＝（根系 Na^+/K^+）/（成熟叶叶片 Na^+/K^+）。

成熟叶叶鞘 K、Na 运输选择系数：$S_{K,Na}$运输＝（根系 Na^+/K^+）/（成熟叶叶鞘 Na^+/K^+）。

生长叶 K、Na 运输选择系数：$S_{K,Na}$运输＝（根系 Na^+/K^+）/（生长叶 Na^+/K^+）。

成熟叶叶片 Ca、Na 运输选择系数：$S_{Ca,Na}$运输＝（根系 Na^+/Ca^{2+}）/（成熟叶叶片 Na^+/Ca^{2+}）。

成熟叶叶鞘 Ca、Na 运输选择系数：$S_{Ca,Na}$运输＝（根系 Na^+/Ca^{2+}）/（成熟叶叶鞘 Na^+/Ca^{2+}）。

生长叶 Ca、Na 运输选择系数：$S_{Ca,Na}$运输＝（根系 Na^+/Ca^{2+}）/（生长叶 Na^+/Ca^{2+}）。

二、结果与分析

（一）NaCl 胁迫对玉米幼苗生长量的影响

表观上，玉米幼苗在 NaCl 胁迫下，植株生长瘦弱、老叶萎蔫早衰，且 NaCl 浓度越高越明显。50 mmol/L NaCl 处理的玉米幼苗与对照组差异不大，每株只有个别老叶失水萎蔫。当 NaCl 浓度达到 200 mmol/L 时，处理 6d 后，叶片出现严重失水现象，老叶干枯、新叶卷曲变黄、个别植株枯萎死亡。因此，在以后的试验中选用 150 mmol/L NaCl 处理进行盐胁迫试验。在该浓度下，玉米幼苗盐害症状明显，但又不会导致植株死亡。

测定结果表明（表 3-1），50 mmol/L NaCl 处理 6d 后，玉米幼苗成熟叶叶片、成熟叶叶鞘、生长叶干重与对照组相比有所下降，但处理间差异未达到显著水平。根系干重增加，方差分析表明，处理间差异达极显著水平。随着 NaCl 浓度增加，玉米幼苗干重下降最大的器官是生长叶和成熟叶叶片，100、150、200 mmol/L NaCl 处理的成熟叶叶片干重分别是对照组的 79.7%、60.8%、53.1%，生长叶干重分别为对照组的 74.8%、57.1%、53.1%。50、100 mmol/L NaCl 处理下玉米幼苗根系干重增加，分别为对照的 1.14 倍、1.04 倍。150、200 mmol/L NaCl 处理下玉米幼苗根系干重下降，分别是对照的 80.7%、62.2%，表明玉米幼苗地上部更容易受到盐害。本研究中，50、100、150 mmol/L NaCl 处理植株根冠比分别为 0.46、0.50、0.49；当 NaCl 浓度为 200 mmol/L 时，植株根冠比下降为 0.43，但仍高于对照组（0.39），可能是高盐浓度下玉米幼苗根系受到严重伤害，导致干重迅速下降。

表 3-1　不同浓度 NaCl 胁迫对玉米幼苗不同部分干重影响

Table 3-1　Effect of NaCl stress on dry weight of different parts of maize seedlings（g/株）

NaCl 浓度 NaCl concentration （mmol/L）	根 Root	成熟叶叶片 Mature leaf	成熟叶叶鞘 Mature sheath	生长叶 Young leaf
0	0.140±0.007bcB	0.143±0.006aA	0.007±0.001aA	0.147±0.003aA
50	0.159±0.004aA	0.141±0.004aA	0.067±0.000 5abAB	0.141±0.024aA
100	0.145±0.001bB	0.114±0.010bB	0.065±0.002bcB	0.110±0.007bB
150	0.113±0.005cB	0.087±0.007cC	0.059±0.001cB	0.084±0.002bB
200	0.087±0.005dC	0.076±0.002cC	0.049±0.001dC	0.078±0.007bB

注：表中数据为 3 个重复的平均值。字母相同者表示差异不显著，不同大小写字母分别代表 0.01 和 0.05 水平差异显著。下同。

Note：The data in the table was the average value of three repetitions，The same letter means no significant，the different uppercase and lowercase letters indicated significant difference at the 0.01 and 0.05 level respectively. The same below.

（二）NaCl 胁迫对玉米幼苗含水量的影响

含水量可用来表示植株所受的水分胁迫的程度。图 3-1 显示，玉米幼苗不同器官的含水量不同。在无盐胁迫或 NaCl 浓度小于 100 mmol/L 情况下，各器官含水量按从多到少排序表现为成熟叶叶鞘＞生长叶＞成熟叶叶片＞根系；

随 NaCl 浓度增加，各器官含水量逐渐下降，NaCl 浓度为 150 和 200 mmol/L 时，各器官含水量按从多到少排序表现为成熟叶叶鞘＞成熟叶叶片＞生长叶＞根系。含水量下降幅度最大的器官是根系，200 mmol/L NaCl 处理下玉米幼苗根系中含水量比对照组下降了 4.6%；其次是生长叶，比对照下降了 3.2%；成熟叶叶鞘和成熟叶叶片分别下降了 1.9% 和 2.3%。

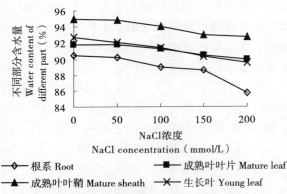

图 3-1　不同浓度 NaCl 胁迫对玉米幼苗不同部分含水量的影响

Fig. 3-1　Effect of NaCl stress on water content of different parts of maize seedlings

（三）NaCl 胁迫对玉米幼苗叶绿素含量的影响

如图 3-2 所示，NaCl 胁迫使玉米叶片中的叶绿素 a＋b、叶绿素 a、叶绿素 b 含量均显著下降。浓度越大，下降趋势越明显，这可能因为 NaCl 胁迫加速了叶绿素分解，使其含量下降。同时，叶绿素 a 和叶绿素 b 的含量变化趋势与叶绿素 a＋b 的含量变化趋势相似。NaCl 胁迫下，各处理的叶绿素 a/叶绿素 b 的值均高于对照，表明在 NaCl 胁迫下，玉米幼苗可以通过调节叶绿素 a/叶

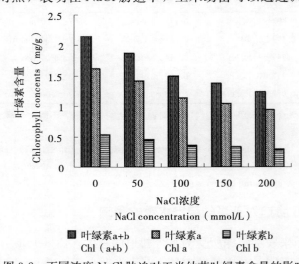

图 3-2　不同浓度 NaCl 胁迫对玉米幼苗叶绿素含量的影响

Fig. 3-2　Effect of NaCl stress on chlorophyll content of maize seedlings

绿素 b 的比值，使得叶绿素 a 的降解速度小于叶绿素 b 的降解速度，或者使叶绿素 a 的合成速度大于叶绿素 b 的合成速度来增加其光合作用，抵御盐分对玉米幼苗造成的伤害。

（四）NaCl 胁迫对玉米幼苗光合特性的影响

净光合速率能直接反映植物的生长情况。如图 3-3 所示，NaCl 胁迫导致净光合速率下降，50 和 100 mmol/L NaCl 浓度下，净光合速率（Pn）下降缓

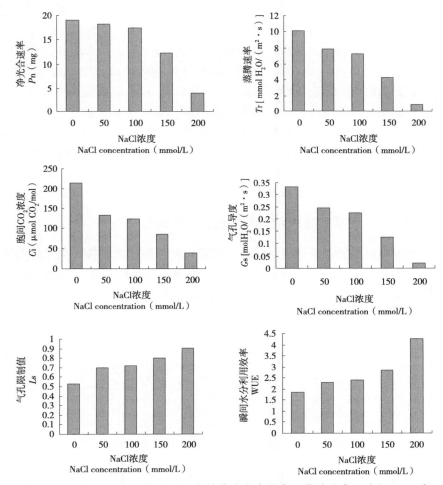

图 3-3　不同浓度 NaCl 胁迫对玉米幼苗净光合速率、蒸腾速率、胞间 CO_2 浓度、气孔导度、气孔限制值、瞬间水分利用效率的影响

Fig. 3-3　Effect of NaCl stress on net photosynthesis, transpiration rate, intercellular CO_2 concentration, stomatal conductance, stomatal limited value and water use efficiency of maize seedlings

慢，分别为对照组的96.5%和91.7%。当NaCl浓度达到150 mmol/L时，净光合速率迅速下降为对照组的65.4%；当NaCl浓度达到200 mmol/L时，净光合速率仅为对照组的20.9%。蒸腾速率（Tr）随NaCl浓度增加而降低，50、100、150和200 mmol/L NaCl浓度下蒸腾速率分别为对照组的78.0%、71.6%、42.8%和9.2%。NaCl胁迫对胞间CO_2浓度（Ci）和气孔导度（Gs）有显著影响，50、100、150和200 mmol/L NaCl浓度下胞间CO_2浓度分别为对照组的62.1%、57.2%、40.1%和18.7%，气孔导度分别为对照组的74.3%、68.1%、38.0%和6.2%。在盐胁迫条件下气孔导度降低，一方面减少了叶片对外界CO_2的吸收，使胞间CO_2浓度下降，从而导致幼苗的光合能力降低，光合产物输出减少，最终幼苗生长发育迟缓，产量降低；另一方面也使水分通过气孔的扩散受阻，从而降低叶片的蒸腾速率，减少水分的散失。随着NaCl浓度增加，瞬间水分利用效率（WUE）和气孔限制值（Ls）上升。叶片光合速率的降低由气孔因素和非气孔因素所致，判定依据主要是Ci和Gs的变化方向。Ci降低和Gs升高，气孔因素是主要的；而Ci升高和Gs下降，非气孔因素是主要的（Farquhar，1982）。本研究结果表明，盐胁迫6d后，玉米幼苗叶片的Pn、Gs和Ci都有所下降，但Ls升高，说明起主导作用的因素是气孔的关闭，即气孔限制是净光合速率下降的主要因素。

（五）NaCl胁迫对玉米幼苗根系活力的影响

盐胁迫可以引起根系活力的提高。随着盐胁迫浓度的增加，根系活力逐渐提高，50、100、150和200 mmol/L NaCl处理的玉米幼苗根系活力分别为对照组的1.45倍、2.91倍、3.61倍和6.19倍（图3-4）。

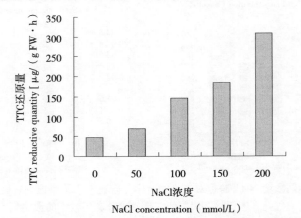

图3-4　不同浓度NaCl胁迫对玉米幼苗根系活力的影响

Fig. 3-4　Effect of NaCl stress on roots activity of maize seedlings

（六）NaCl 胁迫对玉米幼苗细胞膜透性影响

膜系统是植物盐害的主要发生部位。植物细胞膜透性随土壤盐度的变化而变化，膜透性反映质膜受伤害的程度，数值越大质膜受到的伤害也越大。细胞质膜透性常用电解质渗出率表示，电解质渗出率越大，其质膜的透性就越大，质膜透性增大会引起更多的细胞内溶物外渗。试验结果表明，随着盐浓度的增大，电解质外渗率逐渐增加（图 3-5）。NaCl 浓度为 50、100、150 mmol/L 时，电解质外渗率分别为对照组的 1.30 倍、1.46 倍、1.58 倍；当 NaCl 浓度为 200 mmol/L 时，膜透性呈现突增的趋势，电解质外渗率是对照组的 2.86 倍。

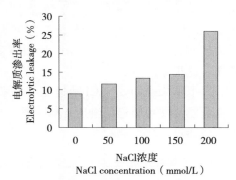

图 3-5 不同浓度 NaCl 胁迫对玉米幼苗电解质渗出率的影响

Fig. 3-5 Effect of NaCl stress on electrolyte leakage of maize seedlings

可见，当 NaCl 浓度达到 200 mmol/L 时，玉米幼苗细胞膜受到严重伤害。

（七）NaCl 胁迫对玉米幼苗 MDA 含量的影响

MDA 是膜脂过氧化的分解产物，它从膜上位置产生释放出来，与蛋白质、核酸起反应修饰其特性蛋白质或抑制蛋白质的合成；它还可以与酶反应使酶丧失活性，甚至成为一种催化错误代谢的分子。MDA 的积累会对膜和细胞造成进一步的伤害，它本身对植物细胞具有明显的毒害作用，通常用它作为膜脂过氧化的指标，表示细胞膜脂过氧化程度和植物对逆境条件反应的能力。如图 3-6 所示，随着 NaCl 浓度增加，叶片和根系中 MDA 含量增加。其中，50、100 mmol/L NaCl 处理下玉米幼苗叶片和根系中 MDA 含量增加比较缓慢，50、100 mmol/L

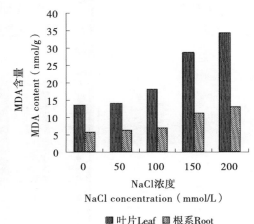

图 3-6 不同浓度 NaCl 胁迫对玉米幼苗丙二醛含量的影响

Fig. 3-6 Effect of NaCl stress on MDA content of maize seedlings

NaCl 处理下玉米幼苗叶片中 MDA 含量分别为对照组的 1.05 倍和 1.35 倍，根系中MDA 含量分别为对照组的 1.08 倍和 1.19 倍，说明此时叶片和根系中的膜脂过氧化程度比较弱。继续增大 NaCl 浓度，MDA 含量迅速增加，150、200 mmol/L NaCl 处理下玉米幼苗叶片中 MDA 含量分别为对照组的 2.16 倍和 2.59 倍，而根系中 MDA 含量分别为对照组的 1.94 倍和 2.28 倍，这表明高浓度 NaCl 胁迫下玉米幼苗叶片和根系的膜脂过氧化程度增加，且叶片受到的伤害比根系严重。

以上结果表明，NaCl 胁迫下，玉米幼苗的膜系统受到伤害，膜脂过氧化产物及膜透性对胁迫的响应比较一致，表现为细胞膜透性增大、电解质大量外渗、膜脂过氧化产物积累。

（八）NaCl 胁迫对玉米幼苗 SOD、CAT、POD 活性的影响

SOD、CAT 和 POD 都是细胞膜系统的保护酶，在植物受到盐胁迫时，对保持体内代谢平衡起着重要的作用。随着 NaCl 浓度的增加，叶片中 SOD、CAT、POD 活性均呈现先上升后下降的趋势（图 3-7 至图 3-9）。在 NaCl 浓度为 100 mmol/L 处达到最大值，分别为对照组的 1.21 倍、1.75 倍、1.31 倍。高盐浓度下，SOD 活性下降较快，150、200 mmol/L NaCl 处理下玉米幼苗叶片 SOD 活性分别为对照组的 95%、85%；叶片 CAT、POD 活性虽有所下降但仍高于对照组。根系 SOD 活性与叶片变化趋势相同，呈现先上升后下降的趋势，在 NaCl 浓度为 100 mmol/L 处达到最大值，后随着 NaCl 浓度增加 SOD 活性下降，150、200 mmol/L NaCl 处理下玉米幼苗根系中 SOD 活性分别为对照组的 92%、83%。根系 CAT 活性随着 NaCl 浓度的增加而增加，50、

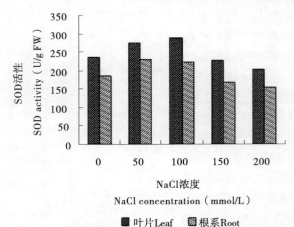

图 3-7 不同浓度 NaCl 胁迫对玉米幼苗 SOD 活性的影响

Fig. 3-7 Effect of NaCl stress on SOD activity of maize seedlings

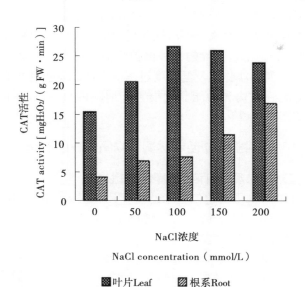

图 3-8 不同浓度 NaCl 胁迫对玉米幼苗 CAT 活性的影响

Fig. 3-8 Effect of NaCl stress on POD activity of maize seedlings

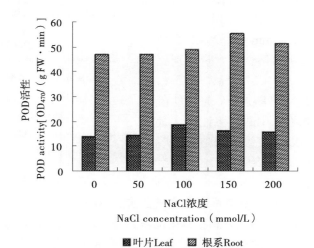

图 3-9 不同浓度 NaCl 胁迫对玉米幼苗 POD 活性的影响

Fig. 3-9 Effect of NaCl stress on CAT activity of maize seedlings

100、150、200 mmol/L NaCl 处理下玉米幼苗根系 CAT 活性分别为对照组的 1.75 倍、1.90 倍、2.85 倍、4.26 倍。根系 POD 活性在 NaCl 浓度为 150 mmol/L 处达到最大值，为对照组的 1.17 倍；在 NaCl 浓度为 200 mmol/L 时，根系 POD 活性有所下降，但仍高于对照组。

以上结果说明，在 NaCl 浓度低于 100 mmol/L 时，玉米幼苗可以通过提高叶片和根系的保护酶活性来维持活性氧代谢的平衡，保持膜系统的稳定。在较高的 NaCl 浓度胁迫下，叶片的 3 种保护酶活性都有所下降。这表明玉米幼苗可以调节一定浓度的盐胁迫，但浓度过高的 NaCl 胁迫超过了其自身的耐受程度，植株的细胞膜结构和功能受到损害，细胞内自由基不能正常激活保护酶，致使保护酶活性下降。

（九）NaCl 胁迫对玉米幼苗渗透调节物质含量的影响

1. NaCl 胁迫对玉米幼苗可溶性糖含量的影响

由图 3-10 可知，NaCl 胁迫使玉米幼苗叶片和根系中的可溶性糖含量增加。叶片中可溶性糖含量随着 NaCl 浓度的增加而增加，50、100、150、200 mmol/L NaCl 处理下玉米幼苗叶片中可溶性糖含量分别为 31.6、61.8、69.0、75.5μg/g，比对照组（26.7μg/g）分别提高 18.6%、31.9%、58.9%、83.2%。根系中可溶性糖含量随着 NaCl 浓度的增加呈先上升后下降的趋势，在 NaCl 浓度为 150 mmol/L 时达到最大值。与对照相比，50、100、150、200 mmol/L NaCl 处理下玉米幼苗根系中可溶性糖含量分别比对照提高了 6.1%、51.6%、90.7%、67.6%。说明在 NaCl 胁迫下，玉米幼苗通过提高叶片和根系中的可溶性糖含量来降低渗透势，以适应渗透胁迫。可溶性糖含量的增加，对于维持液泡和原生质之间的渗透平衡以及在盐胁迫下维持细胞质中多种酶的活性是十分必要的。

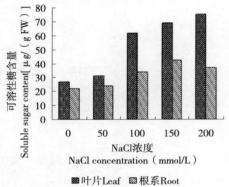

图 3-10　不同浓度 NaCl 胁迫对玉米幼苗可溶性糖含量影响

Fig. 3-10　Effect of NaCl stress on sugar content of maize seedlings

2. NaCl 胁迫对玉米幼苗可溶性蛋白含量的影响

可溶性蛋白能够降低玉米植株体内的渗透势，防止水分过量散失。从图 3-11 可以看出，NaCl 胁迫使玉米幼苗叶片和根系中的可溶性蛋白含量增加。50、100、150、200 mmol/L NaCl 处理下玉米幼苗叶片中可溶性蛋白含量分别为对照组的 1.03 倍、1.17 倍、1.37 倍、1.46 倍；根系中可溶性蛋白含量的增加幅度大于叶片，分别为对照组的 1.13 倍、1.46 倍；1.62 倍、1.43 倍。这表明，为适应盐胁迫，玉米幼苗可溶性蛋白合成能力增强；但是叶片和根系对胁迫的反应不一致。在本研究中，叶片以 200 mmol/L NaCl 浓度处理下蛋白质的合成能力最强；而根系在浓度为 150 mmol/L 处达到最大，其后合成反应受到抑制。

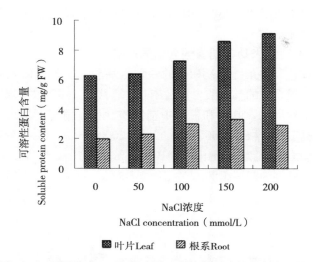

图 3-11　不同浓度 NaCl 胁迫对玉米幼苗可溶性蛋白含量影响

Fig. 3-11　Effect of NaCl stress on soluble protein content of maize seedlings

3. NaCl 胁迫对玉米幼苗游离氨基酸含量的影响

植物体内游离氨基酸可以增加细胞液的浓度，对原生质具有保护作用。图 3-12 显示，NaCl 胁迫下玉米幼苗叶片和根系中游离氨基酸含量随着 NaCl 浓度增加呈先增高后降低趋势，在 NaCl 浓度为 150 mmol/L 处达到最大值，分别为对照组的 1.96 倍、1.58 倍。盐胁迫下，游离氨基酸作为一种有效的渗透调节物质，随 NaCl 浓度增加而增加，这对提高玉米幼苗的耐盐性有积极的

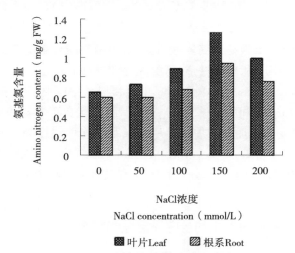

图 3-12　不同浓度 NaCl 胁迫对玉米幼苗游离氨基酸含量影响

Fig. 3-12　Effect of NaCl stress on free amino acids content of maize seedlings

意义；但当 NaCl 浓度达到 200 mmol/L 时，其含量开始下降，表明此时玉米幼苗的渗透调节能力降低。

4. NaCl 胁迫对玉米幼苗脯氨酸含量的影响

脯氨酸是在盐胁迫条件下易积累的一种氨基酸。如图 3-13 所示，在无胁迫或低盐胁迫时，根系中的脯氨酸含量高于叶片；随着 NaCl 浓度增加，叶片和根系中脯氨酸含量均增加，叶片和根系中脯氨酸含量比值逐渐增大，即叶片中脯氨酸含量增加幅度大于根系。50、100、150、200 mmol/L NaCl 处理下玉米幼苗叶片中脯氨酸含量分别为对照组的 1.10 倍、1.97 倍、4.12 倍、4.91 倍，而根系中脯氨酸含量分别为对照组的 1.12 倍、1.49 倍、2.63 倍、3.01 倍。

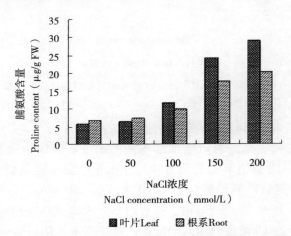

图 3-13　不同浓度 NaCl 胁迫对玉米幼苗脯氨酸含量影响
Fig. 3-13　Effect of NaCl stress on the proline content of maize seedlings

5. NaCl 胁迫对玉米幼苗脯氨酸含量/游离氨基酸含量比值变化的影响

本研究中，叶片和根系中游离氨基酸含量的变化范围分别为 642.9～1 259.4μg/g 和 590.9～952.0 μg/g，叶片和根系中脯氨酸含量的变化范围分别为 5.9～29.0 μg/g 和 6.8～20.36 μg/g。脯氨酸在游离氨基酸中所占的百分比随着 NaCl 浓度的增加而增加，叶片和根系中均以浓度为 200 mmol/L 时最高，分别为 2.92% 和 2.71%。可见，在 NaCl 胁迫下，脯氨酸含量的增加并非是游离氨基酸中增加的主要部分，肯定还有其他氨基酸在盐胁迫下大量增加，有待于进一步研究。

（十）NaCl 胁迫对玉米幼苗离子含量的影响

1. NaCl 胁迫对玉米幼苗 K$^+$ 含量的影响

在无胁迫的情况下，玉米幼苗各器官中 K$^+$ 含量的大小顺序是：成熟叶叶鞘＞生长叶＞成熟叶叶片＞根系（表 3-2）。玉米幼苗根系、生长叶和成熟叶叶鞘中 K⁺ 含量随 NaCl 浓度增加而降低。下降幅度最大的器官是根系。50、100、150、200 mmol/L NaCl 处理下玉米幼苗根系中，K⁺ 含量分别为对照组的 80.2%、56.4%、43.4%、39.7%，对照组与处理组间差异达极显著水平；除 150 与 200 mmol/L NaCl 处理下玉米幼苗根系中 K⁺ 含量差异不显著外，其余处理间差异达显著或极显著水平。K⁺ 含量随 NaCl 浓度增加而下降的幅度排在第二的是成熟叶叶鞘。50、100、150、200 mmol/L NaCl 处理下玉米幼苗成熟叶叶鞘中 K⁺ 含量分别为对照组的 68.1%、63.9%、52.3%、49.4%，对照组与处理组间差异达极显著水平；50 和 100 mmol/L NaCl 处理间玉米幼苗成熟叶叶鞘中 K⁺ 含量差异不显著，但均与 150 和 200 mmol/L NaCl 处理间差异达极显著水平。生长叶中 K⁺ 含量随 NaCl 浓度增加而下降幅度较小。50、100、150、200 mmol/L NaCl 处理的生长叶中 K⁺ 含量分别为对照组的 90.0%、87.4%、78.2%、67.7%，除 50 和 100 mmol/L NaCl 处理间差异不显著外，其余各处理间差异均达显著或极显著水平。随着 NaCl 浓度的变化，成熟叶叶片中 K⁺ 含量并无明显的规律性变化。

表 3-2　不同浓度 NaCl 胁迫对玉米幼苗不同部分 K⁺ 含量的影响

Table 3-2　Effect of NaCl stress on K⁺ content of different parts of maize seedlings（mg/g）

NaCl 浓度 NaCl concentration（mmol/L）	根 Root	成熟叶叶片 Mature leaf	成熟叶叶鞘 Mature sheath	生长叶 Young leaf
0	4.198±0.300aA	7.275±0.180aA	15.255±0.560aA	8.515±0.150aA
50	3.365±0.340bB	6.006±0.130bB	10.386±0.180bB	7.662±0.350bB
100	2.367±0.140cC	7.007±0.190bcB	9.745±0.770bB	7.446±0.390bBC
150	1.821±0.040dCD	6.890±0.080cB	8.127±0.130cC	6.662±0.350cC
200	1.668±0.020dD	7.716±0.180dC	7.531±0.180cC	5.764±0.290dD

2. NaCl 胁迫对玉米幼苗 Na⁺ 含量的影响

在无胁迫的情况下，玉米幼苗各器官中 Na⁺ 含量排序为：成熟叶叶鞘＞根系＞成熟叶叶片＞生长叶。如表 3-3 所示，在 NaCl 胁迫下，玉米幼苗各器官中 Na⁺ 含量排序为：根系＞成熟叶叶鞘＞生长叶＞成熟叶叶片。随着 NaCl 处理浓度的增加，Na⁺ 含量在玉米幼苗各器官中逐渐增加。增加幅度最大的器官是根系。50、100、150、200 mmol/L NaCl 处理下玉米幼苗根系中 Na⁺ 含量分别为对照组的 1.64 倍、2.05 倍、2.46 倍、2.50 倍，150、200 mmol/L NaCl 两个处理下的玉米幼苗根系中 Na⁺ 含量差异不显著，但与其余处理间的差异达极显著水平。Na$^+$含量在玉米幼苗各器官中随 NaCl 处理浓度的增加而增加的幅度排在第二的是成熟叶叶鞘。50、100、150、200 mmol/L NaCl 处理的成熟叶叶鞘中 Na$^+$含量分别为对照组的 1.15 倍、1.61 倍、2.21 倍、2.42 倍，50 mmol/L NaCl 处理与对照组间差异不显著，其余各处理间差异达显著或极显著水平。50、100、150、200 mmol/L NaCl 处理的生长叶中 Na$^+$含量分别为对照组的 1.14 倍、1.61 倍、1.90 倍、2.03 倍，处理间差异达极显著水平。Na$^+$含量增加幅度最小的是成熟叶叶片。50 和 100 mmol/L NaCl 处理下玉米幼苗成熟叶叶片的 Na$^+$含量与对照组差异不显著，其中 50 mmol/L NaCl 处理下玉米幼苗成熟叶叶片的 Na$^+$含量略低于对照组，150、200 mmol/L NaCl 处理下玉米幼苗成熟叶叶片的 Na$^+$含量分别为对照组的 1.26 倍、1.42 倍。过量的 Na$^+$导致细胞质膨胀变化，破坏质膜选择透过性，使细胞内离子大量外流，影响一些酶的结构和功能，破坏细胞新陈代谢的平衡。

表 3-3　不同浓度 NaCl 胁迫对玉米幼苗不同部分 Na$^+$含量的影响
Table 3-3　Effect of NaCl stress on Na$^+$ content of different parts of maize seedlings （mg/g）

NaCl 浓度 NaCl concentration （mmol/L）	根 Root	成熟叶叶片 Mature leaf	成熟叶叶鞘 Mature sheath	生长叶 Young leaf
0	4.820 8±0.110 6dD	3.697 0±0.086 6cdC	4.963 8±0.186 2dC	3.574 4±0.068 4eE
50	7.929 4±0.199 6cC	3.588 1±0.027 2dC	5.710 3±0.214 5dC	4.081 8±0.116 7dD
100	9.878 0±0.100 2bB	3.741 1±0.048 2cC	7.992 7±0.046 7cB	5.783 6±0.093 6cC
150	11.859 6±0.482 3aA	4.641 1±0.107 8bB	10.950 3±0.884 8bA	6.799 2±0.237 4bB
200	12.059 2±0.170 8aA	5.231 3±0.066 6aA	12.034 8±0.505 5aA	7.283 6±0.154 8aA

3. NaCl 胁迫对玉米幼苗 Mg^{2+}含量的影响

如表 3-4 所示，在无胁迫的情况下，Mg^{2+}含量最高的器官是成熟叶叶鞘，含量最低的器官是生长叶，根系中 Mg^{2+}含量高于成熟叶叶片。在 NaCl 胁迫下，成熟叶叶片中 Mg^{2+}含量的高于根系，且 NaCl 浓度越大差值越大。随着 NaCl 浓度的增加，根系中 Mg^{2+}含量逐渐降低，除 100 与 150 mmol/L NaCl 处理间差异不显著外，其余各处理间差异均达极显著水平；生长叶中 Mg^{2+}含量降低，200 mmol/L NaCl 处理的 Mg^{2+}含量略高于 150 mmol/L NaCl 处理，但处理间差异不显著；成熟叶叶片中 Mg^{2+}含量变化比较特殊，随 NaCl 浓度增加而增加，50 与 100 mmol/L NaCl 处理、150 与 200 mmol/L NaCl 处理间差异未达显著水平；Mg^{2+}在成熟叶叶鞘中的分布无明显规律。

表 3-4　不同浓度 NaCl 胁迫对玉米幼苗不同部分 Mg²⁺ 含量的影响

Table 3-4　Effect of NaCl stress on Mg^{2+} content of different parts of maize seedlings（mg/g）

NaCl 浓度 NaCl concentration (mmol/L)	根 Root	成熟叶叶片 Mature leaf	成熟叶叶鞘 Mature sheath	生长叶 Young leaf
0	0.867 1±0.007 0aA	0.706 7±0.013 0cC	1.027 7±0.082 6abA	0.561 0±0.009 4aA
50	0.785 3±0.015 0bB	0.794 6±0.023 0bB	1.026 3±0.044 7abA	0.544 5±0.003 8bB
100	0.713 4±0.017 0cC	0.810 3±0.014 0bB	1.044 2±0.033 8aA	0.527 5±0.005 0cC
150	0.694 2±0.015 0cC	0.862 7±0.009 0aA	1.053 0±0.015 5aA	0.509 7±0.000 1dD
200	0.636 6±0.008 0dD	0.876 3±0.007 0aA	0.943 5±0.037 0bA	0.516 8±0.002 1dCD

4. NaCl 胁迫对玉米幼苗 Ca²⁺ 含量的影响

如表 3-5 所示，在无胁迫或低浓度（50 mmol/L）NaCl 胁迫下，Ca²⁺ 含量在各器官中的分布规律为：成熟叶叶鞘＞成熟叶叶片＞根系＞生长叶；而在中高浓度（100～200 mmol/L）NaCl 胁迫下，Ca²⁺ 含量在各器官中的分布规律为：成熟叶叶片＞成熟叶叶鞘＞根系＞生长叶。随着 NaCl 处理浓度增加，根系中 Ca²⁺ 含量逐渐降低，50、100、150、200 mmol/L NaCl 处理的根系中 Ca²⁺ 含量分别为对照组的 93.7%、84.1%、75.6%、70.8%；150、200 mmol/L NaCl 处理的 Ca²⁺ 含量差异不显著，但与其他各处理间差异均达极显著水平。生长叶中的 Ca²⁺ 含量也随着 NaCl 浓度增加而降低，但对照组与 50 mmol/L NaCl 处理、100 与 150 mmol/L NaCl 处理的处理间差异未达显著水平。总体来看，成熟叶叶鞘中 Ca²⁺ 含量随 NaCl 浓度增加而降低，150 mmol/L NaCl 处理下的 Ca²⁺ 含量高于 100 mmol/L NaCl 处理，但二者差异不显著。成熟叶叶片中 Ca²⁺ 含量变化与其他器官有所不同，随着 NaCl 浓度增大，Ca²⁺ 含量增加。

表 3-5　不同浓度 NaCl 胁迫对玉米幼苗不同部分 Ca²⁺ 含量的影响

Table 3-5　Effect of NaCl stress on Ca^{2+} content of different parts of maize seedlings（mg/g）

NaCl 浓度 NaCl concentration (mmol/L)	根 Root	成熟叶叶片 Mature leaf	成熟叶叶鞘 Mature sheath	生长叶 Young leaf
0	0.759±0.020aA	0.953±0.027abAB	1.035±0.033aA	0.403±0.013aA
50	0.712±0.022bB	0.887±0.028bB	0.978±0.055abAB	0.392±0.011aA
100	0.639±0.007cC	0.943±0.005abAB	0.916±0.008bcB	0.360±0.005bB
150	0.551±0.010dD	1.025±0.092aA	0.941±0.024cB	0.346±0.014bBC
200	0.537±0.0106dD	1.024±0.026aA	0.827±0.017dC	0.326±0.006cC

5. NaCl 胁迫对玉米幼苗 Zn^{2+} 含量的影响

无论是无胁迫还是在各浓度 NaCl 胁迫处理下，玉米幼苗中 Zn^{2+} 含量最多的器官是生长叶，含量最少的器官是成熟叶叶鞘；对照组中成熟叶叶片的 Zn^{2+} 含量高于根系，NaCl 胁迫下表现为根系中 Zn^{2+} 含量高于成熟叶叶片。NaCl 胁迫下，Zn^{2+} 含量在玉米幼苗各器官中含量变化无明显规律（表 3-6）。

表 3-6　不同浓度 NaCl 胁迫对玉米幼苗不同部分 Zn^{2+} 含量的影响

Table 3-6　Effect of NaCl stress on Zn^{2+} content of different parts of maize seedlings（mg/g）

NaCl 浓度 NaCl concentration （mmol/L）	根 Root	成熟叶叶片 Mature leaf	成熟叶叶鞘 Mature sheath	生长叶 Young leaf
0	0.153 0±0.001 9cC	0.159 0±0.004 7aA	0.127 0±0.001 7bAB	0.214 0±0.002 1bB
50	0.174 0±0.002 2aA	0.140 0±0.002 8bB	0.120 0±0.003 3cB	0.239 0±0.001 4aA
100	0.163 0±0.002 bB	0.139 0±0.001 6bcB	0.132 0±0.004 4abA	0.214 0±0.001 4bB
150	0.157 0±0.000 9cC	0.155 0±0.002 4aA	0.134 0±0.003 2aA	0.214 0±0.001 5bB
200	0.144 0±0.003 6dD	0.134 0±0.001 1cB	0.133 0±0.001 6abA	0.214 0±0.001 8bB

6. 不同浓度 NaCl 胁迫对玉米幼苗 Cl^- 含量的影响

如表 3-7 所示，在无 NaCl 胁迫情况下，玉米幼苗各器官中 Cl^- 含量排序为：成熟叶叶片＞生长叶＞成熟叶叶鞘＞根系。50 mmol/L NaCl 胁迫下各器官中 Cl^- 含量排序为：生长叶＞成熟叶叶片＞成熟叶叶鞘＞根系。100、150、200 mmol/L NaCl 处理的玉米幼苗各器官中 Cl^- 含量排序为：成熟叶叶鞘＞成熟叶叶片＞生长叶＞根系。NaCl 胁迫下，玉米幼苗各器官中 Cl^- 含量均有明显变化，且变化一致，都表现为 Cl^- 含量随 NaCl 浓度的增加而增加。增加幅度最大的器官是根系，50、100、150、200 mmol/L NaCl 处理的根系中 Cl^- 含量分别为对照组的 3.20 倍、3.96 倍、5.82 倍、7.68 倍；其次是成熟叶叶鞘，200 mmol/L NaCl 处理的成熟叶叶鞘中 Cl^- 含量为对照组的 6.91 倍。成熟叶叶片和生长叶中 Cl^- 含量均在 200 mmol/L NaCl 胁迫下达到最大值，分别为对照组的 3.44 倍和 4.49 倍。

表 3-7　不同浓度 NaCl 胁迫对玉米幼苗不同部分 Cl^- 含量的影响

Table 3-7　Effect of NaCl stress on Cl^- content of different parts of maize seedlings（mg/g）

NaCl 浓度 NaCl concentration （mmol/L）	根 Root	成熟叶叶片 Mature leaf	成熟叶叶鞘 Mature sheath	生长叶 Young leaf
0	5.301±0.598eE	15.655±0.554eE	9.225±0.764eE	10.048±1.600eE
50	16.938±0.309dD	24.648±0.785dD	24.383±0.569dD	26.786±0.489dD

（续）

NaCl 浓度 NaCl concentration （mmol/L）	根 Root	成熟叶叶片 Mature leaf	成熟叶叶鞘 Mature sheath	生长叶 Young leaf
100	20.992±0.647cC	34.176±0.803cC	37.134±0.867cC	33.948±0.950cC
150	30.869±0.573bB	45.331±1.212bB	53.936±0.752bB	42.147±0.908bB
200	40.728±1.269aA	53.842±0.897aA	63.742±0.186aA	45.121±1.151aA

7. 不同浓度 NaCl 胁迫对玉米幼苗各器官 Na^+/K^+、Na^+/Ca^{2+} 比值的影响

Na^+/K^+ 值常被用来表示盐害程度，比值越大，Na^+ 抑制植株对 K^+ 吸收的作用越大，受害越严重；反之则受害轻。如图 3-14 所示，NaCl 胁迫使玉米幼苗各器官的 Na^+/K^+ 比值增加。这表明，盐胁迫使玉米幼苗各器官中 Na^+ 增加、K^+ 外渗，打破了原有的离子平衡。根系中的 Na^+ 含量始终高于 K^+ 含量，对照组中的 Na^+/K^+ 比值为 1.15；随着 NaCl 浓度的增加，根系中的 Na^+/K^+ 比值迅速增加，在 NaCl 浓度为 200 mmol/L 时达到最大值，为对照组的 6.30 倍。随着 NaCl 浓度的增加，成熟叶叶鞘和生长叶中的 Na^+/K^+ 比值增加，在无胁迫和中低浓度 NaCl（50、100 mmol/L）胁迫下，成熟叶叶鞘和生长叶中 K^+ 浓度大于 Na^+ 浓度，Na^+/K^+ 比值小于 1；而在高浓度 NaCl（150、200mmol/L）胁迫下，生长叶和成熟叶叶鞘中 K^+ 浓度小于 Na^+ 浓度，Na^+/K^+ 比值大于 1，Na^+/K^+ 比值在 NaCl 浓度为 200 mmol/L 时达到最大值，分别为对照组的 4.91 倍和 3.01 倍。成熟叶叶片中 Na^+/K^+ 比值始终小于 1，即 K^+ 含量始终高于 Na^+ 含量；随着 NaCl 浓度的增大，成熟叶叶片中

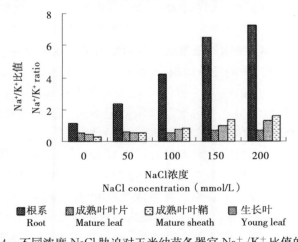

图 3-14　不同浓度 NaCl 胁迫对玉米幼苗各器官 Na^+/K^+ 比值的影响

Fig. 3-14　Effect of NaCl stress on Na^+/K^+ ratio of different parts of maize seedlings

Na^+/K^+ 比值有所增大，在 NaCl 浓度为 200 mmol/L 时达到最大值，为对照组的 1.33 倍。

图 3-15 表明，NaCl 胁迫使玉米幼苗各器官中的 Na^+/Ca^{2+} 比值升高。在对照组中，各器官的 Na^+/Ca^{2+} 比值大小排序为：生长叶＞根系＞成熟叶叶鞘＞成熟叶叶片；经 NaCl 胁迫后，各器官的 Na^+/Ca^{2+} 比值大小排序为：根系＞生长叶＞成熟叶叶鞘＞成熟叶叶片。Na^+/Ca^{2+} 比值增加幅度最大的器官是根系，200 mmol/L NaCl 处理的根系中 Na^+/Ca^{2+} 比值为对照组的 3.54 倍；其次是成熟叶叶鞘，为对照组的 3.03 倍；200 mmol/L NaCl 处理的生长叶中 Na^+/Ca^{2+} 比值为对照组的 2.51 倍；成熟叶叶片中 Na^+/Ca^{2+} 比值增长幅度较小，为对照组的 1.32 倍。

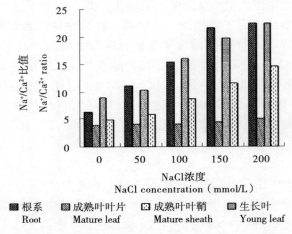

图 3-15　不同浓度 NaCl 胁迫对玉米幼苗各器官 Na^+/Ca^{2+} 比值的影响

Fig. 3-15　Effect of NaCl stress on Na^+/Ca^{2+} ratio of different parts of maize seedlings

8. 不同浓度 NaCl 胁迫对玉米幼苗各器官离子运输选择性的影响

$S_{K,Na}$ 和 $S_{Ca,Na}$ 值反映的是植物根中的 Na^+、K^+ 和 Ca^{2+} 向地上部运输的选择性。$S_{K,Na}$ 和 $S_{Ca,Na}$ 值越大，K^+ 和 Ca^{2+} 运输的选择性越高，留在根中的 Na^+ 越多。从表 3-8 可以看出，不同器官的 $S_{K,Na}$ 值不同，随着 NaCl 浓度增加，各器官的 $S_{K,Na}$ 值也随之发生变化。在无盐胁迫的情况下，$S_{K,Na}$ 值大小排序表现为：成熟叶叶鞘＞生长叶＞成熟叶叶片，即对 K^+ 选择性运输能力最强的器官是成熟叶叶鞘，其次是生长叶，最后是成熟叶叶片。当 NaCl 浓度为 50 mmol/L 时，$S_{K,Na}$ 值表现为：生长叶＞成熟叶叶鞘＞成熟叶叶片；当 NaCl 浓度为 100～200 mmol/L 时，$S_{K,Na}$ 值表现为：成熟叶叶片＞生长叶＞成熟叶叶鞘。随 NaCl 浓度增加，成熟叶叶片对 K^+ 选择性运输能力逐渐增强；生长叶对 K^+ 选择性运输能力在 NaCl 浓度为 150 mmol/L 时达到最大，随后下降；

成熟叶叶鞘对 K^+ 选择性运输能力在 NaCl 浓度为 100 mmol/L 时达到最大，随后下降。如表 3-9 所示，NaCl 胁迫下玉米幼苗各器官的 $S_{Ca,Na}$ 值增加，对 Ca^{2+} 选择性最强的器官是成熟叶叶片，其次是成熟叶叶鞘，生长叶对 Ca^{2+} 选择性最低。

表 3-8　NaCl 胁迫下玉米幼苗离子运输的选择性 $S_{K,Na}$ 的变化

Table 3-8　Changes in $S_{K,Na}$ of ionic transportation in maize seedlings under NaCl stress

NaCl 浓度 NaCl concentration （mmol/L）	成熟叶叶片 Mature leaf	成熟叶叶鞘 Mature sheath	生长叶 Young leaf
0	2.266±0.137eD	3.554±0.445bB	2.752±0.311dC
50	3.969±0.409dC	4.324±0.535abAB	4.447±0.396cB
100	7.848±0.794cB	5.123±0.800aA	5.399±0.650bAB
150	9.675±0.504bA	4.843±0.126aAB	6.376±0.097aA
200	10.670±0.537aA	4.526±0.104aAB	5.725±0.389abA

表 3-9　NaCl 胁迫下玉米幼苗离子运输的选择性 $S_{Ca,Na}$ 的变化

Table 3-9　Changes in $S_{Ca,Na}$ of ionic transportation in maize seedlings under NaCl stress

NaCl 浓度 NaCl concentration （mmol/L）	成熟叶叶片 Mature leaf	成熟叶叶鞘 Mature sheath	生长叶 Young leaf
0	1.637±0.085eD	1.329±0.150cC	0.716±0.026dC
50	2.752±0.069dC	1.912±0.154aA	1.070±0.065abAB
100	3.898±0.118cB	1.771±0.043aAB	0.962±0.028cB
150	4.743±0.317aA	1.853±0.090aA	1.094±0.061aA
200	4.396±0.180bA	1.544±0.076bBC	1.006±0.017bcAB

结合对各器官 Na^+/K^+ 比值与 Na^+/Ca^{2+} 比值分析可以看出，盐胁迫下成熟叶叶片具有较强的 K^+、Ca^{2+} 选择性，Na^+ 的积累相对较低，从而减轻 Na^+ 对叶片的伤害，保持较高的 K^+ 和 Ca^{2+} 含量。而生长叶对 K^+ 的选择性较强，盐胁迫下保持较高的 K^+ 含量；但其对 Ca^{2+} 选择性较弱，可能与生长叶中 Ca^{2+} 含量最低有关。

三、结论与讨论

植物在生长过程中常受到各种胁迫因素的影响，并在不同逆境中产生不同的生理反应。盐害是植物生长发育的主要逆境胁迫形式之一，盐胁迫通常会抑制植物的生长发育，严重时甚至会导致植物死亡。盐胁迫是一种复杂的生理生

化过程，需要从多方面进行研究。植物受到盐胁迫时，其形态和生理生化过程会发生变化，而生理生化变化是形态变化的基础。

（一）NaCl 胁迫对玉米幼苗生长的影响

生长抑制是盐胁迫对植物最普遍、最显著的效应（马翠兰，2004）。随着盐胁迫强度的增大，作物干物质重减少。赵可夫（1993）从能量代谢角度分析，主要原因有 2 个，一是输入能量减少；二是输出能量增加，即能耗，特别是维持能耗的增大。因为生长于盐渍环境中的植物，盐胁迫造成细胞不能正常地进行扩张和分裂，为了能够维持支持细胞正常功能的离子浓度和离子平衡，植物必然要消耗能量来平衡这些离子。除了这种增大以外，还必须降低其原生质中 Na^+ 或其他离子的浓度，使其低于周围介质环境。要使其原生质中 Na^+ 浓度低于其周围介质环境的浓度，必然要消耗对植物生长过程有效的能量，故生长被抑制。本试验结果表明，50 mmol/L NaCl 处理下玉米幼苗干重增加。对各部分的分析表明，地上部干重与对照组差异不显著，根系干重明显高于对照组。说明对于盐敏感的植物玉米来说，其有些品种也可在一定浓度范围内的盐胁迫下正常生长，这对于盐碱地的开发利用具有重要意义。在高浓度 NaCl 胁迫下，玉米幼苗干重显著下降；但不同器官对 NaCl 胁迫的敏感性是不同的，干重下降幅度最大的器官是成熟叶叶片和生长叶，可能是因为盐胁迫抑制了生长叶的生长，同时加速了成熟叶叶片的衰老、死亡和脱落。在低于 150 mmol/L NaCl 胁迫下，盐分对玉米苗期地上部生长的抑制作用大于对根的影响，表现为根系干重下降幅度小于茎叶，根冠比增加。根系是植物体负责营养吸收的重要器官，强大的根系有利于植物适应逆境胁迫。不同器官干重对盐胁迫反应不同，可能与 NaCl 胁迫时的器官生长发育状态有关（王宝山，2000）。含水量是直接反映盐胁迫对植物造成的渗透胁迫的指标。植物体内维持一定的含水量是植物进行各种代谢反应和保持正常生长状态、进行光合作用、维持正常生长发育的需要，含水量下降是在盐胁迫下吸水困难的必然结果。研究结果表明，含水量下降幅度最大的器官是根系，其次是生长叶，变化幅度最小的是成熟叶叶鞘。这可能与各器官结构和功能不同有关，对水分含量的需求不同有关。

（二）NaCl 胁迫对玉米幼苗光合作用的影响

光合作用是构成植物生产力的最主要因素，是一个极其复杂的生理生化过程。光合作用容易受到外界环境，尤其是不良环境的影响。大多数植物对盐碱胁迫是敏感的。当植物生长在盐碱地时，由于受盐碱的胁迫作用，生长速度变缓，植株变矮，生物量降低，叶片往往变黄、死亡，而且叶片内部从事光能吸收、传递和转化的光合色素也会发生降解，光合作用受到严重影响。

叶绿素是重要的光合作用物质，其含量与光合作用强度密切相关。研究结果表明，盐胁迫下，玉米幼苗叶片叶绿素 a＋b、叶绿素 a、叶绿素 b 含量随 NaCl 浓度增加而降低，这与盐分离子浓度的增加有密切关系。这主要是由于盐分离子浓度的增加使叶绿素与叶绿体蛋白结合变松，更多的叶绿素遭到破坏，最终导致光合作用降低（赵可夫，1993），尤其是过量的 Cl^- 渗入细胞后，使原生质凝聚，叶绿素被破坏（许兴，2002）。在盐胁迫环境下，虽然玉米幼苗的叶绿素 b、叶绿素 a 含量均呈下降趋势，但玉米幼苗叶片内叶绿素 a/b 比值却呈逐渐上升的趋势。这表明叶绿素 a 在叶片叶绿素总量中所占的比重呈上升趋势，与 Carter 等（1993）的研究结果一致。叶绿素 a/b 比值对叶绿体的光合活性具有重要意义，叶绿素 a/b 比值减小时，叶绿体的光合磷酸化活性增高。王泽港（1999）等研究水稻半根干旱胁迫结果认为，叶绿素 a 比叶绿素 b 对光合作用的影响更大，因为叶绿素 a 有一部分是参与光反应的中心色素。因此，叶绿素 a 对光合作用更重要，叶绿素 a/b 比值的增大可能是植物对盐胁迫的一种适应。

经盐胁迫后，玉米幼苗光合能力减弱。目前，对盐胁迫下植物光合作用下降的原因尚未形成统一的认识。一般认为，渗透胁迫可能是盐抑制植物光合作用的原因之一，即盐胁迫引起水势及气孔导度降低，限制 CO_2 到达光合组织，从而抑制光合作用（朱新广等，1999）。叶片光合速率降低的原因有气孔因素和非气孔因素两个方面，判定依据主要是根据 Ci 和 Gs 的变化方向。Farquhar（1982）等认为，只有 Ci 随 Gs 的下降而下降的情况下，才能证明光合速率的下降是由气孔限制造成的。如果 Gs 下降，而 Ci 维持不变，甚至上升，则光合速率的下降应是由叶肉细胞同化能力降低等非气孔因素所致。江行玉等（2001）认为，短时间盐胁迫下，玉米光合速率下降的主要原因是气孔限制，此后逐渐以非气孔因素，即叶肉细胞光合活性下降为主。本研究中玉米幼苗叶片的 Pn、Gs 和 Ci 都有所下降，但 Ls 升高，说明起主导作用的因素是气孔的关闭，即气孔因素限制了 CO_2 向叶绿体输送，这与陈淑芳（2005）、江行玉（2001）等的结论一致。

（三）NaCl 胁迫对玉米幼苗膜系统的影响

膜系统是植物盐害的主要敏感部位。NaCl 对膜的破坏主要是因为 Na^+ 在细胞中过度积累，将具有稳定和保护膜脂作用的 Ca^{2+} 置换掉，结合到质膜上的 Na^+ 对质膜起不到稳定作用，反而破坏膜的稳定性，膜结构被破坏，选择透过性功能丧失（Smith，1985）。叶片电解质渗漏率直接反映了叶片细胞膜的受害程度。本研究中，不同浓度 NaCl 胁迫下玉米幼苗叶片的电解质渗漏率明显高于对照组，且随着胁迫强度的增大而增加。这是由于 NaCl 胁迫使膜系统受到破坏，质膜的透性增加，膜内水溶性物质外渗，导致相对电导率升高。结合对叶片中 K^+、Na^+、Ca^{2+}、Mg^{2+}、Cl^- 等离子的分析可以看出，植物受到盐胁迫后，大量 Na^+ 进入细胞，Ca^{2+}、K^+ 等离子含量下降，Na^+ 竞争性地取代了细胞膜上 Ca^{2+} 的位置，导致细胞膜结构发生改变，细胞膜透性增加，大量无机离子外渗，导致电解质外渗率上升。因此，盐胁迫下玉米幼苗叶片电解质渗漏率增加与叶片中 Na^+ 含量的增加和 Ca^{2+}、K^+ 等离子含量的降低有很大关系。

MDA 是氧自由基攻击细胞膜上的类脂中不饱和脂肪酸而发生的膜脂过氧化产物，具有很强的细胞毒性，对膜和细胞中的许多生物功能分子，如蛋白质、核酸和酶等均有很强的破坏作用，并参与破坏生物膜的结构与功能。在正常情况下，细胞内 MDA 含量很低；当细胞受到逆境胁迫、细胞膜脂过氧化分解时，MDA 大量积累。本研究中，随 NaCl 浓度增加，叶片和根系中 MDA 含量增加，说明 NaCl 胁迫导致细胞内氧自由基增加，对膜结构造成破坏，且这种破坏作用随盐浓度的增加而增加。叶片中 MDA 含量增加幅度大于根系，说明盐胁迫下玉米幼苗叶片受到的伤害更严重。

（四）NaCl 胁迫对玉米幼苗根系活力的影响

TTC 还原能力是测定与呼吸有关的琥珀酸脱氢酶活性，所以 TTC 还原能力与呼吸作用密切相关。在 NaCl 胁迫下，玉米幼苗的根系活力增强，且随着盐浓度的升高而逐渐升高。根系活力与膜透性变化趋势相似，当 Na^+ 浓度达到 200 mmol/L 时，根系活力急剧加大。试验证明，在较低强度盐碱胁迫下，豌豆、大麦和棉花的呼吸速率增高。植物适应盐碱（包括干旱）逆境进行渗透调节及渗透势的维持均需要耗能，因此在短期的干旱、盐碱胁迫下根系活力增加、呼吸速率加快，可以认为是植物对逆境的适应性反应（徐云岭等，1990）。

（五）NaCl 胁迫对玉米幼苗保护酶活性的影响

植物组织清除活性氧自由基的酶系统由 SOD、CAT 和 POD 等组成。SOD 能清除 $\cdot O^{2-}$ 而形成 H_2O_2，H_2O_2 可以和 O_2 相互作用产生更多毒性更强的自由基；而 CAT、POD 具有分解 H_2O_2 的能力。因此，保护酶的活性能够反映细胞抗氧化能力。在逆境胁迫下，植物细胞内自由基代谢平衡被破坏，造成超氧阴离子自由基积累，进而引发或加剧膜脂过氧化作用，使得细胞膜系统的结构和功能劣变，新陈代谢紊乱。

本试验对 NaCl 胁迫下玉米幼苗叶片和根系中的 SOD、CAT、POD 活性测定结果表明，玉米幼苗在 50、100 mmol/L NaCl 胁迫下，叶片和根系中

SOD、CAT、POD 活性均增加，清除活性氧的能力增强。这是由于环境胁迫导致活性氧的积累、底物浓度增大，从而诱导了 SOD、CAT、POD 的表达，因此 SOD、CAT、POD 活性增高。这是植物对盐渍环境的一种适应能力。但此时叶片和根系中 MDA 的含量并没有下降，反而增加。说明玉米叶片和根系组织的膜伤害有更复杂的机理，可能是其他种类的活性氧伤害了膜脂，也可能是活性氧产生的速度仍大于其被消除的速度。而当 NaCl 浓度达到 150 和 200 mmol/L 时，叶片中 SOD、CAT、POD 活性开始下降，说明植株受害加重，自我调节能力不再增强。这种胁迫对抗氧化系统产生直接破坏，并随 NaCl 浓度升高，破坏程度加大，SOD、CAT、POD 的合成受到影响，因此活性下降，导致细胞清除活性氧的能力降低，使得 MDA 含量增加，对玉米的伤害进一步增加。相对于叶片而言，根系的耐盐性更强，除 SOD 活性与叶片变化趋势相似外，POD 和 CAT 活性分别在 NaCl 浓度为 150 和 200 mmol/L 时达到最大值，且根系中 POD 活性大大高于叶片。说明盐胁迫下，根系中活性氧清除能力大于叶片，这也可能是根系干重下降幅度小于茎叶的原因之一。在低浓度盐胁迫下，玉米幼苗对盐胁迫能产生一定的适应性或耐性，生物膜保护系统的功能有所提高，从而使各种自由基对生物膜的破坏作用保持在较低水平，很好地保护了细胞的正常功能，保证了玉米幼苗的正常生长。当盐浓度更高时，膜保护系统的功能下降，体内各种自由基对生物膜的破坏作用加剧，膜的过氧化作用明显，致使细胞的正常代谢过程无法进行，细胞功能逐渐衰弱，对盐胁迫的耐性或适应性降低。

（六）NaCl 胁迫对玉米幼苗渗透调节物质含量的影响

盐渍条件下，植物都会受到渗透胁迫的伤害，而它们只有通过渗透调节来减轻或避免伤害。渗透调节是植物适应盐胁迫的主要生理机制之一（赵可夫，1993）。Bernstein 等（1961）指出，大部分植物在盐渍条件下都能在渗透方面适应并且保持水分流入植物体的梯度。在盐逆境中，可溶性糖既是渗透调节剂，也是合成其他有机溶质的碳架和能量的来源，还可在细胞内无机离子浓度高时起保护酶类的作用（朱德民，1982）。由于糖分积累是在生长停止情况下发生的，植物生长恢复后，糖分可以被再度利用，所以它不是一个稳定的调节剂（张福锁，1993）。本研究结果表明，玉米幼苗叶片中可溶性糖含量随 NaCl 胁迫浓度的增加而增加；根系中可溶性糖含量随 NaCl 胁迫浓度的增加呈现先升高后降低的趋势，但始终高于对照组。说明 NaCl 胁迫抑制玉米幼苗的生长，使可溶性糖在叶片和根系中积累。高浓度（200mmol/L）NaCl 胁迫使根系中的可溶性糖含量有所降低，可能是高盐胁迫下抑制了叶片中可溶性糖向根系运输。

　　氨基酸在细胞内的代谢有多种途径：一种是经过生物合成蛋白质，另一种是进行分解代谢。目前，尽管人们对在逆境条件下植物体内游离氨基酸来源的机制不太清楚，但游离氨基酸与氮代谢密切相关，逆境胁迫可能导致游离氨基酸含量增加（曹让 等，2004）。目前认为，胁迫条件下产生的游离氨基酸可能起着维持细胞水势、消除物质毒害和储存氮素的功能（Shen，1990）。本试验结果表明，根系和叶片中游离氨基酸含量随着 NaCl 胁迫浓度的增加呈现先升高后降低的趋势，叶片中含量及增加幅度均大于根系。张金林（2004）认为，随着植株位点的上升，抗旱植物总游离氨基酸的含量均呈现出增加的趋势，其作用在于维持上部位点组织当中的低水势，有利于水分的输送，同时也是干旱胁迫下植物储存物质和能量的一种形式，与本研究结果相似。与游离氨基酸略有不同，叶片中可溶性蛋白含量随着 NaCl 胁迫浓度的增加而增加，根系呈先升高后降低的趋势。游离氨基酸和可溶性蛋白含量的增加对 NaCl 胁迫下玉米幼苗的渗透调节起着积极的作用。由于植物在逆境胁迫条件下基因表达发生改变，一些正常基因被关闭，而一些与适应逆境有关的基因则开始表达，表现出正常蛋白合成受阻，诱导合成特异蛋白如逆境蛋白（柴小清 等，2004），这必然导致游离氨基酸和可溶性蛋白含量的变化。有关盐胁迫对氮的合成与代谢的影响还有待进一步深入研究。

　　植物在正常生长条件下，脯氨酸的含量低；但在逆境时，脯氨酸在细胞质中会大量积累，达正常条件下含量的几十倍甚至几百倍以进行渗透调节（李合生，2002）。对于脯氨酸的积累与抗盐性的关系存在两种观点。第一种观点认为，脯氨酸的积累可对质膜和离子泵起到保护作用，降低电解质外渗，从而维护细胞正常的代谢活动。第二种观点认为，脯氨酸的积累与植物的耐盐性呈负相关关系（Haro，1999），正是由于植物受到盐胁迫才产生脯氨酸，脯氨酸的积累是植物受到逆境伤害的征兆。本研究中盐胁迫下脯氨酸在叶片中的积累量大于根系，同时脯氨酸在叶片中的积累量与植物受到伤害的程度呈正相关关系，但这并不能说明脯氨酸与植物的耐盐性呈负相关关系。脯氨酸被认为是一种最有效的渗透调节物质，可以推测其在逆境胁迫下的大量积累对降低植物的渗透胁迫起到积极作用，也说明其是逆境胁迫下的一种产物，即受到伤害的征兆。

　　从本研究中对不同浓度 NaCl 胁迫下玉米幼苗叶片和根系中可溶性糖、游离氨基酸和脯氨酸含量的分析可以看出，在盐胁迫下，3 种物质在叶片和根系中含量的比值增加，根系中增加的幅度小于叶片中增加幅度，或者说盐胁迫下3 种物质向根系运输的比例减少。可以推测，盐胁迫影响了这些物质在植株体内的运输，根系中渗透调节能力降低，进而反作用于叶片，使盐害加重。有关盐胁迫下渗透调节物质在叶片和根系中的分配问题值得进一步研究。

(七) NaCl 胁迫对玉米幼苗离子吸收与运转的影响

盐分胁迫下，植物除易受高浓度含盐基质产生的渗透压胁迫外，还易受盐分离子过多产生的毒害作用，即产生特殊离子效应。特殊离子效应包括离子毒害和营养不平衡，离子毒害作用指过量的 Na^+ 和 Cl^- 对细胞膜系统的伤害，导致细胞膜透性的增大，电解质的外渗，以及由此而引起的细胞代谢失调；营养不平衡是由于根系吸收过程中高浓度 Na^+ 和 Cl^- 存在，干扰了植物对营养元素 K^+、Ca^{2+} 等的吸收，造成植物体内营养元素的缺乏，影响植物生长发育。从本试验的结果来看，在盐胁迫环境下，玉米幼苗过量地吸收有害的 Na^+ 和 Cl^-，导致各器官中 Na^+ 含量显著上升，尤其是根系和成熟叶叶鞘内的 Na^+ 含量上升的幅度高于生长叶和成熟叶叶片。非盐生植物，特别是禾本科植物具有排 Na^+ 特性，即在一定程度盐胁迫下，根中 Na^+ 含量明显高于地上部（王宝山，2000）。在本研究中，玉米幼苗根系和成熟叶叶鞘的 Na^+ 积累量高于叶片，说明成熟叶叶鞘和根系对于 Na^+ 的截留能力较强，从而减少了其对叶片代谢的干扰作用，即植株根系吸收盐分后，大部分储藏在根部和鞘部，不向或少向叶部运输，以减少盐分对叶片的伤害。本研究中，在无胁迫的情况下，成熟叶叶片中 Na^+ 含量高于生长叶，这可能是由不同器官特性决定的；在 NaCl 胁迫下，生长叶中 Na^+ 含量高于成熟叶叶片。而 Greenway（1965）、Yeo 等（1982）认为，盐胁迫下正在发育的幼叶叶片 Na^+ 含量低，而成熟叶叶片 Na^+ 含量高，与本研究结果不同。这可能是因为生长叶为生长中心，比成熟叶叶片更易受到外界营养供应情况的影响。而玉米幼苗对 Na^+ 的过量吸收，又进一步导致其对 K^+、Ca^{2+} 和 Mg^{2+} 的吸收受到抑制。盐胁迫下，植株体内 K^+、Ca^{2+} 和 Mg^{2+} 等元素含量下降，一方面是由于外界高浓度 Na^+ 显著降低了 K^+、Ca^{2+} 和 Mg^{2+} 等离子活度，另一方面是由于具有高度活性的单价离子（Na^+、Cl^-）竞争一些必需营养元素（K^+、Ca^{2+}、Mg^{2+} 等）在膜上的运转位点（Cramer et al.，1991）。盐胁迫下，根系和生长叶的 K^+、Ca^{2+} 和 Mg^{2+} 含量显著下降；成熟叶叶鞘中 K^+、Ca^{2+} 含量显著下降，Mg^{2+} 含量变化无规律。成熟叶叶片中 K^+、Ca^{2+} 和 Mg^{2+} 含量变化与其他器官不同，K^+、Ca^{2+} 含量在低浓度 NaCl 胁迫下均有所下降，而高浓度 NaCl 胁迫下均上升，200 mmol/L NaCl 处理下均高于对照组；Mg^{2+} 含量在 NaCl 浓度低于 150 mmol/L 时高于对照组，而当 NaCl 浓度达到 200 mmol/L 时，Mg^{2+} 含量下降。本研究中，随 NaCl 浓度增加，根系中 K^+、Ca^{2+} 含量下降幅度最大，其次是成熟叶叶鞘，生长叶下降幅度较小；而王宝山（2000）对高粱的研究认为，生长叶叶片 Ca^{2+} 含量下降最明显，其次是其成熟叶叶鞘，与本文研究结果正相反，可能是由不同作物的耐盐性差异引起的，在这方面的解释应持谨慎态度，其具体原因有待于进一步研究。王丽燕（2005）认为，盐分胁迫条件下，玉米根部的 Cl^- 含量明显高于地上部。本文结果表明，玉米幼苗根系不具有拒 Cl^- 机制，NaCl 胁迫下，叶片和成熟叶叶鞘中 Cl^- 含量均显著高于根系，与王宝山（2000）研究结果一致，与王丽燕（2005）研究结果相反。但本研究中 Cl^- 含量增加幅度最大的器官仍为根系，其次是成熟叶叶鞘，增加幅度最小的是成熟叶叶片。在无胁迫的情况下，以成熟叶叶片中 Cl^- 含量最高，其次是生长叶叶片；100～200 mmol/L NaCl 处理成熟叶叶鞘中 Cl^- 含量高于其他器官，说明成熟叶叶鞘不仅可以作为 NaCl 胁迫下的 Na^+ 库，同时也可以作为 Cl^- 库，暂时储藏 Na^+ 和 Cl^-，以保持叶片细胞相对低的 Na^+ 和 Cl^- 含量。本研究中，各器官的 K^+、Na^+ 和 Cl^- 含量易受外界 NaCl 浓度的影响，其次是 Ca^{2+}、Mg^{2+}。随 NaCl 浓度变化，离子含量变化最大的器官是根系，其次是成熟叶叶鞘，成熟叶叶片变化最小。盐胁迫下，根系和叶鞘对有毒的 Na^+ 和 Cl^- 有较强的截留能力，从而保持叶片中相对稳定的离子环境，是玉米幼苗产生耐盐性的一个重要方面。

植物的正常生长发育需要维持细胞内离子的相对平衡状态，而细胞质保持相对恒定的 K^+/Na^+ 比值的能力是植物盐适应性的重要决定因素之一（高永生 等，2003）。盐胁迫下，细胞内离子平衡破坏的一个典型指标就是 Na^+/Ca^{2+} 与 Na^+/K^+ 比值升高，因为盐胁迫严重影响 Ca^{2+}、K^+ 的吸收及运输。本研究中，玉米幼苗各器官的 Na^+/Ca^{2+} 与 Na^+/K^+ 比值均随 NaCl 浓度增加而增加。NaCl 胁迫打破了玉米幼苗植株体内的正常的离子平衡，而这种正常的离子平衡是保证植物进行新陈代谢和正常生理功能的必要条件。这种正常的离子平衡被打破，是盐胁迫环境对玉米幼苗造成危害的重要原因之一。盐胁迫下，Na^+/Ca^{2+} 与 Na^+/K^+ 比值变化幅度为：根系＞成熟叶叶鞘＞生长叶＞成熟叶叶片。随 NaCl 浓度增加，成熟叶叶片对 K^+、Ca^{2+} 的选择性增加；生长叶中 $S_{K,Na}$ 随 NaCl 浓度增加，呈先增加后降低的趋势，高浓度 NaCl 胁迫在一定程度上降低了生长叶对 K^+ 的选择性运输。玉米幼苗叶片维持较低的 Na^+/K^+ 比值和较强的 K^+ 选择运输能力对于减少盐分对玉米幼苗的伤害、提高玉米幼苗对盐胁迫的适应性具有重要意义。NaCl 胁迫下，生长叶中 $S_{Ca,Na}$ 值低于成熟叶叶片和成熟叶叶鞘，生长叶对 Ca^{2+} 的选择性较弱。

本研究中，在 NaCl 胁迫下，玉米幼苗 Na^+/Ca^{2+} 与 Na^+/K^+ 比值增加幅度最大的器官是根系；但根系表现出的耐盐性大于叶片，表现为在 NaCl 胁迫下根系干重下降幅度明显小于叶片，而叶片中电解质渗漏率、MDA 含量等增加幅度大于根系，根系中活性氧清除能力也大于叶片。由此看来，玉米幼苗不同器官对 NaCl 胁迫敏感性不同，其抵抗 NaCl 胁迫的作用途径也有所不同，表明 NaCl 胁迫对玉米幼苗造成的伤害，与其所表现出耐盐性是一个极其复杂的生理生化过程。

第四章 外源物质对玉米盐胁迫调控效应

第一节 外源钙对盐胁迫下玉米幼苗的缓解效应

钙是植物生长发育必需的营养元素之一，在植物的生理过程中起着重要作用。近年来，钙与植物抗逆性的关系引起人们的广泛关注。已经证明，钙与维持细胞质膜的完整性、降低逆境下细胞膜的透性、增加逆境下脯氨酸的含量等多种抗逆境的生理过程有关。已有的研究表明，钙能提高植物组织或细胞的多种抗性，如抗冷性（张燕，2002）、抗热性（王利军，2003）、抗盐性（李青云，2004）、抗旱性（杨根平，1992）以及抗矿质元素毒害胁迫等（李其星，2006）。但有关钙如何影响盐胁迫条件下玉米幼苗叶片和根系中多种生物酶的活性、渗透调节物质含量及其相互之间协调作用以缓解盐害方面的报道甚少。本文研究了外源钙对盐胁迫下玉米幼苗的生长、细胞膜透性、根系活力、叶片和根系中保护酶活性、有机渗透调节物质含量、离子的吸收与运转等方面的影响，探讨了钙对提高玉米幼苗耐盐性的作用，以期为进一步探讨钙缓解植物逆境伤害机理提供理论依据。

一、材料与方法

供试材料为较耐盐的玉米品种——郑单 958，种子用 10％的 $NaClO_4$ 溶液消毒 10min，自来水充分冲洗，后用蒸馏水冲洗数遍，28℃条件下萌发，挑选发芽一致的种子培养，培养桶外裹双层黑遮光布。水培至一叶一心，后用 1/2 浓度的 Hongland 营养液培养，昼夜温度分别为 28℃和 20℃，每天光照 16h，每 3d 换一次营养液。幼苗三叶一心时进行如下处理：①对照（CK）：1/2 Hongland(营养液中总 Ca^{2+} 浓度为 2 mmol/L)；②处理 1(Ca1)：150 mmol/L NaCl＋1/2 Hongland （营养液中总 Ca^{2+} 浓度为 2 mmol/L）；③处理 2 （Ca2）：150 mmol/L NaCl＋1/2 Hongland＋2 mmol/L $CaCl_2$ （营养液中总 Ca^{2+} 浓度为 4 mmol/L）；④处理 3 （Ca3）：150 mmol/L NaCl＋1/2 Hongland＋4 mmol/L

$CaCl_2$（营养液中总 Ca^{2+} 浓度为 6 mmol/L）。处理期间每 2d 换一次营养液，营养液 pH 为 6.2，全天通气培养。处理 6d 后采样测定各项指标，每个处理至少重复 3 次。

二、结果与分析

（一）钙对 NaCl 胁迫下玉米幼苗生长的影响

试验结果表明，150 mmol/L NaCl 处理 6d 后，地上部和根系干重明显下降（图 4-1），2 mmol/L Ca^{2+} 处理的地上部干重和根系干重分别是对照组的 50.8%、76.9%。适量增加营养液中 Ca^{2+} 浓度能缓解 NaCl 胁迫对玉米幼苗生长的抑制。与对照组相比，4 mmol/L 和 6 mmol/L Ca^{2+} 处理地上部的干重分别为对照组的 59.2%、45.8%；根系干重分别为对照组的 119.4%、95.3%。盐胁迫下植株根冠比明显增加，对照组根冠比为 0.34，NaCl 胁迫后 2、4、6 mmol/L Ca^{2+} 处理的根冠比分别为 0.52、0.69 和 0.71。说明玉米幼苗地上部更容易受到盐害，外源钙明显促进根系生长，盐胁迫下根冠比增加有利于提高作物的耐盐性。

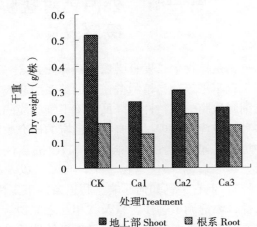

图 4-1　不同浓度 Ca^{2+} 对 NaCl 胁迫下玉米幼苗生长的影响

Fig. 4-1　Effect of concentration of Ca^{2+} on the growth of maize seedlings under NaCl stress

（二）钙对 NaCl 胁迫下玉米幼苗叶绿素含量的影响

NaCl 胁迫下，玉米幼苗叶片中叶绿素（a+b）、叶绿素 a、叶绿素 b 含量均明显下降（图 4-2）。盐胁迫导致植物叶片中叶绿素的合成减少，而降解增加，进而影响叶片制造光合产物的能力，植株生长缓慢。增加营养液中 Ca^{2+} 浓度后，叶绿素（a+b）、叶绿素 a、叶绿素 b 含量均有所增加。盐胁迫下，2 mmol/L Ca^{2+} 处理的叶绿素（a+b）、叶绿素 a、叶绿素 b 分别为对照组的 63%、62%、66%；当营养液中 Ca^{2+} 浓度提高到 4 mmol/L 时，叶绿素（a+b）、叶绿素 a、叶绿素 b 分别为对照组的 75%、74%、79%；当

Ca^{2+} 浓度为 6 mmol/L 时，叶绿素（a＋b）、叶绿素 a、叶绿素 b 相对于 4 mmol/L Ca^{2+} 处理略有降低，分别为对照组的 73％、72％、78％。说明适量增加钙含量明显抑制了叶绿素含量的降低，从而保证了盐胁迫下玉米幼苗较高的光合速率。

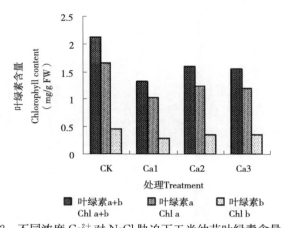

图 4-2　不同浓度 Ca^{2+} 对 NaCl 胁迫下玉米幼苗叶绿素含量的影响

Fig. 4-2　Effect of concentration of Ca^{2+} on chlorophyll content of maize seedlings under NaCl stress

（三）钙对 NaCl 胁迫下玉米幼苗叶片细胞膜透性的影响

相对电导率是反应细胞膜透性的重要指标。NaCl 胁迫下，玉米幼苗叶片的相对电导率明显增加（图 4-3），Ca^{2+} 浓度为 2 mmol/L 时，相对电导率为

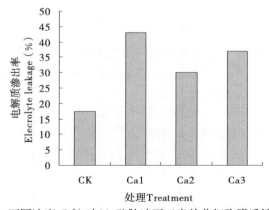

图 4-3　不同浓度 Ca^{2+} 对 NaCl 胁迫下玉米幼苗细胞膜透性的影响

Fig. 4-3　Effect of concentration of Ca^{2+} on cell membrane permeability of maize seedlings under NaCl stress

对照组的 2.46 倍；当 Ca^{2+} 浓度为 4 mmol/L 和 6 mmol/L 时，相对电导率分别为对照组的 1.71 倍和 2.12 倍。表明适量增加溶液中 Ca^{2+} 浓度，可以稳定细胞膜结构，抑制细胞电解质向外渗漏。

（四）钙对 NaCl 胁迫下玉米幼苗根系活力的影响

根系活力泛指根系的吸收能力、合成能力、氧化能力和还原能力等，是一种较客观反映根系生命活动的生理指标。TTC 还原力反映了细胞内总脱氢酶活性，是代谢活力的一个重要标志。如图 4-4 所示，Ca^{2+} 浓度对 NaCl 胁迫下玉米幼苗根系活力有显著影响。随着营养液中 Ca^{2+} 浓度增加，根系活力呈现出"升—降—升"的变化趋势。当营养液中总 Ca^{2+} 浓度为 2 mmol/L（Ca1）时，根系活力为对照组的 1.78 倍；当总 Ca^{2+} 浓度为 4 mmol/L

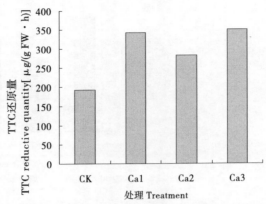

图 4-4　不同浓度 Ca^{2+} 对 NaCl 胁迫下玉米幼苗根系活力的影响

Fig. 4-4　Effect of concentration of Ca^{2+} on the root activity of maize seedlings under NaCl stress

（Ca2）时，根系活力为对照组的 1.46 倍；当总 Ca^{2+} 浓度为 6 mmol/L（Ca3）时，其根系活力为对照组的 1.81 倍。

（五）钙对 NaCl 胁迫下玉米幼苗 SOD、CAT、POD 活性的影响

1. 钙对 NaCl 胁迫下玉米幼苗 SOD 活性的影响

在 NaCl 胁迫下，玉米幼苗叶片和根系中 SOD 活性明显降低（图 4-5）。盐胁迫明显抑制了玉米幼苗叶片的 SOD 活性，随着 Ca^{2+} 含量的增加，叶片 SOD 活性先升高后降低，2、4 和 6 mmol/L Ca^{2+} 浓度处理下受 NaCl 胁迫的玉米幼苗叶片 SOD 活性分别为对照组的 72%、94% 和 81%。无论是正常处理还是盐胁迫处理，根系的 SOD 活性始终低于叶片，NaCl 胁迫对根系 SOD 活性的影响大于对叶片的影响，2、4 和 6 mmol/L Ca^{2+} 浓度处理下受 NaCl 胁迫的玉米幼苗根系 SOD 活性分别为对照组的 50%、75%、54%。可见，NaCl 胁迫对根系 SOD 活性抑制程度大于叶片。叶片和根系均以为 4 mmol/L Ca^{2+} 浓度处理效果较好；而 Ca^{2+} 浓度过高（6mmol/L）时，SOD 活性有所降低。

2. 钙对 NaCl 胁迫下玉米幼苗 CAT 活性的影响

植物体内的 CAT 可以清除 H_2O_2，是植物体内重要的活性氧清除系统之一。如图 4-6 所示，NaCl 胁迫使玉米幼苗叶片和根系的 CAT 活性增强，随着营养液中的 Ca^{2+} 浓度增加，叶片和根系的 CAT 活性变化趋势不同。总体来看，NaCl 胁迫下叶片的 CAT 活性随着 Ca^{2+} 浓度增加而下降，2、4 和 6 mmol/L Ca^{2+} 处理叶片的 CAT 活性分别为对照组的 1.34 倍、1.16 倍、1.01 倍。NaCl 胁迫下根系的 CAT 活性随着 Ca^{2+} 浓度增加，呈现先增加后降低的趋势，2、4 和 6 mmol/L Ca^{2+} 处理根系的 CAT 活性分别为对照组的 4.03 倍、6.50 倍、4.39 倍。

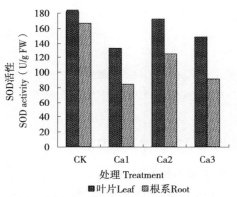

图 4-5　不同浓度 Ca^{2+} 对 NaCl 胁迫下玉米幼苗 SOD 活性的影响

Fig. 4-5　Effect of concentration of Ca^{2+} on SOD activity of maize seedlings under NaCl stress

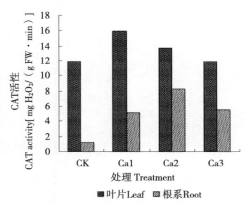

图 4-6　不同浓度 Ca^{2+} 对 NaCl 胁迫下玉米幼苗 CAT 活性的影响

Fig. 4-6　Effect of concentration of Ca^{2+} on CAT activity of maize seedlings under NaCl stress

3. 钙对 NaCl 胁迫下玉米幼苗 POD 活性的影响

POD 是植物体内重要的活性氧清除酶，对减少活性氧积累、清除 MDA、抵御膜脂过氧化和维护膜结构的完整性有重要作用（王代军，1998）。如图 4-7所示，与 SOD 和 CAT 不同，玉米幼苗根系 POD 活性明显高于叶片。对照组根系 POD 活性为叶片的 3.7 倍，NaCl 胁迫下 2、4 和 6 mmol/L Ca^{2+} 处理根系 POD 活性分别为叶片的 4.5 倍、4.4 倍和 4.6 倍。NaCl 胁迫使玉米幼苗叶片 POD 活性增加，适量加钙处理后叶片 POD 活性增加，过量的钙则使其活性降低，2、4 和 6 mmol/L Ca^{2+} 处理叶片的 POD 活性分别为对照组的 1.05 倍、1.11 倍和 94%。NaCl 胁迫使根系的 POD 活性增加，2 和 4 mmol/L Ca^{2+} 处理根系 POD 活性分别为对照组的 1.27 倍、1.33 倍，6 mmol/L Ca^{2+} 处理使根系 POD 活性为对照组的 1.17 倍。

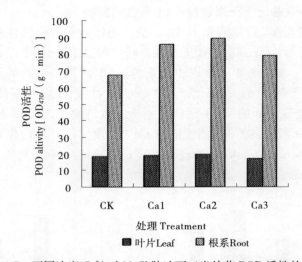

图 4-7　不同浓度 Ca^{2+} 对 NaCl 胁迫下玉米幼苗 POD 活性的影响

Fig. 4-7　Effect of concentration of Ca^{2+} on POD activity of maize seedlings under NaCl stress

（六）钙对 NaCl 胁迫下玉米幼苗渗透调节物质含量的影响

1. 钙对 NaCl 胁迫下玉米幼苗可溶性糖含量的影响

试验结果表明（图 4-8），盐胁迫使叶片的可溶性糖含量显著增加。随着营养液中 Ca^{2+} 浓度的增加，叶片中可溶性糖含量逐渐下降，Ca1、Ca2、Ca3

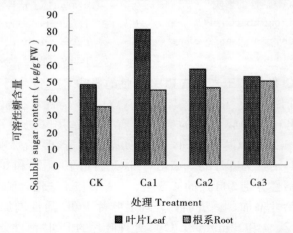

图 4-8　不同浓度 Ca^{2+} 对 NaCl 胁迫下玉米幼苗可溶性糖含量影响

Fig. 4-8　Effect of concentration of Ca^{2+} on the soluble sugar content of maize seedlings under NaCl stress

处理叶片中可溶性糖含量分别为对照组的 1.67 倍、1.18 倍和 1.10 倍。加钙后根系中可溶性糖含量显著增加，Ca1、Ca2、Ca3 处理的根系中可溶性糖含量分别为对照组的 1.29 倍、1.31 倍和 1.43 倍。方差分析和多重比较结果（表 4-1）表明：CK 与 Ca3 处理叶片中可溶性糖含量差异不显著，CK 与 Ca2 处理差异达显著水平，CK、Ca2、Ca3 处理与 Ca1 处理间的差异达到极显著水平。对根系可溶性糖含量的差异显著性分析表明，Ca1、Ca2、Ca3 三者之间差异未达显著水平。

表 4-1　不同浓度 Ca^{2+} 对 NaCl 胁迫下玉米幼苗根系活力、可溶性糖、游离氨基酸、可溶性蛋白及脯氨酸含量的影响

Table 4-1　Effect of concentration of Ca^{2+} on the root activity, soluble sugar, free amino acids, soluble protein and proline content of maize seedlings under NaCl stress

指标 Indicator	CK	Ca1	Ca2	Ca3
根系活力 Root activity [$\mu g/$ (g FW·h)]	193.16cC	345.96aA	289.57bAB	310.44bAB
叶片可溶性糖含量 Leaf soluble sugar content（$\mu g/g$ FW）	48.21cB	80.72aA	56.94bB	52.83bcB
根系可溶性糖含量 Root soluble sugar content（$\mu g/g$ FW）	34.89bB	44.95aAB	45.75 aAB	49.94aA
叶片游离氨基酸含量 Leaf amino acids content（mg/g FW）	0.42 bB	0.72 aA	0.77 aA	0.44 bB
根系游离氨基酸含量 Root amino acids content（mg/g FW）	0.28cB	0.29cB	0.51aA	0.36bB
叶片可溶性蛋白含量 Leaf soluble protein content（mg/g FW）	5.60bB	7.84aA	5.44bB	5.16 bB
根系可溶性蛋白含量 Root soluble protein content（mg/g FW）	2.24bB	3.09abAB	3.67aA	2.53bAB
叶片脯氨酸含量 Leaf proline content（$\mu g/g$ FW）	10.20dD	49.32 aA	43.60 bB	34.23 cC
根系脯氨酸含量 Root proline content（$\mu g/g$ FW）	18.37dD	32.06cC	44.81aA	38.46bB

2. 钙对 NaCl 胁迫下玉米幼苗游离氨基酸含量的影响

如图 4-9 所示，NaCl 胁迫下，3 个处理的玉米幼苗叶片中游离氨基酸含量显著上升，Ca1、Ca2 处理分别为对照组的 1.71 倍、1.82 倍，但二者差异不显著（表 4-1）；Ca3 处理略高于对照组，为对照组的 1.05 倍。随着 Ca^{2+} 浓度增加，根系中游离氨基酸含量呈先升后降趋势，Ca1、Ca2、Ca3 处理分别为对照组的 1.05 倍、1.82 倍和 1.29 倍。方差分析和多重比较结果（表 4-1）表明，Ca1 处理和对照组差异未达显著水平，Ca2 和 Ca3 处理间差异达极显著水平，且与 Ca1 处理和 CK 间差异达显著水平。

3. 钙对 NaCl 胁迫下玉米幼苗可溶性蛋白含量的影响

如图 4-10 所示，不同 Ca^{2+} 浓度对 NaCl 胁迫下玉米幼苗叶片中可溶性蛋白含量的影响不同。Ca1 处理叶片可溶性蛋白含量显著增加，为对照组的 1.40 倍，与对照组差异达极显著水平（表 4-1）。随着 Ca^{2+} 浓度增加，Ca2、Ca3 处理叶片可溶性蛋白含量下降，分别为对照组的 97%、92%，两者之间

差异未达显著水平。NaCl 胁迫使不同 Ca^{2+} 浓度处理的玉米幼苗根系中可溶性蛋白含量均呈上升趋势，表现为：Ca2＞Ca1＞Ca3＞CK。

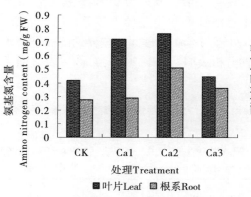

图 4-9 不同浓度 Ca^{2+} 对 NaCl 胁迫下玉米幼苗游离氨基酸含量的影响

Fig. 4-9 Effect of concentration of Ca^{2+} on free amino acids content of maize seedlings under NaCl stress

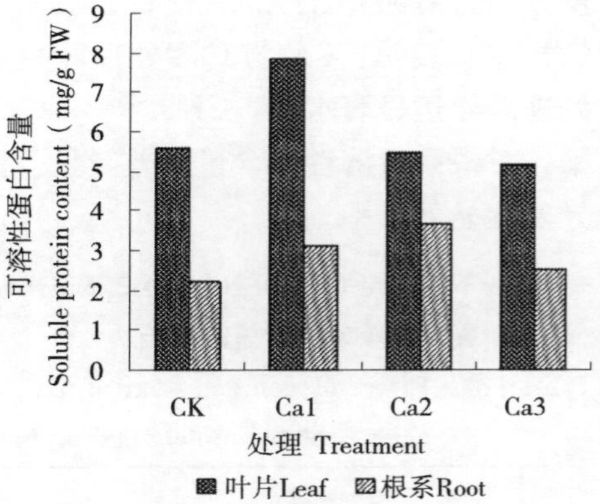

图 4-10 不同浓度 Ca^{2+} 对 NaCl 胁迫下玉米幼苗可溶性蛋白含量的影响

Fig. 4-10 Effect of concentration of Ca^{2+} on soluble protein content of maize seedlings under NaCl stress

4. 钙对 NaCl 胁迫下玉米幼苗脯氨酸含量的影响

脯氨酸是在盐胁迫条件下易积累的一种氨基酸（李其星，2006）。如图 4-11所示，在无胁迫情况下，玉米幼苗根系中脯氨酸含量高于叶片。NaCl 胁迫使叶片中脯氨酸含量成倍增加，但随着 Ca^{2+} 浓度增加而下降。Ca1、Ca2、

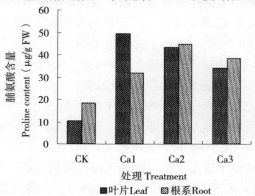

图 4-11 不同浓度 Ca^{2+} 对 NaCl 胁迫下玉米幼苗脯氨酸含量影响

Fig. 4-11 Effect of concentration of Ca^{2+} on the proline content of maize seedlings under NaCl stress

Ca3 处理叶片中脯氨酸含量分别为对照组的 4.84 倍、4.27 倍、3.36 倍，处理间差异达极显著水平（表 4-1）。相对于叶片来说，脯氨酸在根系中的增加幅度较小，且随 Ca^{2+} 浓度增加，根系中脯氨酸含量呈先升后降趋势。Ca1、Ca2、Ca3 处理根系中脯氨酸含量分别为对照组的 1.74 倍、2.44 倍、2.09 倍，处理间差异达极显著水平。其中，Ca2、Ca3 处理与对照组类似，表现为根系中脯氨酸含量高于叶片。

（七）钙对 NaCl 胁迫下玉米幼苗各离子含量的影响

1. 钙对 NaCl 胁迫下玉米幼苗 K^+ 含量的影响

NaCl 胁迫使玉米幼苗各器官 K^+ 含量显著降低，增加溶液中 Ca^{2+} 含量可以促进玉米幼苗各器官对 K^+ 的吸收积累。随着溶液中 Ca^{2+} 浓度增加，各器官 K^+ 含量增加（表 4-2）。Ca2、Ca3 处理根系中 K^+ 含量分别为 Ca1 处理的 1.20 倍和 1.96 倍；生长叶中 K^+ 含量分别为 Ca1 处理的 1.05 倍和 1.16 倍；成熟叶叶片中 K^+ 含量分别为 Ca1 处理的 1.19 倍和 1.29 倍；成熟叶叶鞘中 K^+ 含量分别为 Ca1 处理的 1.10 倍和 1.21 倍。Ca2 与 Ca1、Ca3 两处理根系、生长叶和成熟叶叶片中 K^+ 含量差异未达显著水平；但 Ca1 与 Ca3 处理间差异达显著水平；Ca1、Ca2、Ca3 处理间成熟叶叶鞘中 K^+ 含量差异达显著水平。

表 4-2 不同浓度 Ca^{2+} 对 NaCl 胁迫下玉米幼苗 K^+ 含量的影响

Table 4-2 Effect of concentration of Ca^{2+} on K^+ content of maize seedlings under NaCl stress （mg/g）

处理 Treatment	根 Root	成熟叶叶片 Mature leaf	成熟叶叶鞘 Mature sheath	生长叶 Young leaf
CK	4.889 9±1.134 4aA	11.247 4±1.064 7aA	12.502 8±0.363 7aA	8.536 6±0.089 2aA
Ca1	1.316 2±0.007 0cB	6.904 9±0.664 7cB	7.309 4±0.518 1dC	6.494 5±0.733 4cB
Ca2	1.574 0±0.056 4bcB	8.229 6±0.436 4bcB	8.082 6±0.127 4cBC	6.825 0±0.421 7bcB
Ca3	2.585 1±0.252 2bB	8.913 6±0.526 5bB	8.885 3±0.312 5bB	7.553 9±0.398 3bAB

2. 钙对 NaCl 胁迫下玉米幼苗 Na^+ 含量的影响

NaCl 胁迫使玉米幼苗各器官 Na^+ 含量显著增加（表 4-3）。随着营养液中 Ca^{2+} 浓度增加，根系中 Na^+ 含量降低，但这 3 个处理间差异未达到显著水平。随着营养液中 Ca^{2+} 浓度增加，成熟叶叶片和成熟叶叶鞘 Na^+ 含量降低，成熟叶叶片和成熟叶叶鞘中 Na^+ 含量 Ca2 处理是 Ca1 处理的 87%、88%；成熟叶叶片和成熟叶叶鞘中 Na^+ 含量 Ca3 处理是 Ca1 处理的 82%、86%，Ca2 与 Ca3 处理间的差异未达显著水平，Ca2 与 Ca1 处理间差异达显著水平。增加营养液中的 Ca^{2+} 浓度，生长叶中 Na^+ 含量先降低后增加，Ca2、Ca3 处理成熟生

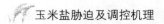

玉米盐胁迫及调控机理

长叶中 Na⁺ 含量分别为 Ca1 处理的 85%、92%，处理间差异达显著水平。

表 4-3　不同浓度 Ca²⁺ 对 NaCl 胁迫下玉米幼苗 Na⁺ 含量的影响

Table 4-3　Effect of concentration of Ca²⁺ on Na⁺ content of maize seedlings under NaCl stress (mg/g)

处理 Treatment	根 Root	成熟叶叶片 Mature leaf	成熟叶叶鞘 Mature sheath	生长叶 Young leaf
CK	2.902 3±0.099 7bB	2.431 7±0.077 8cC	3.445 1±0.011 9cB	2.351 7±0.042 0dD
Ca1	8.219 4±0.065 0aA	4.661 0±0.263 8a A	12.385 5±0.415 5a A	6.935 6±0.094 4a A
Ca2	7.709 0±0.748 4aA	4.066 4±0.201 2bB	10.891 4±0.287 6bA	5.878 5±0.210 2cC
Ca3	7.591 7±0.182 3a A	3.806 0±0.052 0bB	10.604 1±1.166 0bA	6.399 1±0.218 6bB

3. 钙对 NaCl 胁迫下玉米幼苗 Mg²⁺ 含量的影响

钙对 NaCl 胁迫下玉米幼苗各器官的 Mg²⁺ 含量有显著影响（表 4-4）。随营养液中 Ca²⁺ 含量增加，各器官中 Mg²⁺ 含量增加。根系中 Ca1 与 Ca2 处理下 Mg²⁺ 含量相近，Ca3 处理 Mg²⁺ 含量为 Ca1 处理的 1.04 倍，处理间差异达显著水平。Ca2、Ca3 处理成熟叶叶鞘中 Mg²⁺ 含量分别为 Ca1 处理的 1.07 倍、1.12 倍，处理间差异达显著水平。生长叶中 Ca2、Ca3 处理 Mg²⁺ 含量分别为 Ca1 处理的 1.02 倍、1.06 倍，Ca2 与 Ca1、Ca3 处理间差异未达显著水平，Ca1 与 Ca3 处理间差异达显著水平。NaCl 胁迫下，成熟叶叶片中 Mg²⁺ 含量增加，且随营养液中 Ca²⁺ 含量增加而增加，但处理间差异未达显著水平。

表 4-4　不同浓度 Ca²⁺ 对 NaCl 胁迫下玉米幼苗 Mg²⁺ 含量的影响

Table 4-4　Effect of concentration of Ca²⁺ on Mg²⁺ content of maize seedlings under NaCl stress (mg/g)

处理 Treatment	根 Root	成熟叶叶片 Mature leaf	成熟叶叶鞘 Mature sheath	生长叶 Young leaf
CK	0.696 8±0.003 2aA	0.641 0±0.027 3bB	0.662 2±0.013 7aA	0.501 6±0.016 0abA
Ca1	0.504 0±0.007 6cC	0.795 8±0.029 5aA	0.584 1±0.003 7cC	0.480 7±0.013 8bA
Ca2	0.504 1±0.012 4cC	0.797 1±0.001 4aA	0.615 9±0.015 3bB	0.489 9±0.008 9abA
Ca3	0.528 7±0.008 4bB	0.803 1±0.004 5aA	0.651 6±0.004 2aA	0.510 9±0.008 1aA

4. 钙对 NaCl 胁迫下玉米幼苗 Ca²⁺ 含量的影响

增加营养液中 Ca²⁺ 浓度，可使 NaCl 胁迫下玉米幼苗各器官中 Ca²⁺ 含量显著增加。Ca1 处理根系中 Ca²⁺ 含量为对照组的 53%，Ca2、Ca3 处理根系中 Ca²⁺ 含量分别为对照组的 74%、83%，处理间差异达极显著水平（表 4-5）。增加营养液中 Ca²⁺ 浓度，生长叶中 Ca²⁺ 含量显著增加，Ca1 处理生长叶中

88

Ca^{2+}含量为对照组的85%；当营养液中Ca^{2+}浓度增加到4 mmol/L（Ca2）时，生长叶中Ca^{2+}含量为对照组的99%；而当营养液中Ca^{2+}浓度增加到6 mmol/L（Ca3）时，生长叶中Ca^{2+}含量为对照组的1.25倍。在NaCl胁迫下，当营养液中Ca^{2+}浓度为2 mmol/L（Ca1）时，成熟叶叶鞘中Ca^{2+}含量为对照组的73%；增加营养液中Ca^{2+}浓度后，成熟叶叶鞘中Ca^{2+}含量增加，Ca2、Ca3处理成熟叶叶鞘中Ca^{2+}含量分别为对照组的80%、90%，处理间差异达显著或极显著水平。NaCl胁迫使成熟叶叶片中Ca^{2+}含量增加，同时随着营养液中Ca^{2+}浓度增加，成熟叶叶片中Ca^{2+}含量随之增加，处理间差异达显著或极显著水平。

表 4-5　不同浓度 Ca^{2+} 对 NaCl 胁迫下玉米幼苗 Ca^{2+} 含量的影响

Table 4-5　Effect of concentration of Ca^{2+} on Ca^{2+} content of maize seedlings under NaCl stress(mg/g)

处理 Treatment	根 Root	成熟叶叶片 Mature leaf	成熟叶叶鞘 Mature sheath	生长叶 Young leaf
CK	0.794 7±0.015 9aA	1.175 3±0.041 2dD	0.765 9±0.027 3aA	0.394 8±0.004 7bB
Ca1	0.423 1±0.006 1dD	1.255 1±0.005 0cC	0.555 6±0.011 1dC	0.334 7±0.011 9cC
Ca2	0.588 8±0.017 0cC	1.452 5±0.018 0bB	0.609 1±0.026 4cC	0.390 0±0.015 8bB
Ca3	0.659 4±0.025 7bB	1.546 7±0.033 2aA	0.691 8±0.016 7bB	0.493 5±0.006 1aA

可见，盐胁迫下，增加溶液中Ca^{2+}含量，降低了根系对Na$^+$的吸收量，并且减少了Na$^+$向地上部各器官的进一步运输量，而使植株对K$^+$、Ca^{2+}、Mg^{2+}的吸收量增加，从而减轻了盐胁迫对玉米幼苗造成的离子毒害。

5. 钙对 NaCl 胁迫下玉米幼苗 Na$^+$/K$^+$ 比值、Na$^+$/Ca^{2+} 比值的影响

如图4-12所示，外源Ca^{2+}可以显著降低NaCl胁迫下玉米幼苗各器官中的Na$^+$/K$^+$比值。NaCl胁迫下，Ca^{2+}浓度为4 mmol/L（Ca2）时，根系、成熟叶叶片、成熟叶叶鞘和生长叶中的Na$^+$/K$^+$比值分别为Ca^{2+}浓度为2 mmol/L（Ca1）的85%、73%、80%和81%；而当Ca^{2+}浓度为6 mmol/L（Ca3）时，其根系、成熟叶叶片、成熟叶叶鞘和生长叶中的Na$^+$/K$^+$比值分别为Ca1处理的55%、63%、70%和79%。可见，增加外源Ca^{2+}供应，根系中Na$^+$/K$^+$比值下降显著。NaCl胁迫下，玉米幼苗各器官的Na$^+$/Ca^{2+}比值也随营养液中Ca^{2+}浓度增加而降低（图4-13）。NaCl胁迫下，Ca2处理的根系、成熟叶叶片、成熟叶叶鞘和生长叶的Na$^+$/Ca^{2+}比值分别为Ca1处理的73%、75%、80%和73%；而Ca3处理的根系、成熟叶叶片、成熟叶叶鞘和生长叶的Na$^+$/Ca^{2+}比值分别为Ca1处理的69%、66%、69%和63%。NaCl胁迫下，玉米幼苗各器官中的Na$^+$/K$^+$比值与Na$^+$/Ca^{2+}比值降低，有利于稳定膜结构、提高植株的耐盐性。

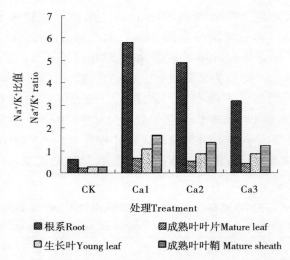

图 4-12　不同浓度 Ca^{2+} 对 NaCl 胁迫下玉米幼苗 Na^+/K^+ 比值影响

Fig. 4-12　Effect of concentration of Ca^{2+} on Na^+/K^+ ratio of maize seedlings under NaCl stress

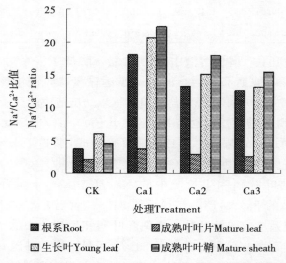

图 4-13　不同浓度 Ca^{2+} 对 NaCl 胁迫下玉米幼苗 Na^+/Ca^{2+} 比值的影响

Fig. 4-13　Effect of concentration of Ca^{2+} on Na^+/Ca^{2+} ratio of maize seedlings under NaCl stress

三、结论与讨论

近年来的研究表明，钙是一种植物必需的营养元素，更重要的作用是作为细胞内的第二信使，以 CaM 为中介将胞外信号转换成细胞内的生理反应。已经证明，启动钙信使系统的中心环节是胞质中 Ca^{2+} 浓度的改变（龚明 等，1990；Snedden 等，2001）。外界各种环境刺激，如低温、高温、干旱和盐碱等，都能引起细胞质中 Ca^{2+} 周期性的上升与回落，并产生信号，该信号通过钙受体蛋白——CaM 传导，进一步调节细胞生理反应。

（一）钙对 NaCl 胁迫下玉米幼苗生长的影响

盐分对非盐生植物最显著的效应就是阻止生长（刘祖祺，1994）。本研究表明，在 NaCl 胁迫下，玉米幼苗的生长明显受到抑制，盐胁迫对地上部的抑制程度大于对根系的抑制；而增加 Ca^{2+} 浓度可以缓解这种抑制作用，增加地上部和根系的干物质积累。Ca^{2+} 对根系盐害的缓解与生长的促进作用大于叶片，增加 Ca^{2+} 浓度使根冠比增加，从而提高了植物对逆境的适应能力。

（二）钙对 NaCl 胁迫下玉米幼苗膜透性的影响

盐胁迫下，植物质膜渗漏的增加是盐害的主要特征之一。本研究结果表明，钙能降低质膜透性、缓解盐害。Ca^{2+} 作为膜稳定剂，一方面，与细胞壁中的果胶酸形成果胶酸钙，抑制多聚半乳糖醛酶活性及其对细胞壁的分解；另一方面，与膜磷脂的极性头部相连接，发生交联作用，从而使得膜脂上的蛋白质和磷脂紧密结合，降低膜透性（蔡妙珍，2003）。另外，钙可以通过防止膜脂过氧化降低质膜透性，进而维持细胞内的区域化，从而保证细胞内的各种代谢正常进行，提高植物细胞的抗盐能力（赵可夫，1997）。

（三）钙对 NaCl 胁迫下玉米幼苗叶绿素含量的影响

盐胁迫下，自由基对叶绿体造成直接破坏，膜脂过氧化中间产物和终产物 MDA 也会加速叶绿体降解，导致光合色素含量下降。另外，过量的 Cl^- 渗入细胞后，使原生质凝聚，叶绿素破坏（刘祖祺，1994）。本研究表明，玉米幼苗中的叶绿素含量对 NaCl 胁迫反应敏感。NaCl 胁迫下，叶绿素 a、叶绿素 b 含量均明显下降。增加 Ca^{2+} 浓度可以抑制叶绿素含量的下降，一定浓度的 Ca^{2+} 有助于保护叶绿体膜，保持其结构的稳定性，维持叶片较高的叶绿素含量，从而对维持盐胁迫下玉米较高的光合效率起一定促进作用。

（四）钙对 NaCl 胁迫下玉米幼苗根系活力的影响

TTC 还原力是测定与呼吸有关的琥珀酸脱氢酶活性的指标，所以 TTC 还原能力与呼吸作用密切相关。在盐胁迫下会大大增强呼吸作用强度，植物要生存和适应逆境的生态环境，一方面，要合成相容性的物质，以提高原生质和叶绿体等重要细胞器中有机质的浓度，维持它们与存在大量盐分的液泡之间的渗透平衡；另一方面，需要不断地排除积累过多的盐离子，以减轻盐害，这两个过程都需要消耗大量的能量。本研究结果表明，NaCl 胁迫使玉米幼苗的根系活力显著增加，这是植物进行自我保护的一种自然反应。徐云岭（1990）认为，在干旱、盐碱胁迫下，根系活力增加、呼吸速率加快，可以认为是植物对逆境的适应性反应。在较适宜的 Ca^{2+} 浓度下，根系活力有所降低，Ca^{2+} 浓度过高则根系活力增加，说明适量的钙在一定程度上缓解了盐胁迫带来的伤害，使呼吸速率下降。

（五）钙对 NaCl 胁迫下玉米幼苗渗透调节物质含量的影响

糖分积累是在生长停止的情况下发生的。但由于植物生长恢复后，糖分可以被再度利用，所以它不是一个稳定的调节剂（张福锁，1993）。本试验结果表明，NaCl 胁迫可显著增加玉米叶片和根系中的可溶性糖含量，说明盐胁迫下，缺钙植株生长停滞，使可溶性糖在叶片中积累。随着营养液中 Ca^{2+} 浓度增加，叶片中可溶性糖含量逐渐下降，根系中逐渐上升。说明在盐胁迫下，增加 Ca^{2+} 含量可以促进植株生长，促进叶片中可溶性糖向根系运输。

本研究中，NaCl 胁迫下叶片和根系中的游离氨基酸含量增加，提高营养液中 Ca^{2+} 浓度后，叶片中游离氨基酸含量有所增加，但这种增加作用在根系中表现更明显。无论是叶片还是根系，均以 Ca^{2+} 浓度为 4 mmol/L 时游离氨基酸含量最高。可溶性蛋白含量变化与游离氨基酸有所不同，随 Ca^{2+} 浓度增加，叶片中可溶性蛋白含量降低，根系则呈现出"先升高后降低"的趋势，以 Ca^{2+} 浓度为 4 mmol/L 时最高。游离氨基酸和可溶性蛋白的这种变化与钙在氮的合成与代谢中所起的作用有关，这种变化与加钙处理对氮的吸收、同化、运转和利用有何影响，还有待进一步研究。

NaCl 胁迫下，随着 Ca^{2+} 浓度增加，盐害有所缓解，叶片中脯氨酸含量逐渐下降；而根系中脯氨酸含量变化与叶片相反，加钙促进根系中脯氨酸积累，过高的 Ca^{2+} 浓度（6 mmol/L）则降低了根系中脯氨酸含量。脯氨酸原初的积累部位主要是叶，其次是茎，其他器官内的脯氨酸来自叶片（彭志红，2002）。有研究表明，发生渗透胁迫时，氧化降解过程受到抑制，导致脯氨酸含量增加；而植物复水后，氧化过程被诱导，导致脯氨酸含量下降（曹让，2004）。可以推测，盐胁迫下钙也可以诱导氧化过程，从而导致叶片中脯氨酸含量下降，改变了盐胁迫下脯氨酸的分配。

（六）钙对 NaCl 胁迫下玉米幼苗保护酶活性的影响

盐胁迫下，植物体内活性氧的积累是导致盐害的主要原因之一（Gossett，

1994)。SOD、CAT、POD 等保护酶类在植物体内协同作用，在逆境胁迫中清除过量的活性氧，维持活性氧的代谢平衡、保护膜结构，从而使植物在一定程度上忍耐、减缓或抵御逆境胁迫伤害（Liang，2003）。SOD 的主要功能为催化超氧阴离子发生歧化反应，从而消除其毒害作用，而歧化反应过程中所产生的 H_2O_2 则由 CAT、POD 等来清除（陈华新，2003）。本研究结果表明，Ca^{2+} 浓度并非越高越好，以 Ca^{2+} 浓度为 4mmol/L 处理的叶片和根系中 SOD 活性最高，其中叶片 SOD 活性恢复到接近对照组水平。这表明，适量的钙能有效提高 NaCl 胁迫下玉米幼苗叶片和根系 SOD 的活性，减少活性氧物质的累积量，从而降低植物细胞内活性氧自由基对质膜和膜脂过氧化作用的伤害，维持细胞膜的稳定性和完整性。钙对提高根系 CAT 和 POD 活性的作用大于叶片，盐胁迫下玉米幼苗根系 CAT、POD 活性均以 4mmol/L Ca^{2+} 处理最强。适量增加 Ca^{2+} 浓度可在一定程度上提高盐胁迫下植株保护酶的活性，Ca^{2+} 浓度过高则表现出抑制作用，这可能是高浓度的 Ca^{2+} 对植物组织细胞形成了新的离子伤害，使盐害加重，其具体原因还有待进一步研究。这说明，单纯的钙处理对盐害的缓解作用有限，同时也说明钙在调控修复植物逆境胁迫伤害中的能力有限。在盐胁迫下，虽然根系的 SOD 活性受到明显抑制，但 CAT 和 POD 活性明显升高，且这种升高的幅度明显大于叶片，这可能是地上部较根系更容易受到盐害的原因之一。

（七）钙对 NaCl 胁迫下玉米幼苗离子含量的影响

本研究表明，盐胁迫导致玉米幼苗各器官的 Na^+ 含量增加、K^+ 含量降低。补充 Ca^{2+} 可明显降低根系对 Na^+ 的吸收量，并且减少 Na^+ 向地上部的运输量，增加对 K^+ 的吸收和运输量。这可能因为外源 Ca^{2+} 提高 NaCl 胁迫下的质膜 H^+-ATP 酶、液泡膜 H^+-ATP 酶和 H^+-PP 酶的活性，从而为提高根系选择性吸收和运输 K^+、跨质膜和液泡膜的 Na^+/H^+ 逆向运输提供动力，降低 Na^+ 的吸收，促进根细胞中的 Na^+ 在液泡中积累，减少根细胞质中的 Na^+ 含量和向地上部的运输量（郑青松 等，2001），这有待进一步研究。同时，不同的 Ca^{2+} 浓度下植株各器官的 Mg^{2+} 与 Ca^{2+} 含量也显著不同，增加 Ca^{2+} 浓度可增加根系对 Mg^{2+} 与 Ca^{2+} 的吸收量和向地上部的运输量。外源钙降低了盐胁迫下玉米幼苗各器官的 Na^+/Ca^{2+} 与 Na^+/K^+ 比值，说明 Ca^{2+} 可改善玉米幼苗体内的离子平衡，这可能是外源钙可以缓解盐胁迫对玉米幼苗伤害的重要原因之一。

本研究中，以 4 mmol/L Ca^{2+} 处理的玉米幼苗干物质积累量最大，酶活性最高，电解质外渗率最低；6 mmol/L Ca^{2+} 处理对玉米幼苗正常生长反而有抑制作用，但各器官的 Na^+/Ca^{2+} 与 Na^+/K^+ 比值以 6 mmol/L Ca^{2+} 处理最低，

说明 Ca^{2+} 含量与器官生长状况及生理生化变化之间的关系是复杂的，可能通过影响细胞壁伸展性（Lynch，1988）、信号物质传递（Evans，1991）和质膜透性（Lauchli，1990）等生理生化过程而起作用。由此看来，Ca^{2+} 在植物耐盐性中的作用的许多问题有待进一步深入研究。

钙可以缓解盐胁迫，笔者认为其作用机理至少归因于以下几点：①正常生长条件下植物体内的离子含量处于动态平衡状态，植物受到盐胁迫后，离子平衡被打破，首先发生的是 Ca^{2+} 亏缺，Ca^{2+} 亏缺再通过直接或间接的作用引起一系列盐胁迫症状，外施 Ca^{2+} 可以在一定程度上弥补盐胁迫造成的 Ca^{2+} 亏缺，而部分抵消盐胁迫的危害；②Ca^{2+} 作为膜稳定剂，稳定了细胞膜系统，防止电解质渗漏，从而保证细胞内的各种代谢正常进行；③Ca^{2+} 调节了盐胁迫下玉米幼苗叶片和根系中渗透调节物质的运输与分配；④Ca^{2+} 增强了叶片和根系的活性氧清除能力，有效缓解了盐胁迫造成的活性氧伤害，提高了玉米幼苗的耐盐能力。

第二节　外源钾对盐胁迫下玉米幼苗的缓解效应

钾不仅是作物生长发育所必需的营养元素，而且是肥料三要素之一。钾在植物体内的含量很多，分布在植株的各个部位，而且容易从一个部位向另一个部位移动。现已知有 60 多种酶需要 K^+ 作为活化剂，这 60 多种酶可分为合成酶、氧化酶和转移酶三大类。研究证明：硝酸根的吸收和运输有 K^+ 作为伴随离子会得到促进。Edwards（1981）研究证实，钾对根系吸收硝酸根离子有促进作用，同时钾能促进氨基酸的运输，氨基酸被运送到种子和植株的其他部位，从而合成更多的蛋白质。最近的研究结果表明，刚合成蛋白质的稳定需要钾，即钾可以稳定蛋白质的三维或四维结构。由于作物每年从土壤中带出大量的钾，如不及时补充，很容易造成土壤钾的匮乏。近年来，我国耕地中的氮、磷投入日益增多，由于钾素资源缺乏，钾肥投入不足，全国缺钾土壤的范围在逐渐扩大。盐胁迫土壤中，随着 Na^+ 浓度的不断提高，钠钾比增大，植物从土壤中吸收钾的量明显减少，打破了植物体内的离子平衡，使植株表现出 Na^+ 的单盐毒害。若及时适量施入钾肥，可有效缓解这种不良状况，维持植株体内离子平衡和各种酶的活性，加强氮素吸收、转化以及糖的合成和转化，从而提高作物的产量和品质。钾在提高作物抗逆性中有重要作用。陈新平（1993）研究发现，在干旱条件下，施用钾肥的小麦渗透调节能力更强，膨压显著高于未施钾肥处理。汪邓民（1998）认为，在干旱胁迫下，钾素能增强烟草植株对超氧化物歧化酶活性的调节，有利于消除活性氧自由基，减轻干旱胁迫对细胞膜的伤害。夏阳等（2000）研究认为，在 NaCl 造成的盐渍环境中，K^+ 的吸收显得尤其重要，特别是对小麦等拒 Na^+ 植物，要从高的 Na^+/K^+ 比值环境中选择吸收 K^+，以满足植物代谢所需的 K^+ 量。本文研究了钾对盐胁迫下玉米幼苗的生长、细胞膜透性、叶片和根系保护酶活性、有机渗透调节物质含量和离子含量等方面的影响，目的是阐明钾对盐胁迫下玉米幼苗生理特性的影响，并为盐渍土壤的合理施肥提供科学依据。

一、材料与方法

试验材料为玉米品种——郑单 958，种子用 10％的 $NaClO_4$ 消毒 10min，自来水充分冲洗，后用蒸馏水冲洗数遍，28℃萌发，挑选发芽一致的种子培养，培养桶外裹双层黑遮光布。水培至一叶一心后用 1/2 浓度的 Hongland 营养液培养，昼夜温度分别为 28℃和 20℃，每天光照 16h，每 3d 换一次营养液。幼苗三叶一心时进行如下处理：①对照（CK），1/2Hongland（营养液中总 K^+ 浓度为 3 mmol/L）；②处理 1（K1），150 mmol/L NaCl＋1/2 Hongland（营养液中总 K^+ 浓度为 1.5 mmol/L）；③处理 2（K2），150 mmol/L NaCl＋1/2 Hongland（营养液中总 K^+ 浓度为 3 mmol/L）；④处理 3（K3），150 mmol/L NaCl＋1/2 Hongland＋6 mmol/L KCl（营养液中总 K^+ 浓度为 9 mmol/L）；⑤处理 4（K4），150 mmol/L NaCl＋1/2 Hongland＋12 mmol/L KCl（营养液中总 K^+ 浓度为 15 mmol/L）。K1 处理用低 K^+ 浓度的 Hongland 营养液配制，加入 NH_4NO_3，补充由于缺少 KNO_3 而减少的氮营养。处理期间每 2d 换一次营养液，营养液 pH 为 6.2，全天通气培养。处理 6d 后采样测定各项指标，每个处理至少重复 3 次。

二、结果与分析

（一）钾对 NaCl 胁迫下玉米幼苗生长的影响

NaCl 胁迫下，玉米幼苗干重下降，K^+ 浓度为 1.5 mmol/L（K1）处理的单株干重、地上部干重、根系干重分别为对照组的 62.4％、60.2％、68.2％。增加溶液中 K^+ 浓度，植株干重增加，以 K^+ 浓度为 9 mmol/L（K3）时干重增加幅度最大，单株干重、地上部干重、根系干重分别为 K1 处理的 1.35 倍、1.33 倍、1.39 倍。当 K^+ 浓度为 15 mmol/L（K4）时，植株各部分干重并未明显增加，分别为 K1 处理的 1.33 倍、1.33 倍、1.35 倍。表明钾对盐胁迫下玉米的生长有明显的抑制作用，缺钾明显加重盐害，而供钾充足可以缓解这种抑制（图 4-14）。

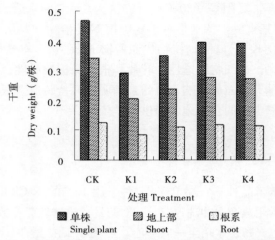

图 4-14 不同浓度 K$^+$ 对 NaCl 胁迫下玉米幼苗生长的影响

Fig. 4-14 Effect of concentration of K$^+$ on the growth of maize seedlings under NaCl stress

（二）钾对 NaCl 胁迫下玉米幼苗叶绿素含量的影响

盐胁迫下，增加溶液中的 K$^+$ 含量，叶绿素 a＋b、叶绿素 a、叶绿素 b 含量增加（图 4-15）。K$^+$ 浓度为 1.5 mmol/L（K1）时，叶绿素 a＋b、叶绿素 a、叶绿素 b 含量分别为对照组的 71.7%、71.8%、71.4%。随着溶液中 K$^+$ 浓度的增加，叶绿素 a＋b、叶绿素 a、叶绿素 b 含量增加。K$^+$ 浓度为 9 mmol/L（K3）

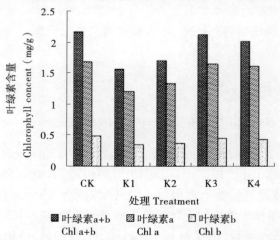

图 4-15 不同浓度 K$^+$ 对 NaCl 胁迫下玉米幼苗叶绿素含量的影响

Fig. 4-15 Effect of concentration of K$^+$ on chlorophyll content of maize seedlings under NaCl stress

时，叶绿素 a＋b、叶绿素 a、叶绿素 b 分别为 K1 处理的 1.35 倍、1.36 倍、1.33 倍；K$^+$ 浓度达到 15 mmol/L（K4）时，叶绿素 a＋b、叶绿素 a、叶绿素 b 含量分别为 K1 处理的 1.29 倍、1.33 倍、1.28 倍。溶液中 K$^+$ 浓度在 1.5～9 mmol/L 范围内，随 K$^+$ 浓度增加，叶绿素 a/b 比值逐渐增加，即盐胁迫下，增加 K$^+$ 浓度可使叶绿素 a 的降解速度小于叶绿素 b 的降解速度，或者是叶绿素 a 的合成速度大于叶绿素 b 的合成速度，进而增强其光合作用，抵御盐分对玉米幼苗造成的伤害；但继续增加 K$^+$ 浓度叶绿素含量有所下降。

（三）钾对 NaCl 胁迫下玉米幼苗叶片细胞膜透性的影响

如图 4-16 所示，盐胁迫下，低钾（K1）处理玉米幼苗叶片的相对电导率大幅度上升，为对照处理的 5.64 倍；增加溶液中 K$^+$ 含量后，相对电导率下降。3 mmol/L（K2）处理，玉米幼苗叶片的相对电导率为 K1 处理的 60.3%；当溶液中 K$^+$ 含量达到 9 mmol/L（K3）时，相对电导率为 K1 处理的 36.2%；继续增加溶液中 K$^+$ 含量，相对电导率不再降低，K$^+$ 浓度为 15 mmol/L（K4）时，相对电导率为 K1 处理的 37.7%。这说明，盐胁迫下缺钾处理导致玉米幼苗叶片膜系统受到严重伤害，透性增加；增加溶液中 K$^+$ 含量可以稳定膜结构，减少电解质渗漏。

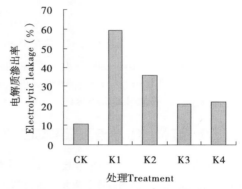

图 4-16　不同浓度 K$^+$ 对 NaCl 胁迫下玉米幼苗细胞膜透性的影响

Fig. 4-16　Effect of concentration of K$^+$ on cell membrane permeability of maize seedlings under NaCl stress

（四）钾对 NaCl 胁迫下玉米幼苗丙二醛含量的影响

如图 4-17 所示，与细胞膜透性变化相似，盐胁迫下低钾（K1）处理也导致叶片和根系中 MDA 大量积累，分别为对照组的 3.66 倍、3.62 倍。随溶液中 K$^+$ 浓度增加，叶片和根系中 MDA 含量降低，但叶片和根系中 MDA 的最低含量并不在同一个 K$^+$ 浓度处理下。叶片中，以 K$^+$ 浓度为 9 mmol/L 处理的 MDA 含量最低，为 K1 处理的 56.4%；根系中，以 K$^+$ 浓度为 15 mmol/L 处理的 MDA 含量最低，为 K1 处理的 48.6%。K$^+$ 浓度处于 9～15 mmol/L 范围内，叶片和根系中 MDA 含量差异未达显著水平。

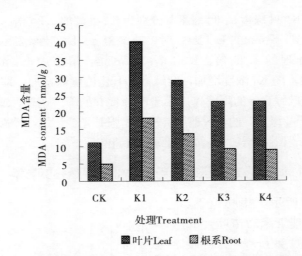

图 4-17　不同浓度 K$^+$ 对 NaCl 胁迫下玉米幼苗 MDA 含量的影响

Fig. 4-17　Effect of concentration of K$^+$ on MDA content of maize seedlings under NaCl stress

（五）钾对 NaCl 胁迫下玉米幼苗 SOD、CAT、POD 活性的影响

玉米植株抗氧化酶活性降低程度是其衰老程度的一种体现，也是玉米遭受逆境胁迫的表现。如图 4-18 所示，低钾使玉米幼苗叶片和根系的 SOD 活性显著下降，K$^+$ 浓度为 1.5 mmol/L（K1）的处理，叶片和根系 SOD 活性分别为对照组的 79.0%、76.0%；K$^+$ 浓度为 3、9、15 mmol/L 时，叶片 SOD 活性分别比 K1 处理提高了 11.7%、17.8% 和 15.6%，根系 SOD 活性分别比 K1 处理提高了 6.0%、18.6% 和 20.4%。如图 4-19 和图 4-20 所示，K$^+$ 浓度为 1.5 mmol/L 时，叶片 CAT 活性和 POD 活性分别为对照组的 78.0% 和 88.0%；根系 CAT 活性和 POD 活性分别为对照组的 95.0% 和 96.0%。K$^+$ 浓度达到 3、9、15 mmol/L 时，叶片 CAT 活性分别比 K1 处理提高

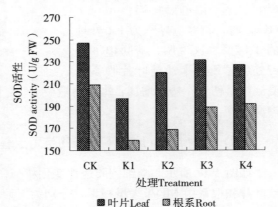

图 4-18　不同浓度 K$^+$ 对 NaCl 胁迫下玉米幼苗 SOD 活性的影响

Fig. 4-18　Effect of concentration of K$^+$ on SOD activity of maize seedlings under NaCl stress

了 57.3％、68.9％和 96.0％，根系 CAT 活性分别比 K1 处理提高了 29.8％、46.9％和 77.0％；叶片 POD 活性分别比 K1 处理提高了 41.1％、31.3％和 60.0％，根系 POD 活性分别比 K1 处理提高了 6.4％、7.1％和 11.5％。以上结果表明，NaCl 胁迫下钾元素缺乏对玉米幼苗叶片和根系的保护酶系统造成严重的伤害，保护酶活性降低，MDA 含量大幅度增加。增加溶液中 K^+ 浓度后，叶片和根系保护酶活性反应一致，均有一定恢复；同时叶片和根系中 MDA 含量下降。以 K^+ 浓度为 15 mmol/L 时的处理效果较好，保护酶活性最高；但与 9 mmol/L K^+ 处理相比，叶片中 MDA 含量和电解质渗透率并未降低，可能高钾处理诱导了其他种类活性氧的产生，因而伤害了膜脂。

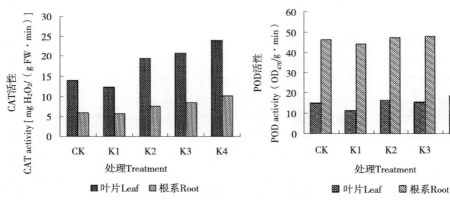

图 4-19　不同浓度 K^+ 对 NaCl 胁迫下玉米
　　　　幼苗 CAT 活性的影响

Fig. 4-19　Effect of concentration of K^+ on CAT activity of maize seedlings under NaCl stress

图 4-20　不同浓度 K^+ 对 NaCl 胁迫下玉
　　　　米幼苗 POD 活性的影响

Fig. 4-20　Effect of concentration of K^+ on POD activity of maize seedlings under NaCl stress

（六）钾对 NaCl 胁迫下玉米幼苗渗透调节物质含量的影响

可溶性糖是植物体内的一种低分子量的有机物质，参与植株的渗透调节，其含量的提高是植物营养器官降低水势、提高吸水能力的一种方式。图 4-21 表明，低钾处理的玉米植株叶片中可溶性糖含量显著上升，而根系可溶性糖含量降低。K^+ 浓度为 1.5 mmol/L（K1）的处理叶片和根系中可溶性糖含量分别是对照组的 1.94 倍和 67.0％，处理间差异达极显著水平（表 4-6）。增加溶液中 K^+ 浓度后，叶片中可溶性糖含量下降，而根系中可溶性糖含量上升。当 K^+ 浓度分别升高到 3、9、15 mmol/L 时，叶片中可溶性糖含量分别比 K1 处理降低了 38.8％、45.1％和 43.0％，而根系中可溶性糖含量分别比 K1 处理升高了 59.3％、48.1％和 79.6％，K2、K3、K4 处理的叶片和根系中可溶性糖含量与 K1 处理间均达极显著水平。在盐胁迫下，增加溶液中 K$^+$ 浓度，可促进可溶性糖向根系运输，使可溶性糖在叶片和根系中分配更合理。

表 4-6　不同浓度 K$^+$ 对 NaCl 胁迫下玉米幼苗可溶性糖、游离氨基酸和可溶性蛋白含量的影响

Table 4-6　Effect of concentration of K$^+$ on soluble sugar，free amino acids and soluble protein proline content of maize seedlings under NaCl stress

指标 Indicator	CK	K1	K2	K3	K4
叶片游离氨基酸含量 Leaf amino acids content（mg/g FW）	0.601 2dC	1.13aA	0.97bAB	0.84cB	1.07abA
根系游离氨基酸含量 Root amino acids content（mg/g FW）	0.521 8bB	0.50bB	0.84aA	0.85aA	0.84aA
叶片可溶性糖含量 Leaf soluble sugar content（μg/g FW）	47.058 4cC	91.30aA	55.85bB	50.16cBC	52.08bcBC
根系可溶性糖含量 Root soluble sugar content（μg/g FW）	35.225 4bB	23.64cC	37.66bB	35.02bB	42.47aA
叶片可溶性蛋白质含量 Leaf soluble protein content（μg/g FW）	5.133 6cC	5.67bB	6.53aA	6.89aA	6.58aA
根系可溶性蛋白质含量 Root soluble protein content（μg/g FW）	2.077 6bBC	1.84cC	2.14bBC	2.23bAB	2.49aA

在盐胁迫下，不同 K$^+$ 浓度处理对植株中游离氨基酸含量的影响不同（图 4-22）。随溶液中 K$^+$ 浓度增加，叶片中游离氨基酸含量呈现"高—低—高"的变化趋势，即低钾处理叶片中的游离氨基酸含量上升，随着 K$^+$ 浓度的增加，游离氨基酸含量有所下降，但在高钾处理下游离氨基酸含量有所升高。K1 处

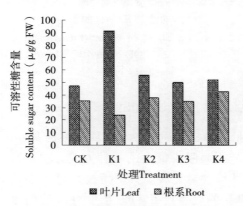

图 4-21　不同浓度 K$^+$ 对 NaCl 胁迫下玉米幼苗可溶性糖含量的影响

Fig. 4-21　Effect of concentration of K$^+$ on the soluble sugar content of maize seedlings under NaCl stress

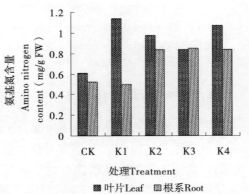

图 4-22　不同浓度 K$^+$ 对 NaCl 胁迫下玉米幼苗游离氨基酸含量的影响

Fig. 4-22　Effect of concentration of K$^+$ on free amino acids content of maize seedlings under NaCl stress

理叶片中游离氨基酸含量是对照组的 1.88 倍，处理间差异达极显著水平，K2、K3、K4 处理叶片中游离氨基酸含量分别是 K1 处理的 86.0%、74.0% 和 95.0%。低钾处理使根系中游离氨基酸含量降低，K1 处理下玉米幼苗根系中游离氨基酸含量是对照组的 95.0%，处理间差异未达显著水平。随着 K^+ 浓度增加，根系中游离氨基酸含量增加，K2、K3、K4 处理叶片中游离氨基酸含量分别比 K1 处理增加了 68.3%、71.1% 和 69.1%。

试验结果表明，NaCl 胁迫下叶片中可溶性蛋白含量随 K^+ 浓度的增加呈现出先增加后降低的趋势（图 4-23）。K1、K2、K3、K4 处理叶片中可溶性蛋白含量分别为对照组的 1.11 倍、1.27 倍、1.34 倍和 1.28 倍，K2、K3、K43 处理间差异未达显著水平，但与 K1 和对照组间差异达极显著水平。与叶片不同，NaCl 胁迫下根系中可溶性蛋白含量随 K^+ 浓度增加而增加，K1、K2、K3、K4 处理根系中可溶性蛋白含量分别是对照组的 89.0%、1.03 倍、1.07 倍和 1.20 倍。

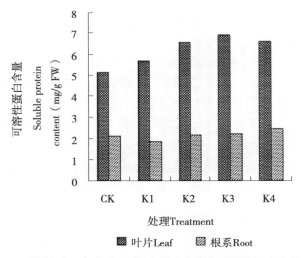

图 4-23　不同浓度 K^+ 对 NaCl 胁迫下玉米幼苗可溶性蛋白含量的影响

Fig. 4-23　Effect of concentration of K^+ on soluble protein content of maize seedlings under NaCl stress

可溶性糖、游离氨基酸和可溶性蛋白是植物体内重要的渗透调节物质。以上结果表明，NaCl 胁迫下，低钾处理使玉米幼苗叶片中可溶性糖、游离氨基酸和可溶性蛋白含量积累，同时各组分在根系中的含量降低。随 K^+ 浓度增加，叶片中可溶性糖、游离氨基酸和可溶性蛋白含量降低，而根系中含量上升。在 NaCl 胁迫下，增加溶液中 K^+ 浓度可以改变可溶性糖、游离氨基酸和可溶性蛋白等物质在植物体内的运输与分配，提高植物的耐盐性。

（七）钾对 NaCl 胁迫下玉米幼苗离子含量的影响

1. 钾对 NaCl 胁迫下玉米幼苗 K+ 含量的影响

试验结果表明，NaCl 胁迫下，营养液中不同 K+ 浓度对玉米幼苗各器官 K+ 含量有显著影响（表 4-7）。根系中 K+ 的含量随营养液中 K+ 浓度的增加而增加，低钾处理（K1）根系中的 K+ 含量仅为对照组的 39.8%；当 K+ 浓度分别增加到 3、9、15 mmol/L 时，根系中 K+ 含量分别比 K1 处理增加 14.0%、55.6%、94.6%，处理间差异达极显著水平。低钾处理使成熟叶叶片中的 K+ 含量降低，为对照组的 72.7%；当溶液中 K+ 浓度由 1.5 mmol/L 增加到 3 mmol/L 时，与 K1 处理相比，K+ 含量增加了 17.4%；当 K+ 浓度增加到 9 和 15 mmol/L 时，成熟叶叶片的 K+ 含量分别比 K1 处理增加了 35.2% 和 39.5%。9 和 15 mmol/L K+ 浓度与对照组间差异未达显著水平，1.5 和 3 mmol/L K+ 浓度与对照组间差异达极显著水平。NaCl 胁迫下，低钾处理（K1）使成熟叶叶鞘中 K+ 含量显著降低，为对照组的 55.4%；随着 K+ 浓度增加，成熟叶叶鞘中 K+ 含量增加，3、9、15 mmol/L 时，成熟叶叶鞘中 K+ 含量分别比 K1 处理增加 19.8%、23.8%、30.0%。3、9 mmol/L K+ 浓度处理间差异未达显著水平，其余处理间差异达显著或极显著水平。生长叶中 K+ 含量也随 K+ 浓度增加而增加，1.5、3、9、15 mmol/L K+ 浓度处理后分别为对照组的 65.1%、73.0%、83.1%、88.1%。9、15 mmol/L K+ 浓度处理间的差异不显著，但与 1.5、3 mmol/L K+ 浓度处理间的差异达极显著水平。

表 4-7　不同浓度 K+ 对 NaCl 胁迫下玉米幼苗 K+ 含量的影响

Table 4-7　Effect of concentration of K+ on K+ content of maize seedlings under NaCl stress（mg/g）

处理 Treatment	根 Root	成熟叶叶片 Mature leaf	成熟叶叶鞘 Mature sheath	生长叶 Young leaf
CK	3.449 6±0.059 4aA	7.900 2±0.107 3aA	12.392 4±0.125 6aA	7.096 7±0.207 5aA
K1	1.371 4±0.038 4eE	5.743 1±0.501 0cC	6.859 5±0.166 3dD	4.618 6±0.214 0dD
K2	1.563 1±0.019 0dD	6.742 7±0.255 3bB	8.219 6±0.228 6cC	5.183 0±0.124 9cC
K3	2.133 4±0.081 3cC	7.766 8±0.358 8aA	8.492 6±0.172 8cBC	5.898 4±0.290 8bB
K4	2.668 9±0.067 7bB	8.008 9±0.141 8aA	8.920 1±0.239 8bB	6.250 2±0.138 6bB

2. 钾对 NaCl 胁迫下玉米幼苗 Na+ 含量的影响

由表 4-8 可知，不同 K+ 浓度处理对 NaCl 胁迫下玉米幼苗各器官中的 Na+ 含量有显著影响。盐胁迫下，低浓度 K+ 处理根系中的 Na+ 含量显著增加，K1 处理根系中 Na^+ 含量为对照组的 2.55 倍；随 K^+ 浓度增加，根系中 Na^+ 含量逐渐降低。当 K^+ 浓度增加到 3 mmol/L（K2）时，根系中 Na^+ 含量为 K1 处理的 90.9%；而 K^+ 浓度增加到 9 mmol/L（K3）、15 mmol/L（K4）时，根系中 K^+ 含量分别比 K1 处理下降了 18.4%、26.6%，处理间差异达显著或极显著水平。NaCl 胁迫下，成熟叶叶鞘中的 Na^+ 含量显著增加，以低钾处理的成熟叶叶鞘中 Na^+ 含量增加幅度最大。K1 处理的成熟叶叶鞘中 Na^+ 含量是对照组的 3.02 倍，两处理间差异达极显著水平。增加溶液中 K^+ 浓度，成熟叶叶鞘中 Na^+ 含量降低，3、9 和 15 mmol/L K^+ 浓度处理成熟叶叶鞘中 Na^+ 含量分别是 K1 处理的 96.2%、90.0%、87.1%，9 和 15 mmol/L K^+ 浓度处理间差异不显著。生长叶中 Na^+ 含量变化与根系和成熟叶叶鞘中的变化相同，即随 K^+ 浓度增加，生长叶中 Na^+ 含量降低，1.5、3、9 和 15 mmol/L K^+ 浓度处理生长叶中 Na^+ 含量分别为对照组的 2.47 倍、2.35 倍、2.10 倍和 1.99 倍。9 和 15 mmol/L K^+ 浓度处理间差异不显著，而与其他处理间差异达极显著水平。在 NaCl 胁迫下，不同 K^+ 浓度处理的成熟叶叶片中 Na^+ 含量无明显规律。

表 4-8　不同浓度 K^+ 对 NaCl 胁迫下玉米幼苗 Na^+ 含量的影响

Table 4-8　Effect of concentration of K^+ on Na^+ content of maize seedlings under NaCl stress.（mg/g）

处理 Treatment	根 Root	成熟叶叶片 Mature leaf	成熟叶叶鞘 Mature sheath	生长叶 Young leaf
CK	4.833 2±0.104 7eD	3.232 2±0.078 1cC	3.850 9±0.108 5dC	3.037 4±0.155 1eD
K1	12.314 3±0.519 5aA	4.970 2±0.092 8aA	11.627 7±0.106 0aA	7.511 7±0.105 8aA
K2	11.195 3±0.102 9bB	4.858 1±0.114 3aA	11.184 7±0.318 8bA	7.132 3±0.146 5bB
K3	10.050 9±0.711 8cC	4.903 1±0.058 3aAB	10.461 0±0.220 4cB	6.378 8±0.083 8cC
K4	9.039 2±0.143 0dC	4.637 9±0.095 6bB	10.130 1±0.215 5cB	6.045 5±0.178 8dC

3. 钾对 NaCl 胁迫下玉米幼苗 Mg^{2+} 含量的影响

盐胁迫下，生长叶中 Mg^{2+} 含量随营养液中 K^+ 浓度增加而增加，3、9 和 15 mmol/L K^+ 浓度处理生长叶中 Mg^{2+} 含量分别为 1.5 mmol/L K^+ 浓度处理的 1.04 倍、1.11 倍和 1.15 倍，不同处理间差异达显著水平。根系中 Mg^{2+} 含量随 K^+ 浓度增加先增高后降低，3、9 和 15 mmol/L K^+ 浓度处理根系中 Mg^{2+} 含量分别为 K1 处理的 1.06 倍、1.09 倍和 1.05 倍，3、9 和 15 mmol/L K^+ 浓度处理间差异未达显著水平。不同 K^+ 浓度处理对成熟叶叶片和成熟叶叶鞘中 Mg^{2+} 含量的影响较小，无明显规律（表 4-9）。

表 4-9 不同浓度 K^+ 对 NaCl 胁迫下玉米幼苗 Mg^{2+} 含量的影响

Table 4-9 **Effect of concentration of K^+ on Mg^{2+} content of maize seedlings under NaCl stress**（mg/g）

处理 Treatment	根 Root	成熟叶叶片 Mature leaf	成熟叶叶鞘 Mature sheath	生长叶 Young leaf
CK	1.000 2±0.009 2aA	0.548 7±0.014 9cB	0.651 2±0.012 0abA	0.482 9±0.011 9aA
K1	0.808 7±0.036 5cC	0.691 1±0.021 2abA	0.625 7±0.006 0bcAB	0.280 7±0.003 8dD
K2	0.858 9±0.029 6bBC	0.689 3±0.001 4abA	0.633 0±0.021 0abcAB	0.294 7±0.003 9cCD
K3	0.888 7±0.008 2bB	0.696 5±0.003 0aA	0.653 8±0.016 9aA	0.312 7±0.009 2bBC
K4	0.853 3±0.022 2bBC	0.664 9±0.017 3bA	0.612 8±0.003 1cB	0.322 6±0.003 0bB

4. 钾对 NaCl 胁迫下玉米幼苗 Ca^{2+} 含量的影响

如表 4-10 所示，NaCl 胁迫使玉米幼苗根系、成熟叶叶鞘中的 Ca^{2+} 含量显著下降。低钾处理下 Ca^{2+} 含量下降幅度最大的是根系，为对照组的 56.2%；成熟叶叶鞘 Ca^{2+} 含量为对照组的 68.4%。当 K^+ 浓度增加到 3 mmol/L（K2）时，根系中 Ca^{2+} 含量为对照组的 78.4%，成熟叶叶鞘中 Ca^{2+} 含量为对照组的 71.7%。9 和 15 mmol/L K^+ 浓度处理，根系中 Ca^{2+} 含量分别为对照组的 84.2% 和 88.5%，成熟叶叶鞘中 Ca^{2+} 含量分别为对照组的 78.0% 和 82.0%。根系和成熟叶叶鞘的各处理间差异达极显著水平。不同 K^+ 浓度处理的生长叶和成熟叶叶片中 Ca^{2+} 含量差异不显著。

表 4-10 不同浓度 K^+ 对 NaCl 胁迫下玉米幼苗 Ca^{2+} 含量的影响

Table 4-10 **Effect of concentration of K^+ on Ca^{2+} content of maize seedlings under NaCl stress**（mg/g）

处理 Treatment	根 Root	成熟叶叶片 Mature leaf	成熟叶叶鞘 Mature sheath	生长叶 Young leaf
CK	1.331 7±0.006 9aA	1.004 5±0.013 9aA	0.727 0±0.013 6aA	0.428 9±0.017 5aA
K1	0.748 1±0.019 3eD	0.996 2±0.012 7aA	0.497 0±0.006 9eE	0.379 0±0.005 1bB
K2	1.044 5±0.043 8dC	1.045 4±0.040 7aA	0.521 0±0.006 8dD	0.383 1±0.005 1bB
K3	1.121 6±0.023 1cB	1.010 1±0.039 6aA	0.567 5±0.002 5cC	0.390 8±0.011 5bB
K4	1.178 0±0.026 6bB	1.038 0±0.037 9aA	0.596 4±0.006 7bB	0.387 2±0.003 7bB

5. 钾对盐胁迫下玉米幼苗 Na^+/K^+ 比值、Na^+/Ca^{2+} 比值的影响

如图 4-24 所示，NaCl 胁迫使各器官的 Na^+/K^+ 比值显著升高，不同 K^+ 浓度处理对各器官的 Na^+/K^+ 比值有显著影响。以成熟叶叶鞘增加幅度最大，1.5 mmol/L K^+ 浓度处理的成熟叶叶鞘中 Na^+/K^+ 比值为对照组的 7.13 倍；

增加溶液中 K$^+$ 浓度，成熟叶叶鞘中 Na$^+$/K$^+$ 比值降低，3、9 和 15 mmol/L K$^+$ 浓度处理成熟叶叶鞘中 K$^+$ 分别为对照组的 5.73 倍、5.18 倍和 4.58 倍。1.5 mmol/L K$^+$ 浓度处理根系中 Na$^+$/K$^+$ 比值为对照组的 6.41 倍，3、9 和 15 mmol/L K$^+$ 浓度处理根系中 Na$^+$/K$^+$ 比值比 1.5 mmol/L K$^+$ 浓度处理分别降低了 20.2%、47.5% 和 62.3%。不同 K$^+$ 浓度处理对生长叶中 Na$^+$/K$^+$ 比值影响大于对成熟叶叶片的影响，1.5 mmol/L K$^+$ 浓度处理生长叶和成熟叶叶片中 Na$^+$/K$^+$ 比值分别为对照组的 3.80 倍和 2.12 倍；随 K$^+$ 浓度增加，Na$^+$/K$^+$ 比值逐渐降低，15 mmol/L K$^+$ 浓度处理生长叶和成熟叶叶片中 Na$^+$/K$^+$ 比值比 1.5 mmol/L K$^+$ 浓度处理分别降低 40.5% 和 33.1%。

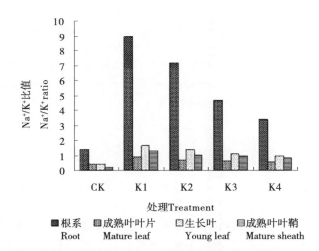

图 4-24 不同浓度 K$^+$ 对 NaCl 胁迫下玉米幼苗 Na$^+$/K$^+$ 比值影响
Fig. 4-24 Effect of concentration of K$^+$ on Na$^+$/K$^+$ ratio of maize seedlings under NaCl stress

如图 4-25 所示，在 NaCl 胁迫下，Na$^+$/Ca^{2+} 比值增加幅度最大的器官是根系，1.5 mmol/L K$^+$ 浓度处理根系的 Na$^+$/Ca^{2+} 比值是对照组的 4.54 倍；其次为成熟叶叶鞘，为对照组的 4.42 倍；生长叶和成熟叶叶片 Na$^+$/Ca^{2+} 比值分别为对照组的 2.80 倍和 1.55 倍。增加溶液中 K$^+$ 浓度，可显著降低各器官中的 Na$^+$/Ca^{2+} 比值，K$^+$ 浓度增加到 3 mmol/L 时，根系、成熟叶叶片、生长叶、成熟叶叶鞘中 Na$^+$/Ca^{2+} 比值比 1.5 mmol/L K$^+$ 浓度处理分别降低 34.9%、6.9%、6.1%、8.2%，以根系降低幅度最大。9 和 15 mmol/L K$^+$ 浓度处理，根系中 Na$^+$/Ca^{2+} 比值比 1.5 mmol/L K$^+$ 浓度处理分别降低 45.6% 和 53.4%，成熟叶叶鞘中比值分别降低 21.2% 和 27.4%，生长叶中比值降低 17.7% 和 21.2%、成熟叶叶片中比值降低 2.7% 和 10.4%。

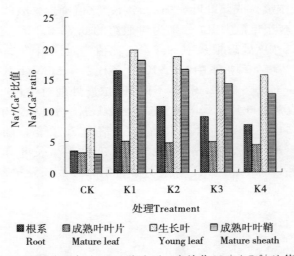

图 4-25　不同浓度 K^+ 对 NaCl 胁迫下玉米幼苗 Na^+/Ca^{2+} 比值的影响

Fig. 4-25　Effect of concentration of K^+ on Na^+/Ca^{2+} ratio of maize seedlings under NaCl stress

三、结论与讨论

钾有两个突出的特点：一是能高速透过生物膜；二是与酶促反应关系密切。钾的这两个突出特点决定其在植物生理生化上起着重要作用。在 NaCl 浓度过高造成的盐渍环境中，适当增加 K^+ 浓度，降低 Na^+/K^+ 比值，有利于植株从外界吸收钾，以维持植株体内离子平衡，从而改善体内代谢环境，提高植株幼苗的耐盐能力。

本试验结果也证实了这一点，盐胁迫下低钾处理玉米幼苗全株、地上部和根系干重下降，随溶液中 K^+ 浓度增加，玉米幼苗地上部、地下部干重明显增加。钾是保持叶绿体结构正常所必需的元素，供给钾素能促进叶部叶绿素的合成和稳定。试验结果表明，盐胁迫下，低钾处理的玉米幼苗叶片中叶绿素 a＋b、叶绿素 a、叶绿素 b 含量下降；增加溶液中 K^+ 浓度，叶绿素 a＋b、叶绿素 a、叶绿素 b 含量均明显增加，同时叶绿素 a/叶绿素 b 比值增加，提高了盐胁迫下玉米幼苗的光合能力。盐胁迫下，低钾处理的玉米幼苗叶片的相对电导率大幅度增加；增加溶液中 K^+ 浓度，相对电导率下降，说明 K^+ 可以稳定盐胁迫下玉米幼苗叶片的细胞膜结构，减少电解质外渗量。这可能是由于外源 K^+ 增加细胞膜上由 K^+ 激活的酶的活性，从而增加了细胞膜结构的稳定性。另外，盐胁迫下，良好的钾素营养可减轻植物吸收水分及离子的不平衡状态，加速代谢过程，使膜蛋白产生适应性变化（张福锁，1993）。盐胁迫条件下，植物体内活性氧积累导致膜脂过氧化而引起膜的伤害，膜脂过氧化的最终分解产物是 MDA。盐胁迫下，低钾处理玉米幼苗叶片和根系中 MDA 含量增加；增加溶液中 K^+ 浓度后，叶片和根系中的 MDA 含量明显降低。说明盐胁迫下，增加溶液中 K^+ 浓度，可以降低膜脂过氧化作用。

NaCl 胁迫下，不同 K^+ 浓度对玉米幼苗叶片和根系中保护酶活性有显著影响。低钾处理叶片和根系中 SOD、POD、CAT 活性降低，盐害加重；随溶液中 K^+ 浓度增加，叶片和根系中 SOD、POD、CAT 活性明显增加，以 9 mmol/L K^+ 浓度处理叶片中 SOD 活性最高，叶片和根系中 POD、CAT 及根系中 SOD 活性均以 15 mmol/L K^+ 浓度处理活性最高。这表明，盐胁迫下如果供钾充足，可以增加玉米幼苗叶片和根系中保护酶活性，降低盐胁迫带来的伤害，这一点在细胞膜透性和 MDA 含量上体现更明显。

盐胁迫下，低钾处理可溶性糖和游离氨基酸含量在玉米幼苗叶片中明显上升，而在根系中含量降低；随溶液中 K^+ 浓度增加，叶片中可溶性糖和游离氨基酸含量降低，根系中含量增加。这表明，盐胁迫下增加溶液中 K^+ 浓度，可以促进可溶性糖和游离氨基酸的运输，使其在叶片和根系中的分配更合理，从而提高植物的耐盐性。盐胁迫下，随溶液中 K^+ 浓度增加，叶片中可溶性蛋白含量呈现先上升后下降的趋势，根系中可溶性蛋白含量随 K^+ 浓度增加而增加。说明盐胁迫下增加溶液中 K^+ 浓度，可以促进玉米幼苗叶片和根系中可溶性蛋白的积累，降低植株的渗透势，提高玉米幼苗的耐盐能力。

在 NaCl 浓度过高造成的盐渍环境中，K^+ 的吸收显得尤为重要，特别是对玉米这样的拒 Na^+ 植物。在这类植物中，K^+ 不能被 Na^+ 所替代，此时植物需要从高的 Na^+/K^+ 环境中选择吸收 K^+，以满足植物代谢所需的 K^+。适当增加 K^+ 的浓度，降低 Na^+/K^+ 比值，更易于植株从外界吸收钾，以维持体内离子平衡，从而改善体内代谢环境。本研究结果表明，盐胁迫下的低钾处理严重破坏了各器官的离子平衡，使 K^+ 含量显著降低，Na^+ 含量显著增加。增加溶液中 K^+ 浓度后，各器官中 K^+ 含量显著增加，而 Na^+ 含量显著降低，各器官的 Na^+/K^+ 比值降低。随溶液中 K^+ 浓度增加，根系和成熟叶叶鞘中 Ca^{2+} 含量降低，而生长叶和成熟叶叶片的变化规律并不明显；但各器官的 Na^+/Ca^{2+} 比值降低。表明盐胁迫下增加溶液中 K^+ 浓度可以限制植株对 Na^+ 的吸收，保持 Na^+ 与 K^+ 和 Ca^{2+} 的平衡，降低了 Na^+ 对玉米幼苗的伤害。

本研究中，K^+ 浓度由 1.5 mmol/L 增加到 9 mmol/L 时，玉米幼苗的干重、叶绿素含量、保护酶活性和渗透调节物质含量等均大幅度增加，细胞膜透性、MDA 含量显著降低；而当 K^+ 浓度由 9 mmol/L 增加到 15 mmol/L 时，玉米幼苗的干重、叶绿素含量等并未继续增加，而细胞膜透性、MDA 含量等有所增加，这可能是由于玉米幼苗对钾的吸收具有奢侈吸收特点。供钾不足的情况下，K^+ 利用率增加，此时增加溶液中 K^+ 浓度，钾的作用表现更为明显；而当植株体内 K^+ 浓度达到一定量以后，钾的利用率降低，所以对盐害的缓解作用降低，浓度过高的钾还会对植株造成伤害。

以上研究结果表明，钾可以缓解 NaCl 胁迫造成的伤害，其作用机理可概括为：①盐胁迫下适当增加溶液中 K^+ 浓度，可以提高玉米幼苗叶片中叶绿素含量，使光合能力增强。②钾可保护盐胁迫下细胞膜结构的稳定性，降低电解质渗出率。③增加盐胁迫下溶液中 K^+ 浓度，玉米幼苗叶片和根系中保护酶活性增加，降低了活性氧对植株的伤害。④钾能够提高玉米幼苗叶片和根系中游离氨基酸、可溶性蛋白和可溶性糖含量，降低细胞渗透势，同时调节其在植株体内的运输分配。⑤增加溶液中 K^+ 浓度，可在一定程度上弥补盐胁迫导致的 K^+ 亏缺造成的离子失衡，降低各器官的 Na^+/K^+ 比值与 Na^+/Ca^{2+} 比值，使植物维持较正常的生理活动。但是，钾对玉米幼苗盐害的缓解是一个非常复杂的过程，除 SOD、POD、CAT 外，APX、AsA、GR 以及 GsM 等的活性对抗氧化作用都有重要贡献。同时，脯氨酸、甜菜碱等也参与了植物的渗透调节，多胺也可直接或间接地作为自由基清除剂而起作用。此外，钾对盐胁迫下活性氧含量也有影响。今后应加强这方面的研究。同时，对于钾是通过什么途径促进植物生长、激活活性氧清除酶的活性，这些都有待于进一步研究。

第三节　外源磷对盐胁迫下玉米幼苗的缓解效应

磷是所有作物生长的必需营养元素，是细胞质、细胞核、核苷酸和酶的组成成分，也是植物体内能量的主要组分和主要提供者（李合生，2002；Bouler，1966）。我国土壤中可溶性磷酸盐含量为 $1.5\mu mol/L$ 左右，这远不能满足作物生长的需要，因此，我国大部分地区的土壤普遍缺磷。磷已成为限制作物生长的重要因子。磷素营养在旱地农业生产中具有重要的作用，诸多研究表明，磷肥能促进根系生长，改善根系生理特性，提高作物的水分利用效率。同时，磷通过改变细胞原生质的黏度和弹性而使束缚水含量增加，降低了叶片的蒸腾强度，提高了植物忍受干旱伤害的能力。施磷也能促进叶绿素含量增加，严重干旱下磷素使光合作用的 CO_2 补偿点显著降低，提高了作物单叶的净光合速率。梁银丽等（1999）试验证实，土壤干旱下，磷素营养可提高小麦根系比表面积、根水势、根长和根干重，降低根系呼吸速率，明显促进春小麦生长发育，增大叶面积和生物量，提高籽粒产量和水分利用效率。冯固（2000）认为，菌根真菌提高植物耐盐性的作用受土壤供磷状况制约。而有关磷对盐胁迫下作物生理特性影响的报道较少，本文研究了不同磷浓度对盐胁迫下玉米幼苗生理特性的影响，为磷素缓解作物盐害的内在机理提供科学依据。

一、材料与方法

供试材料为较耐盐的玉米品种——郑单 958，种子用 10％的 $NaClO_4$ 消毒 10min，用自来水充分冲洗，后用蒸馏水冲洗数遍，28℃萌发，挑选发芽一致的种子培养，培养桶外裹双层黑遮光布。水培至一叶一心，后用 1/2 浓度的 Hongland 营养液培养，昼夜温度分别为 28℃和 20℃，每天光照 16h，每 3d 换一次营养液。幼苗三叶一心时进行处理：磷以 NaH_2PO_4 形式供应，设置 3 个磷水平，0.25 mmol/L（低磷）、0.5 mmol/L（正常）、1 mmol/L（高磷）。4 个处理分别为①对照（CK）：1/2 Hongland（营养液中总磷浓度为 0.5 mmol/L）；②处理 1（P1）：150 mmol/L NaCl＋1/2 Hongland［营养液为低磷营养液，总磷浓度为 0.25 mmol/L，加入 NH_4NO_3 补充其中因低 $(NH_4)_2HPO_4$ 而减少的氮营养］；③处理 2（P2）：150 mmol/L NaCl＋1/2 Hongland（营养液中总磷浓度为 0.5 mmol/L）；④处理 3（P3）：150 mmol/L NaCl＋1/2 Hongland＋0.5 mmol/L NaH_2PO_4（营养液中总磷浓度为 1.0 mmol/L）。处理期间每 2d 换一次营养液，营养液 pH 为 6.2，全天通气培养。处理 6d 后采样测定各项指标，每个处理至少重复 3 次。

二、结果与分析

（一）磷对 NaCl 胁迫下玉米幼苗生长的影响

如表 4-11 显示，与对照组相比，盐胁迫下低磷处理（P1）各器官干重显著下降，根系、生长叶、成熟叶叶片和成熟叶叶鞘干重分别为对照组的 58.7％、53.4％、76.6％和 62.4％，与对照组差异达极显著水平。随营养液中磷含量增加，各器官干重增加，高磷处理（P3）的玉米幼苗各器官干重显著高于低磷处理，根系、生长叶、成熟叶叶片和成熟叶叶鞘干重分别比 P1 处理增加了 36.6％、36.5％、20.4％和 3.7％。P3 与 P1 处理的根系、成熟叶叶片和生长叶干重处理间差异达极显著水平。盐胁迫下，低磷处理根冠比降低；随营养液中磷含量增加，玉米幼苗的根冠比增加。说明盐胁迫下缺磷处理根系受伤害更严重，增加磷含量能缓解盐胁迫对玉米幼苗生长的抑制，增加植株干物质积累，促进根系生长，增强植株的耐盐能力。

表 4-11　不同浓度磷处理对 NaCl 胁迫下玉米幼苗不同部分干重的影响
Table 4-11　Effect of concentration of P on dry weight of different parts of maize seedlings under NaCl stress（g）

处理 Treatment	根 Root	成熟叶叶片 Mature leaf	成熟叶叶鞘 Mature sheath	生长叶 Young leaf
CK	0.145±0.004aA	0.149±0.008aA	0.085±0.002aA	0.149±0.009aA
P1	0.085±0.005cC	0.114±0.005cC	0.053±0.001bB	0.079±0.005cC
P2	0.125±0.007bB	0.126±0.005bBC	0.055±0.001bB	0.087±0.004cBC
P3	0.144±0.005aA	0.137±0.006abAB	0.055±0.009bB	0.108±0.013bB

（二）磷对 NaCl 胁迫下玉米幼苗含水量的影响

如表 4-12 所示，盐胁迫下，低磷处理与正常供磷相比各器官含水量显著下降；继续增加磷含量，各器官含水量增加，但正常供磷与高磷处理间含水量差异未达显著水平。增加营养液中磷含量使盐胁迫下玉米幼苗各器官含水量增加，减轻盐胁迫带来的水分亏缺和由此带来的次生伤害。

表 4-12　不同浓度磷处理对 NaCl 胁迫下玉米幼苗含水量的影响
Table 4-12　Effect of concentration of P on water content of maize seedlings under NaCl stress（g）

处理 Treatment	根 Root	成熟叶叶片 Mature leaf	成熟叶叶鞘 Mature sheath	生长叶 Young leaf
CK	90.72±0.67aA	93.63±0.52aA	95.54±0.40aA	93.50±0.87aA
P1	86.88±0.35cB	89.97±1.10cB	92.75±0.21cB	87.72±1.12cB
P2	88.70±1.51bAB	91.50±0.34bB	94.35±0.78bAB	90.62±1.46bAB
P3	89.57±0.16abA	91.78±0.41bB	95.19±0.78abA	91.19±0.90bA

（三）磷对 NaCl 胁迫下玉米幼苗叶绿素含量的影响

如图 4-26 所示，盐胁迫下，正常供磷处理的玉米幼苗中叶绿素 a＋b、叶绿素 a、叶绿素 b 含量均下降，分别为对照组的 84.6%、84.8% 和 84.0%；低磷处理的叶绿素 a＋b、叶绿素 a、叶绿素 b 含量进一步降低，分别为对照组的 81.5%、82.4% 和 78.6%；高磷处理叶绿素 a＋b、叶绿素 a、叶绿素 b 含量均明显增加，分别为对照组的 91.0%、91.0% 和 91.1%。以低磷处理叶绿素 a/叶绿素 b 比值最高，随着磷含量的增加，叶绿素 a/叶绿素 b 比值逐渐降低。表明盐胁迫导致叶绿素分解加快，增加磷含量可以抑制叶绿素的分解，而叶绿素 b 比叶绿素 a 对营养液中磷含量的变化更为敏感。

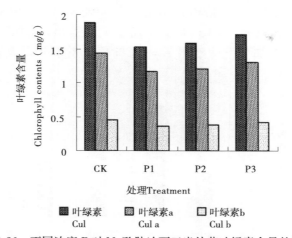

图 4-26　不同浓度 P 对 NaCl 胁迫下玉米幼苗叶绿素含量的影响

Fig. 4-26　Effect of concentration of P on chlorophyll content of maize seedlings under NaCl stress

（四）磷对 NaCl 胁迫下玉米幼苗叶片细胞膜透性的影响

如图 4-27 所示，盐胁迫下玉米幼苗的电解质外渗率增加。盐胁迫下，正常供磷处理（P2）的电解质外渗率是对照组的 2.88 倍；而低磷处理（P1）细胞的电解质外渗率增加，是对照组的 4.32 倍；增加磷含量，电解质外渗率降低，高磷处理（P1）电解质外渗率为对照组的 2.10 倍。这表明盐胁迫对玉米幼苗叶片的膜系统受到伤害，导致电解质外渗率增加，而低磷处理加剧了膜受伤害的程度；增加营养液中磷含量，电解质外渗率降低，即盐胁迫下适当增加磷含量有助于稳定细胞膜结构，缓解盐胁迫对植物造成的伤害。

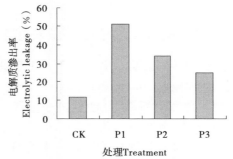

图 4-27　不同浓度 P 对 NaCl 胁迫下细胞膜透性的影响

Fig. 4-27　Effect of concentration of P on cell membrane permeability of maize seedlings under NaCl stress

（五）磷对 NaCl 胁迫下玉米幼苗 MDA 含量的影响

如图 4-28 所示，盐胁迫导致玉米幼苗叶片和根系中膜脂过氧化产物 MDA 含量大幅度增加。盐胁迫下，正常供磷处理玉米幼苗叶片和根系中 MDA 含量分别为对照组的 2.01 倍和 1.87 倍；低磷处理叶片和根系中 MDA 含量增加，分别为对照组的 2.51 倍和 2.81 倍；高磷处理叶片和根系中 MDA 含量降低，分别为对照组的 1.24 倍和 1.52 倍。可以看出，盐胁迫下低磷处理根系中 MDA 含量增加幅度大于叶片，这与对根系干物质重的分析结果相吻合。

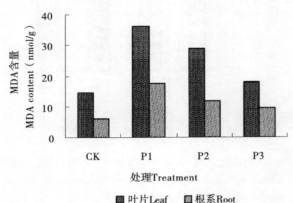

图 4-28　不同浓度 P 对 NaCl 胁迫下玉米幼苗 MDA 含量的影响

Fig. 4-28　Effect of concentration of P on MDA content of maize seedlings under NaCl stress

（六）磷对 NaCl 胁迫下玉米幼苗 SOD、CAT、POD 活性的影响

如图 4-29 所示，盐胁迫下，正常供磷处理叶片和根系 SOD 活性降低，分别为对照组的 90.5% 和 88.3%；低磷处理叶片和根系 SOD 活性进一步降低，分别为对照组的 80.0% 和 71.6%；高磷处理显著提高玉米幼苗叶片和根系 SOD 活性，分别为对照组的 97.5% 和 106.6%。由图 4-30 可以看出，盐胁迫下，正常供磷处理的玉米幼苗叶片和根系 CAT 活性增加，分别为对照组的 1.20 倍、1.24 倍；而低磷处理的玉米幼苗叶片和根系 CAT 活性显著下降，分别为正常供磷处理的 52.1%、52.2%；增加营养液中磷含量，叶片和根系 CAT 活性升高，分别为正常供磷处理的 1.11 倍和 1.30 倍。盐胁迫下，不同浓度磷

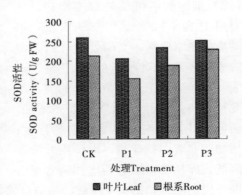

图 4-29　不同浓度 P 对 NaCl 胁迫下玉米幼苗 SOD 活性的影响

Fig. 4-29　Effect of concentration of P on SOD activity of maize seedlings under NaCl stress

处理玉米幼苗叶片和根系 POD 活性不同（图 4-31）。随营养液中磷含量增加而增加，P1、P2、P3 处理叶片 POD 活性分别为对照组的 78.6％、110.4％、112.7％，根系 POD 活性分别为对照组的 89.5％、109.4％、110.3％。由以上结果可以看出，盐胁迫下不同浓度磷处理对玉米幼苗叶片和根系保护酶活性有显著的影响，盐胁迫下低磷处理的玉米幼苗叶片和根系的保护酶活性大幅度下降，而此时叶片和根系的 MDA 含量也是最高的。这说明低磷处理玉米幼苗受到严重伤害，增加营养液中磷含量，保护酶活性增加，活性氧清除能力增加，MDA 含量降低，盐害得到一定程度的缓解。

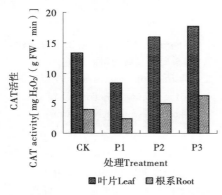

图 4-30　不同浓度 P 对 NaCl 胁迫下
　　　　玉米幼苗 CAT 活性的影响

Fig. 4-30　Effect of concentration of P
　　　　on CAT activity of maize
　　　　seedlings under NaCl stress

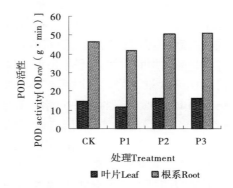

图 4-31　不同浓度 P 对 NaCl 胁迫下玉
　　　　米幼苗 POD 活性的影响

Fig. 4-31　Effect of concentration of P
　　　　on POD activity of maize
　　　　seedlings under NaCl stress

（七）磷对 NaCl 胁迫下玉米幼苗渗透调节物质含量的影响

由图 4-32 可以看出，盐胁迫下，随营养液中磷含量的增加，叶片中游离氨基酸含量逐渐降低，而根系中游离氨基酸含量逐渐增加。正常供磷处理的玉米幼苗叶片和根系中游离氨基酸含量与对照组相比有所增加，分别为对照组的 1.82 和 1.62 倍，处理间差异达极显著水平。低磷处理的玉米幼苗，叶片中游离氨基酸含量大幅度上升，为对照组的 2.27 倍；而根系中游离氨基酸含量下降，为对照组的 64.0％，且与对照组间差异均达极显著水平（表 4-13）。高磷处理玉米幼苗，叶片中游离氨基酸含量与正常供磷处理相比有所降低，为对照组的 1.66 倍；根系中比正常供磷处理略有增加，为对照组的 1.65 倍，两处理间差异均未达显著水平。盐胁迫下，低磷处理叶片中可溶性蛋白含量降低为对照组的 89.8％，根系中可溶性蛋白含量为对照组的 1.04 倍。P2、P3 处理叶片中可溶性蛋白含量分别为对照组的 1.44 倍、1.28 倍，根系中可溶性蛋白含量分别为对照组的 1.23 倍、1.26 倍。盐胁迫下，玉米幼苗叶片中可溶性糖含量增加，以低磷处理叶片中可溶性糖含量最高，为对照组的 3.27 倍，与对照组差异达极显著水平。随溶液中磷含量增加，叶片中可溶性糖含量降低，P2、P3 处理叶片中可溶性糖含量分别为对照组的 2.59 倍、2.36 倍，两处理间差异未达显著水平，但与对照组间差异达极显著水平。与叶片不同，根系中可溶性糖含量随营养液中磷含量的增加而增加，低磷处理根系中可溶性糖含量下降，为对照组的 0.63 倍；而 P2、P3 处理根系中可溶性糖含量分别为对照组的 1.77 倍、1.94 倍。

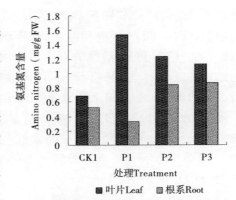

图 4-32　不同浓度 P 对 NaCl 胁迫下玉米幼苗游离氨基酸含量的影响

Fig. 4-32　Effect of concentration of P on free amino acids content of maize seedlings under NaCl stress

可见，盐胁迫下，低磷处理导致玉米幼苗根系中渗透调节物质游离氨基酸、可溶性蛋白、可溶性糖含量下降，渗透势增加，渗透调节能力降低；而叶片中游离氨基酸和可溶性糖含量大幅度增加，渗透调节物质分配不平衡，代谢紊乱，玉米幼苗盐害加重。增加磷含量可以促进游离氨基酸、可溶性蛋白和可溶性糖的运输与分配，提高植株的渗透调节能力，从而缓解盐胁迫带来的伤害。

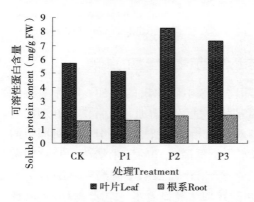

图 4-33　不同浓度 P 对 NaCl 胁迫下玉米幼苗可溶性蛋白含量的影响

Fig. 4-33　Effect of concentration of P on soluble protein content of maize seedlings under NaCl stress

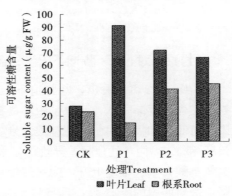

图 4-34　不同浓度 P 对 NaCl 胁迫下玉米幼苗可溶性糖含量的影响

Fig. 4-34　Effect of concentration of P on the soluble sugar content of maize seedlings under NaCl stress

表 4-13 不同浓度 P 对 NaCl 胁迫下玉米幼苗可溶性糖、游离氨基酸和
可溶性蛋白含量的影响

Table 4-13 Effect of concentration of P on soluble sugar, free amino acids and
soluble protein proline content of maize seedlings under NaCl stress

指标 Indicator	CK	P1	P2	P3
叶片可溶性糖含量 Leaf soluble sugar content (μg/g FW)	27.916 5cC	91.36aA	72.29bB	65.90bB
根系可溶性糖含量 Root soluble sugar content (μg/g FW)	23.294 1bB	14.71cB	41.19aA	45.15aA
叶片游离氨基酸含量 Leaf amino acids content (mg/g FW)	0.679 3cC	1.54aA	1.23bB	1.13bB
根系游离氨基酸含量 Root amino acids content (mg/g FW)	0.521 8bB	0.33cC	0.85aA	0.86aA
叶片可溶性蛋白质含量 Leaf soluble protein content (μg/g FW)	5.745 6cC	5.16dC	8.29aA	7.34bB
根系可溶性蛋白质含量 Root soluble protein content (μg/g FW)	1.602 1bA	1.67bA	1.97aA	2.01aA

（八）磷对 NaCl 胁迫下玉米幼苗离子含量的影响

磷对盐胁迫下玉米幼苗各器官的离子含量有显著的影响（表 4-14 至表 4-17）。盐胁迫导致玉米幼苗各器官的 K^+ 含量降低、Na^+ 含量上升；低磷处理（P1）更进一步降低了各器官的 K^+ 含量，根系、成熟叶叶片、成熟叶叶鞘、生长叶中 K^+ 含量分别为正常供磷（P2）处理的 93.4%、87.4%、85.9%和 98.0%；高磷处理（P3）各器官 K^+ 含量增加，根系、成熟叶叶片、成熟叶叶鞘、生长叶中 K^+ 含量分别为正常供磷处理（P2）的 1.23 倍、1.04 倍、1.13 倍、1.08 倍。不同浓度磷处理的根系和成熟叶叶鞘中 K^+ 含量差异达显著或极显著水平。在 NaCl 胁迫下，玉米幼苗各器官的 Na^+ 含量显著增加，以低磷处理（P1）的玉米幼苗各器官的 Na^+ 含量最高，根系、成熟叶叶片、成熟叶叶鞘、生长叶中 Na^+ 含量分别为正常供磷处理（P2）的 1.06 倍、1.13 倍、1.03 倍、1.07 倍；高磷处理（P3）各器官 Na^+ 含量下降，分别为正常供磷处理（P2）的 96.7%、96.7%、91.1%和 99.6%。盐胁迫下，不同磷含量处理的玉米幼苗根系和生长叶中 Mg^{2+} 含量随磷浓度增加而增加，低磷与高磷处理间差异达显著水平。不同磷含量处理对成熟叶叶片和成熟叶叶鞘中 Mg^{2+} 含量的影响无明显规律性。盐胁迫下，根系、成熟叶叶鞘中 Ca^{2+} 含量显著下降，以 P1 处理下降幅度最大，分别为对照组的 75.7%和 63.0%。随着磷含量的增加，根系和成熟叶叶鞘中 Ca^{2+} 含量逐渐增加，P3 处理比 P1 处理分别增加了 21.5%和 9.1%；生长叶中 Ca^{2+} 含量以 P2 处理最低，但 P1、P2、P3 处理间差异未达显著水平；成熟叶叶片中 Ca^{2+} 含量增加，P1、P2、P3 处理 Ca^{2+} 含量分别比对照组增加了 14.5%、24.0%和 45.5%。

表 4-14 不同浓度 P 对 NaCl 胁迫下玉米幼苗 K$^+$ 含量的影响

Table 4-14 Effect of concentration of P on K$^+$ content of maize seedlings under NaCl stress （mg/g）

处理 Treatment	根 Root	成熟叶叶片 Mature leaf	成熟叶叶鞘 Mature sheath	生长叶 Young leaf
CK	3.450±0.054aA	7.900±0.200aA	12.390±0.130aA	7.100±0.230aA
P1	1.460±0.058dC	5.890±0.350cB	7.290±0.200dD	6.130±0.370bB
P2	1.560±0.019cC	6.740±0.990bcAB	8.480±0.003cC	6.260±0.002bB
P3	1.920±0.0336bB	7.040±0.240abAB	9.590±0.370bB	6.730±0.080aAB

表 4-15 不同浓度 P 对 NaCl 胁迫下玉米幼苗 Na$^+$ 含量的影响

Table 4-15 Effect of concentration of P on Na$^+$ content of maize seedlings under NaCl stress （mg/g）

处理 Treatment	根 Root	成熟叶叶片 Mature leaf	成熟叶叶鞘 Mature sheath	生长叶 Young leaf
CK	4.83±0.24cC	3.23±0.08cC	2.27±0.06cC	3.04±0.16cC
P1	12.82±0.26aA	6.68±0.21aA	9.73±0.31aA	7.16±0.16aA
P2	12.10±0.28bB	6.00±0.10bB	9.44±0.18aA	6.63±0.15bB
P3	11.69±0.24bB	5.80±0.27bB	8.60±0.25bB	6.60±0.07bB

表 4-16 不同浓度 P 对 NaCl 胁迫下玉米幼苗 Mg^{2+} 含量的影响

Table 4-16 Effect of concentration of P on Mg^{2+} content of maize seedlings under NaCl stress （mg/g）

处理 Treatment	根 Root	成熟叶叶片 Mature leaf	成熟叶叶鞘 Mature sheath	生长叶 Young leaf
CK	1.000±0.010aA	0.550±0.010cB	0.650±0.010aA	0.489±0.010aA
P1	0.860±0.010cC	0.780±0.210bAB	0.640±0.020aA	0.450±0.010bA
P2	0.870±0.003cBC	0.690±0.001bcB	0.630±0.020aA	0.480±0.010aA
P3	0.890±0.010bB	1.049±0.010aA	0.640±0.005aA	0.490±0.020aA

表 4-17 不同浓度 P 对 NaCl 胁迫下玉米幼苗 Ca^{2+} 含量的影响

Table 4-17 Effect of concentration of P on Ca^{2+} content of maize seedlings under NaCl stress （mg/g）

处理 Treatment	根 Root	成熟叶叶片 Mature leaf	成熟叶叶鞘 Mature sheath	生长叶 Young leaf
CK	0.730±0.100aA	1.000±0.010bA	1.210±0.030aA	0.430±0.020aA
P1	0.550±0.020cB	1.150±0.290abA	0.760±0.004cC	0.360±0.030bAB
P2	0.590±0.008bcAB	1.250±0.310abA	0.800±0.020bBC	0.340±0.004bB
P3	0.670±0.030abAB	1.460±0.010aA	0.830±0.010bB	0.360±0.030bAB

（九）磷对 NaCl 胁迫下玉米幼苗 Na$^+$/K$^+$ 比值、Na$^+$/Ca^{2+} 比值的影响

如图 4-35 所示，盐胁迫下，低磷处理各器官的 Na$^+$/K$^+$ 比值明显升高，

根系、成熟叶叶片、成熟叶叶鞘、生长叶中 Na^+/K^+ 比值分别为对照组的 6.27 倍、2.77 倍、7.31 倍、2.73 倍。随着磷含量的增加，各器官 Na^+/K^+ 比值降低，正常供磷处理根系、成熟叶叶片、成熟叶叶鞘、生长叶中 Na^+/K^+ 比值分别为对照组的 5.52 倍、2.17 倍、6.09 倍、2.48 倍；高磷处理各器官 Na^+/K^+ 比值进一步降低，根系、成熟叶叶片、成熟叶叶鞘、生长叶中 Na^+/K^+ 比值分别为对照组的 4.35 倍、2.01 倍、4.91 倍和 2.29 倍。如图 4-36

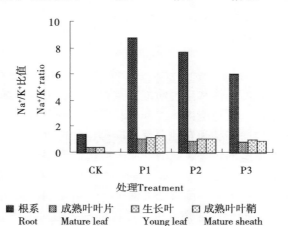

图 4-35　不同浓度 P 对 NaCl 胁迫下玉米幼苗 Na^+/K^+ 比值的影响

Fig. 4-35　Effect of concentration of P on Na^+/K^+ ratio of maize seedlings under NaCl stress

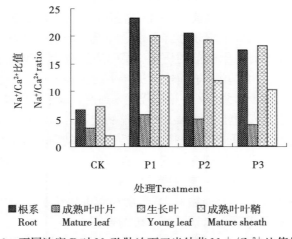

图 4-36　不同浓度 P 对 NaCl 胁迫下玉米幼苗 Na^+/Ca^{2+} 比值的影响

Fig. 4-36　Effect of concentration of P on Na^+/Ca^{2+} ratio of maize seedlings under NaCl stress

所示，盐胁迫下，玉米幼苗各器官的 Na^+/Ca^{2+} 比值大幅度增加，以低磷处理增加幅度最大，根系、成熟叶叶片、成熟叶叶鞘、生长叶中 Na^+/Ca^{2+} 比值分别为正常供磷的 1.12 倍、1.21 倍、1.08 倍和 1.05 倍；增加磷含量，明显降低各器官的 Na^+/Ca^{2+} 比值，高浓度磷处理下根系、成熟叶叶片、成熟叶叶鞘、生长叶中 Na^+/Ca^{2+} 比值分别为正常供磷的 84.5%、82.4%、87.6%和 94.8%。

三、结论与讨论

磷是植物生长必需的大量元素，是细胞质、生物膜、细胞核的组成成分。因此，磷对植物细胞的结构和生理功能有重要作用，可维持细胞壁、细胞膜及膜结合蛋白的稳定性，参与胞内稳态和生长发育的调节过程。在盐胁迫下，抑制磷在植物根细胞内的移动和在地上部不同部位的再分配，植物为了维持生长需要，就必须累积更多的磷。磷能增强原生质抗渗透胁迫能力，从而提高一些作物的抗旱耐盐能力（郭延平，2002），而有关磷增强植物耐盐机理的报道甚少。本研究结果表明，盐胁迫下，低磷处理使玉米幼苗受到严重伤害，各器官干物质含量下降，根冠比降低；增施磷可明显缓解盐胁迫对玉米幼苗生长的抑制，各器官干物质积累增加，同时根冠比增加。这说明盐胁迫下缺磷处理根系受伤害更严重，增加磷含量能缓解盐胁迫对植株干物质积累的影响，促进根系生长，增强植株的耐盐能力。水分代谢是衡量植物生理功能和生长发育的重要指标。张岁岐等（2000）认为，施用磷肥明显提高细胞胶体水合程度和束缚水含量，显著增强组织耐脱水能力和保水能力。磷对盐胁迫下玉米幼苗各器官含水量有显著影响。本研究中，低磷处理各器官含水量降低；增加磷含量，各器官含水量增加，缓解了盐胁迫对玉米幼苗的伤害。说明增加磷含量改善了植株体内的水分代谢状况，缓解了由于盐胁迫而使植株产生的生理干旱，为盐胁迫下玉米幼苗维持较高水势、减少水分丧失，增强代谢，加速合成干物质提供了良好条件。

膜系统是植物遭受盐害的主要部位。盐胁迫下，玉米幼苗细胞膜透性随磷含量的变化而变化，以低磷处理细胞膜透性最大，幼苗受害最严重；随磷含量增加，玉米幼苗细胞膜透性逐渐降低。由此可见，磷作为生物膜的组成成分之一，盐胁迫下其供应量直接影响到膜结构的稳定程度。盐胁迫下，低磷处理对玉米幼苗来说无异于"雪上加霜"，适当增加磷的供应量，有助于稳定细胞膜结构，从而降低盐胁迫对玉米幼苗膜系统的伤害。

杨俊兴等（2003）认为，磷之所以能提高植物的抗渗透胁迫能力，是因为磷可以提高细胞结构的充水度和胶体束缚水的能力，减少细胞水分的损失，并增加原生质的弹性，从而增加原生质对局部脱水的抵抗力，同时维持和调节植物体内新陈代谢过程，相应地增加体内可溶性糖类等渗透调节物质的浓度。冯固等（2000）发现，AM 真菌侵染改变了磷在玉米体内的分配规律，使累积于根内的磷的量相对提高，促使根部累积大量可溶性有机物，从而提高菌根植物的抗盐能力。本研究结果表明，磷对盐胁迫下玉米幼苗渗透调节物质含量有显著影响。与正常供磷相比，低磷处理叶片中游离氨基酸和可溶性糖含量显著升高。逆境条件下，可溶性糖和游离氨基酸的积累可以维持细胞水势，但并非越多越好。因为随着可溶性糖的不断积累，糖利用率降低，且积累有机物质需要大量能耗，从而导致光合作用受抑制；而某些游离氨基酸（异亮氨酸、鸟氨酸、精氨酸）转化成具有一定毒性的腐胺与尸胺，可被氧化为 NH_3 和 H_2O_2，对植物细胞造成伤害。可溶性糖和游离氨基酸在根系中含量显著下降，细胞渗透调节能力下降，代谢紊乱，盐害加剧。说明盐胁迫下，低磷处理限制了光合产物的运输与分配，导致叶片和根系受害；高磷处理可溶性糖和游离氨基酸在叶片中含量下降，在根系中含量上升，表明盐胁迫下增加磷含量有助于维持植株的代谢平衡，促进可溶性糖和游离氨基酸的运输与分配，增加根系中渗透调节物质的含量，增强植株的渗透调节能力，从而缓解盐胁迫带来的伤害。低磷导致叶片中可溶性蛋白含量下降，可能是由于低磷导致蛋白质的合成受阻，或蛋白质降解加快；增加磷含量，叶片和根系中可溶性蛋白含量增加。可溶性蛋白与调节植物细胞的渗透势有关，高含量的可溶性蛋白可帮助维持植物细胞较低的渗透势，抵抗逆境带来的胁迫（汤章城，1999）。即盐胁迫下，增加磷含量可以促进蛋白质的合成，或抑制蛋白质的降解。

盐胁迫下，植物组织中活性氧生成速率大于清除速率，使植物膜系统受到伤害，SOD、CAT 和 POD 活性也发生变化。植物在逆境条件下受到的伤害或植物对逆境的不同抵抗力往往与体内保护酶活性有关，而在这些保护酶中，以 SOD 最为重要，SOD 活性的下降与植物体的衰老是呈正相关的（Yu，1999）。本研究结果表明，盐胁迫下，不同磷含量对玉米幼苗叶片和根系 SOD、CAT 和 POD 活性有显著影响。与正常供磷相比，低磷处理叶片和根系 SOD、CAT 和 POD 活性明显降低；增加磷含量，叶片和根系 SOD、CAT 和 POD 活性明显增加，以高磷处理酶活性最高。其中，叶片 SOD 活性恢复至接近对照组水平，而根系 SOD 活性大于对照组，CAT 和 POD 活性大于对照组。这表明，高磷处理有效地诱导了三种保护酶活性的增强，盐害得到一定程度的缓解。活性氧、超氧自由基的积累会导致膜脂过氧化，而 MDA 是其终产物之一。对MDA 含量的分析可以看出，低磷处理叶片和根系中 MDA 的含量显著增加，且在根系中的增幅大于叶片；随磷含量增加，叶片和根系中 MDA 含量下降。结合对 SOD、CAT 和 POD 活性分析可见，盐胁迫下低磷处理导致玉米幼苗自身保护能力降低，SOD、CAT、POD 的合成受到影响，进而活性下降，导致植株自身清除活性氧的能力降低；也可能是低磷处理增加了植物组织中的活性氧含量，使得 MDA 含量增加。适当增加磷含量，可诱导 SOD、CAT 和 POD 的合成，使植株活性氧清除能力增强。另外，磷对盐胁迫下玉米幼苗的活性氧的产生量的影响，将在下一步试验中展开研究。

盐胁迫抑制磷在根细胞内的移动和在地上部不同部位的再分配。植物为了维持生长需要，就必须积累更多的磷（冯固 等，1998），来维持细胞膜等的稳定，进而维持离子平衡。本研究结果表明，磷对盐胁迫下玉米幼苗各器官的离子含量有显著的影响，磷可降低盐胁迫下玉米幼苗各器官的 Na^+ 含量，同时增加各器官的 K^+ 含量，降低 Na^+/K^+ 与 Na^+/Ca^{2+} 比值，从而改善各器官的离子平衡，这很可能是增磷可增强玉米幼苗耐盐性的主要原因之一。原因可能是磷调节盐胁迫下玉米幼苗根系细胞质膜 H^+-ATP 酶，液泡膜 H^+-ATP 酶、H^+-PP 酶活性，并激活质膜和液泡膜上 Na^+/K^+ 逆向运输蛋白，从而加速 K^+ 的吸收、Na^+ 的排放及 Na^+ 在液泡中的积累，提高 K^+ 的选择性吸收和运输，促使盐分区域化分配。从整体水平上阐明磷对玉米幼苗耐盐性的调节尚待进一步深入研究。

以上研究结果表明，增加磷含量可缓解盐胁迫对玉米幼苗造成的伤害，表现在以下几方面：①增加磷可以提高玉米幼苗各器官的含水量；②磷可增加玉米幼苗叶片的叶绿素含量；③磷可促进渗透调节物质在叶片中的合理分配，提高植株的渗透调节能力；④增加磷可以增加叶片和根系 SOD、CAT 和 POD 活性，增强活性氧清除能力，使叶片中电解质渗漏率降低，叶片和根系中 MDA 含量降低；⑤磷降低各器官的 Na^+/K^+ 与 Na^+/Ca^{2+} 比值，维持了细胞的离子平衡。

第四节　外源硅对盐胁迫下玉米幼苗的缓解效应

硅是地壳中含量第二丰富的元素，也是地球上绝大多数植物生长的根基。近年来，植物生物学上对硅的生理功能颇为关注。硅是否是植物生长的必需元素还有待研究，但已有研究表明，硅是植物健康生长的有益元素，能改善许多植物（尤其是单子叶植物）的生长及提高生物学产量。已有的研究证明，在缺硅的土壤上施用硅肥能增加水稻、小麦、黄瓜等作物的产量。目前，已有不少研究表明，硅可缓解多种金属离子对植物的毒害（徐呈祥，2004）。近年来，随着对硅元素研究的发展，植物营养学家试图通过在植物培养环境中添加硅，即通过营养学手段，在控制盐分运输的同时，调节植物体生理代谢，降低盐胁迫对植物造成的伤害，从而使植物抗盐分胁迫能力加强。已有的研究结果表明，适量的硅可显著提高作物的抗盐性，降低作物盐害（Ahmad et al.，

1992；Liang et al.，2003)。Liang (1998) 发现，硅有助于稳定 NaCl 胁迫下大麦植株叶细胞的超微结构，提高叶绿体膜结构的完整度，减轻对基粒超微结构的损伤，提高受盐胁迫植株的光合作用和改善养分平衡状况。为了进一步了解硅在玉米耐盐性中的作用，本研究以当前大面积推广的玉米品种——郑单958 为试验材料，研究硅对玉米耐盐性的影响，探讨施硅提高作物抗盐性可能的作用机理，旨在进一步认识和揭示硅在玉米耐盐生理中的作用与机制，为我国硅肥的施用及在盐碱条件下改善作物的生长提供参考。

一、材料与方法

供试材料为较耐盐的玉米品种——郑单958，种子用 10% 的 $NaClO_4$ 消毒 10min，自来水充分冲洗，之后用蒸馏水冲洗数遍，28℃萌发，挑选发芽状况一致的种子培养，培养桶外裹双层黑遮光布。水培至一叶一心，后用 1/2 浓度的 Hongland 营养液培养，昼夜温度分别为 28℃ 和 20℃，每天光照 16h，每 3d 换一次营养液。幼苗生长至三叶一心时进行如下处理：①对照（CK），1/2 Hongland；②处理 1（Si1），150 mmol/L NaCl＋1/2 Hongland；③处理 2（Si2），149 mmol/L NaCl＋1/2 Hongland＋0.5 mmol/L Na_2SiO_3；④处理 3（Si3），148 mmol/L NaCl＋1/2 Hongland ＋1 mmol/L Na_2SiO_3；⑤处理 4（Si4），146 mmol/L NaCl＋1/2 Hongland ＋2 mmol/L Na_2SiO_3。处理期间每 2 d 换一次营养液，营养液 pH 为 6.2，全天通气培养。处理 6 d 后采样测定各项指标，每个处理至少重复 3 次。

二、结果与分析

（一）外源硅对 NaCl 胁迫下玉米幼苗生长的影响

试验结果表明，玉米幼苗在单纯盐胁迫下植株地上部和根系的干重显著下降（图 4-37）。150 mmol/L NaCl（Si1）处理 6 d 后，地上部和根系的干重分别为对照组的 52.1% 和 72.0%。加硅处理后可促进盐胁迫下玉米幼苗的生长，以 1 mmol/L Na_2SiO_3（Si3）处理地上部干重增加最明显，比 Si1 处理增加了 32.4%；根系干重随 Na_2SiO_3 浓度增加而增加，以 2 mmol/L Na_2SiO_3（Si4）处理根系干重增加最明显，比 Si1 处理增加了 57.0%。盐胁迫使植株根冠比增加，对照组根冠比为 0.36，单纯盐胁迫处理根冠比为 0.52，Si2、Si3、Si4 处理的根冠比分别为 0.54、0.53、0.63。这表明，盐胁迫下加硅处理，对植株根系的促进作用更大。这可能是因为盐胁迫下，加硅处理改善了植株体内水分代谢状况，缓解了由于盐胁迫使植株产生的生理干旱。

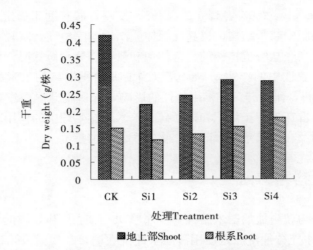

图 4-37 不同浓度 Si 对 NaCl 胁迫下玉米幼苗生长的影响

Fig. 4-37 Effect of concentration of Si on the growth of maize
seedlings under NaCl stress

（二）外源硅对 NaCl 胁迫下玉米幼苗叶绿素含量的影响

如图 4-38 所示，单纯盐胁迫（Si1）使玉米幼苗叶片中叶绿素（a＋b）、叶绿素 a、叶绿素 b 含量下降，分别为对照组的 72.0％、72.0％、71.0％；加入不同浓度 Na_2SiO_3 溶液后，叶绿素 a＋b、叶绿素 a、叶绿素 b 含量增加，以 1

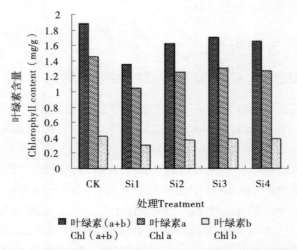

图 4-38 不同浓度 Si 对 NaCl 胁迫下玉米幼苗叶绿素含量的影响

Fig. 4-38 Effect of concentration of Si on chlorophyll content of
maize seedlings under NaCl stress

mmol/L Na₂SiO₃（Si3）处理最明显，比 Si1 处理分别增加了 25.2％、24.2％和 28.8％。盐胁迫下，叶绿素 a/b 比值比对照略有增加，而加入 Na₂SiO₃ 后叶绿素 a/b 下降，说明硅能更好地抑制叶绿素 b 含量的降低，或促进叶绿素 b 的合成。

（三）外源硅对 NaCl 胁迫下玉米幼苗叶片细胞膜透性的影响

如图 4-39 所示，150 mmol/L NaCl 胁迫下，电解质渗漏率显著上升，由对照组的 11.6％上升至 36.6％，这表明盐胁迫对玉米幼苗膜系统造成严重的伤害。加入不同浓度的 Na₂SiO₃ 溶液后，电解质渗漏率均呈下降趋势，0.5、1、2 mmol/L Na₂SiO₃ 处理的玉米幼苗叶片的电解质渗漏率分别降低 25.5％、22.2％、23.2％。这充分说明盐胁迫下，施硅能减轻盐胁迫对玉米幼苗膜系统的伤害，适量的硅可以维持盐胁迫下细胞膜的完整性，从而保证了植物体内各种代谢的正常进行，提高玉米幼苗抵御盐害的能力。

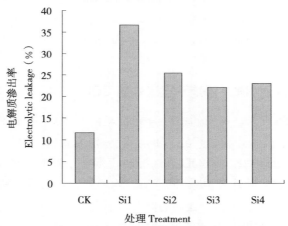

图 4-39 不同浓度 Si 对 NaCl 胁迫下玉米幼苗细胞膜透性的影响

Fig. 4-39 Effect of concentration of Si on cell membrane permeability of maize seedlings under NaCl stress

（四）外源硅对 NaCl 胁迫下玉米幼苗 MDA 含量的影响

盐胁迫下，玉米幼苗叶片和根系中膜脂过氧化产物——MDA 的含量上升（图 4-40），分别为对照组的 2.85 倍、2.50 倍，说明盐胁迫使玉米幼苗叶片和根系的膜脂过氧化程度增高。加入不同浓度的 Na₂SiO₃ 溶液后，叶片和根系中的 MDA 含量均呈下降趋势。其中，叶片以 2 mmol/L Na₂SiO₃（Si4）处理的 MDA 含量最低，为 Si1 处理的 77.0％；而根系以 1 mmol/L Na₂SiO₃（Si3）处理的 MDA 含量最低，为 Si1 处理的 65.0％。这可能是在盐胁迫下，不同浓度硅处理对叶片和根系的调控作用有所不同，其机理有待于进一步研究。

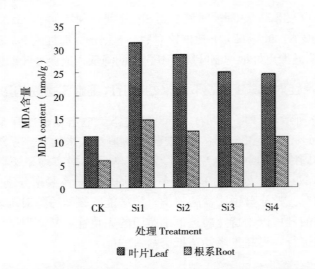

图 4-40　不同浓度 Si 对 NaCl 胁迫下玉米幼苗 MDA 含量的影响

Fig. 4-40　Effect of concentration of Si on MDA content of maize seedlings under NaCl stress

（五）外源硅对 NaCl 胁迫下玉米幼苗 SOD、CAT、POD 活性的影响

单纯 NaCl 胁迫下，玉米幼苗叶片和根系的 SOD 活性均降低（图 4-41），Si1 处理的玉米幼苗叶片和根系的 SOD 活性分别为对照组的 92.2% 和 85.9%，表明单纯盐胁迫处理对根系 SOD 活性抑制程度大于对叶片的抑制。随溶液中 Na_2SiO_3 浓度增加，叶片和根系 SOD 活性均增加。叶片呈先增加后降低趋势，以 1 mmol/L Na_2SiO_3（Si3）处理的叶片和根系 SOD 活性最高，为对照组的 1.02 倍，总体上，盐胁迫下加硅处理的叶片 SOD 活性均高于不加硅处理；根系的 SOD 活性随 Na_2SiO_3 增加而增加，0.5、1、2 mmol/L Na_2SiO_3 处理根系 SOD 活性分别为对照组的 91.7%、94.5%、97.3%。

在 NaCl 胁迫下，玉米幼苗叶片和根系 CAT 活性增加（图 4-42），单纯盐胁迫处理叶片和根系 CAT 活性分别为对照组的 1.35 倍和 1.65 倍。加硅处理后，叶片 CAT 活性比单纯盐胁迫处理情况下有所升高，表现为 0.5、2 mmol/L Na_2SiO_3 处理分别为对照组的 1.45 倍和 1.48 倍；1 mmol/L Na_2SiO_3 处理 CAT 活性最高，为对照组的 1.79 倍。加硅处理后，根系的 CAT 活性也高于单纯盐胁迫处理，其变化趋势与叶片正好相反。即 0.5、2 mmol/L Na_2SiO_3 处理 CAT 活性较高，分别为对照组的 2.32 倍、4.48 倍；1 mmol/L Na_2SiO_3 处理 CAT 活性降低，为对照组的 2.07 倍。

盐胁迫下，加硅处理后，叶片 POD 活性较单纯盐胁迫处理（Si1）的

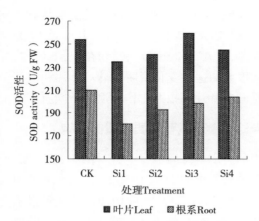

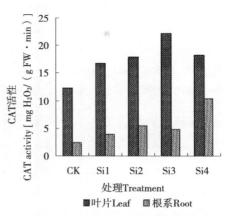

图 4-41　不同浓度 Si 对 NaCl 胁迫下玉米
　　　幼苗 SOD 活性的影响

Fig. 4-41　Effect of concentration of Si on
　　　SOD activity of maize seedlings
　　　under NaCl stress

图 4-42　不同浓度 Si 对 NaCl 胁迫下玉
　　　米幼苗 CAT 活性的影响

Fig. 4-42　Effect of concentration of Si
　　　on CAT activity of maize
　　　seedlings under NaCl stress

POD 活性有所升高（图 4-43），0.5、1、2 mmol/L Na$_2$SiO$_3$ 处理叶片中的 POD 活性分别为 Si1 处理的 1.06 倍、1.15 倍和 1.04 倍。0.5 mmol/L Na$_2$SiO$_3$ 处理使根系 POD 活性降低，为 Si1 处理的 94.0%；随 Na$_2$SiO$_3$ 浓度增加，根系 POD 活性增加，1、2 mmol/L Na$_2$SiO$_3$ 处理根系 POD 活性分别为 Si1 处理的 1.14 倍和 1.24 倍。

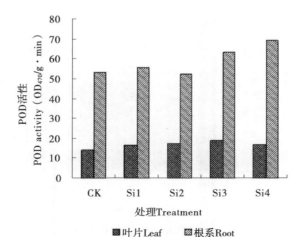

图 4-43　不同浓度 Si 对 NaCl 胁迫下玉米幼苗 POD 活性的影响

Fig. 4-43　Effect of concentration of Si on POD activity of maize
　　　seedlings under NaCl stress

由以上结果可以看出，硅对玉米幼苗叶片和根系保护酶活性的影响具有不同的剂量效应，叶片的 SOD、CAT 和 POD 活性均在 Na_2SiO_3 浓度为 1 mmol/L 时达到最大值，而根系的 SOD、CAT 和 POD 活性均在 Na_2SiO_3 浓度为 2 mmol/L 时达到最大值。叶片和根系的这种变化说明，硅对叶片和根系保护酶的调控并非完全同步，也可能是硅在叶片和根系中作用途径不同所致。

（六）外源硅对 NaCl 胁迫下玉米幼苗渗透调节物质含量的影响

盐胁迫下，玉米幼苗叶片和根系中的游离氨基酸含量上升（图 4-44），Si1 处理叶片和根系的游离氨基酸含量分别为对照组的 1.60 倍和 1.57 倍，处理间差异达极显著水平（表 4-18）。随着营养液中 Na_2SiO_3 浓度增加，叶片和根系中的游离氨基酸含量进一步增加。叶片在 Na_2SiO_3 浓度为 1 mmol/L 时，游离氨基酸含量达到最大值，为对照组的 1.95 倍；根系中游离氨基酸含量随 Na_2SiO_3 浓度增加而增加。增加幅度大于叶片，0.5、1、2 mmol/L Na_2SiO_3 处理根系中游离氨基酸含量分别为对照组的 1.93 倍、2.39 倍、3.28 倍，各处理间差异达极显著水平。本研究中，在无盐胁迫时（CK），叶片中游离氨基酸含量大于根系，含量比值为 1.11；在单纯盐胁迫处理下，叶片与根系中游离氨基酸含量的比值增大，其比值为 1.14；随 Na_2SiO_3 浓度的增加，比值逐渐降低，0.5、1、2 mmol/L Na_2SiO_3 处理叶片与根系中游离氨基酸含量比值分别为 1.10、0.91、0.63。表明盐胁迫下，加硅处理可增加玉米幼苗叶片和根系中游离氨基酸含量，对根系的影响大于对叶片的影响。

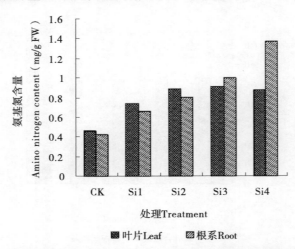

图 4-44　不同浓度 Si 对 NaCl 胁迫下玉米幼苗游离氨基酸含量的影响

Fig. 4-44　Effect of concentration of Si on free amino acids content of maize seedlings under NaCl stress

表 4-18 不同浓度 Na₂SiO₃ 对 NaCl 胁迫下玉米幼苗可溶性糖、游离氨基酸和
可溶性蛋白含量的影响

Table 4-18 Effect of concentration of Na_2SiO_3 on soluble sugar, free amino acids and
soluble protein proline content of maize seedlings under NaCl stress

指标 Indicator	CK	Si1	Si2	Si3
叶片可溶性蛋白质含量 Leaf soluble protein content（μg/g FW）	5.66cC	7.40bAB	7.01bB	8.00aA
根系可溶性蛋白质含量 Root soluble protein content（μg/g FW）	1.39cC	1.56cC	1.99bB	2.16bB
叶片可溶性糖含量 Leaf soluble sugar content（μg/g FW）	49.12cC	64.25aA	58.87bAB	66.06aA
根系可溶性糖含量 Root soluble sugar content（μg/g FW）	28.94dC	34.83cB	40.34bA	43.30aA
叶片游离氨基酸含量 Leaf amino acids content（mg/g FW）	0.47dC	0.75cB	0.89abA	0.91aA
根系游离氨基酸含量 Root amino acids content（mg/g FW）	0.42eE	0.66dD	0.81cC	1.00bB

盐胁迫下，不同浓度 Na₂SiO₃ 处理玉米幼苗叶片和根系中可溶性蛋白含
量的变化见图 4-45。单纯盐胁迫下，玉米幼苗叶片和根系中可溶性蛋白含量
分别为对照组的 1.31 倍、1.13 倍。随着 Na₂SiO₃ 浓度增加，叶片中可溶性蛋
白含量呈先升高后降低的趋势，0.5、2 mmol/L Na₂SiO₃ 处理，叶片中可溶
性蛋白含量较单纯盐胁迫处理有所降低，分别为对照组的 1.24 倍、1.03 倍；

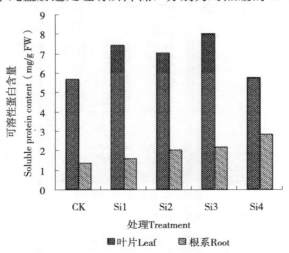

图 4-45 不同浓度 Si 对 NaCl 胁迫下玉米幼苗可溶性蛋白含量的影响
Fig. 4-45 Effect of concentration of Si on soluble protein content of maize
seedlings under NaCl stress

1 mmol/L Na_2SiO_3 处理叶片中可溶性蛋白含量比单纯盐胁迫处理增高,为对照组的 1.41 倍。根系中可溶性蛋白含量随 Na_2SiO_3 浓度增加而增加,0.5、1、2 mmol/L Na_2SiO_3 处理根系中可溶性蛋白含量分别为对照组的 1.44 倍、1.56 倍、2.03 倍。对照组叶片与根系中可溶性蛋白含量的比值为 4.08;在单纯盐胁迫下,叶片与根系中可溶性蛋白含量比值增高,为 4.74 倍;加入不同浓度 Na_2SiO_3 处理后,比值降低,0.5、1、2 mmol/L Na_2SiO_3 处理下该比值分别为 3.52、3.70、2.06。

作为渗透调节物质的可溶性糖,主要有蔗糖、葡萄糖、果糖和半乳糖等。盐胁迫下,玉米幼苗叶片和根系中的可溶性糖含量上升(图 4-46),分别为对照组的 1.31 倍、1.20 倍,处理间差异达极显著水平。0.5、2 mmol/L Na_2SiO_3 处理,叶片中可溶性糖含量与 Si1 处理相比有所降低,分别为对照组的 1.20 倍、1.15 倍,两处理间差异未达显著水平;1 mmol/L Na_2SiO_3 处理(Si3)叶片中可溶性糖含量最高,为对照组的 1.34 倍,与 Si1 处理间差异未达显著水平。根系中可溶性糖含量随 Na_2SiO_3 浓度增加呈"先上升后下降"的趋势,0.5、1、2 mmol/L Na_2SiO_3 处理根系中可溶性糖含量分别为对照组的 1.39 倍、1.50 倍、1.16 倍。以上结果表明,硅能显著提高根系中渗透调节物质含量。

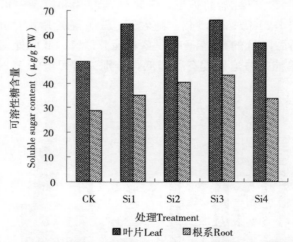

图 4-46 不同浓度 Si 对 NaCl 胁迫下玉米幼苗可溶性糖含量的影响

Fig. 4-46 Effect of concentration of Si on the soluble sugar content of maize seedlings under NaCl stress

(七)外源硅对盐胁迫下玉米幼苗离子含量的影响

1. 外源硅对盐胁迫下玉米幼苗 K^+ 含量的影响

不同浓度 Na_2SiO_3 处理对玉米幼苗根系中 K^+ 含量有显著影响(表 4-19)。

盐胁迫下，玉米幼苗根系中的 K^+ 含量显著下降。加入不同浓度 Na_2SiO_3 处理后，根系中 K^+ 含量增加，且随着 Na_2SiO_3 浓度增加而增加，以 2 mmol/L Na_2SiO_3 处理根系中 K^+ 含量最高，为 Si1 处理的 1.57 倍。Si3 和 Si4 处理间差异未达显著水平，其余各处理间差异达极显著水平。Na_2SiO_3 处理使盐胁迫下生长叶中 K^+ 含量增加，0.5、1、2 mmol/L Na_2SiO_3 处理，生长叶中 K^+ 含量分别为 Si1 处理的 1.19 倍、1.31 倍、1.25 倍。1 mmol/L Na_2SiO_3 处理生长叶中 K^+ 含量与对照组差异未达显著水平，其余处理间差异达显著或极显著水平。成熟叶叶鞘中 K^+ 含量随着 Na_2SiO_3 浓度增加而增加，0.5、1、2 mmol/L 的 Na_2SiO_3 处理，成熟叶叶鞘中 K^+ 含量分别为 Si1 处理的 1.01 倍、1.21 倍、1.21 倍。Na_2SiO_3 处理也使成熟叶叶片中 K^+ 含量增加，但与 Na_2SiO_3 浓度之间无明显规律，以 0.5 mmol/L Na_2SiO_3 处理的 K^+ 含量最高，为 Si1 处理的 1.12 倍。

表 4-19 不同浓度 Si 对 NaCl 胁迫下玉米幼苗 K^+ 含量的影响

Table 4-19 Effect of concentration of Si on K^+ content of maize seedlings under NaCl stress（mg/g）

处理 Treatment	根 Root	成熟叶叶片 Mature leaf	成熟叶叶鞘 Mature sheath	生长叶 Young leaf
CK	3.968 1±0.040 0aA	8.509 6±0.108 0bC	10.366 7±0.126 2aA	8.367 5±0.093 2aA
Si1	1.683 2±0.030 0dD	8.073 8±0.089 8cD	5.374 5±0.077 2cC	6.212 0±0.022 1dC
Si2	2.327 7±0.080 0cC	9.069 0±0.145 8aA	5.421 9±0.055 1cC	7.392 6±0.131 9cB
Si3	2.554 2±0.070 0bB	8.569 1±0.289 6bbBC	6.525 2±0.047 7bB	8.115 3±0.268 1aA
Si4	2.649 6±0.030 0bB	8.968 4±0.063 6aAB	6.478 7±0.027 9bB	7.737 6±0.066 7bB

2. 外源硅对盐胁迫下玉米幼苗 Na^+ 含量的影响

表 4-20 显示不同 Na_2SiO_3 浓度对盐胁迫下玉米幼苗各器官 Na^+ 含量的影响，结果表明，盐胁迫下玉米幼苗各器官中 Na^+ 含量显著增加，Si1 处理的根系和成熟叶叶鞘中 Na^+ 含量分别为对照组的 3.13 倍、2.34 倍；Na_2SiO_3 处理显著影响根系和成熟叶叶鞘中的 Na^+ 含量，表现为随 Na_2SiO_3 浓度增加而降低，以 2 mmol/L Na_2SiO_3 处理（Si4）根系和成熟叶叶鞘中 Na^+ 含量最低，分别为 Si1 处理的 85.4％和 76.0％，处理间差异达极显著水平。成熟叶叶片和生长叶中 Na^+ 含量也随 Na_2SiO_3 浓度增加而降低，0.5、1、2 mmol/L Na_2SiO_3 处理，成熟叶叶片中 Na^+ 含量分别比 Si1 处理降低 0.6％、6.7％和 28.1％，生长叶中 Na^+ 含量分别比 Si1 处理降低 13.2％、12.7％和 14.5％。

表 4-20　不同浓度 Si 对 NaCl 胁迫下玉米幼苗 Na^+ 含量的影响

Table 4-20　Effect of concentration of Si on Na^+ content of maize seedlings under NaCl stress（mg/g）

处理 Treatment	根 Root	成熟叶叶片 Mature leaf	成熟叶叶鞘 Mature sheath	生长叶 Young leaf
CK	4.566 4±0.020 0dC	2.140 2±0.049 3dD	4.214 9±0.016 3eE	2.240 5±0.040 6dD
Si1	12.418 7±0.180 0aA	3.324 9±0.077 9aA	9.867 9±0.060 2aA	5.665 4±0.029 4aA
Si2	11.801 6±0.510 0bA	3.304 7±0.010 9aA	8.814 1±0.075 2bB	4.915 7±0.017 7bBC
Si3	11.534 2±0.430 0bA	3.101 3±0.048 3bB	8.046 1±0.037 3cC	4.948 6±0.021 5bB
Si4	10.607 9±0.290 0cB	2.391 6±0.093 6cC	7.499 4±0.116 4dD	4.846 4±0.033 2cC

3. 外源硅对盐胁迫下玉米幼苗 Mg^{2+} 含量的影响

盐胁迫下，根系中的 Mg^{2+} 含量显著降低；随 Na_2SiO_3 浓度增加，根系中 Mg^{2+} 含量逐渐增加（表 4-21），0.5、1、2 mmol/L Na_2SiO_3 处理根系中 Mg^{2+} 含量分别比 Si1 处理增加了 5.9%、9.3%和 20.7%，处理间差异达显著或极显著水平。Na_2SiO_3 处理的生长叶中 Mg^{2+} 含量较单纯盐胁迫处理增加，但 Mg^{2+} 含量与 Na_2SiO_3 浓度间无显著关联。盐胁迫下，不同浓度 Na_2SiO_3 处理可使成熟叶叶鞘中 Mg^{2+} 含量增加，0.5、1、2 mmol/L Na_2SiO_3 处理成熟叶叶鞘中 Mg^{2+} 含量分别比 Si1 处理增加 0.61%、10.3%和 12.0%，处理间差异达显著或极显著水平。盐胁迫下，成熟叶叶片 Mg^{2+} 含量增加；加入 Na_2SiO_3 溶液后，Mg^{2+} 含量随 Na_2SiO_3 浓度增加而增加；0、0.5、1、2 mmol/L Na_2SiO_3 处理的成熟叶叶片中 Mg^{2+} 含量分别为对照组的 1.11 倍、1.21 倍、1.27 倍、1.32 倍，处理间差异达极显著水平。

表 4-21　不同浓度 Si 对 NaCl 胁迫下玉米幼苗 Mg^{2+} 含量的影响

Table 4-21　Effect of concentration of Si on Mg^{2+} content of maize seedlings under NaCl stress（mg/g）

处理 Treatment	根 Root	成熟叶叶片 Mature leaf	成熟叶叶鞘 Mature sheath	生长叶 Young leaf
CK	0.612 3±0.082 0aA	0.576 0±0.007 3eE	0.780 2±0.005 5aA	0.502 9±0.012 9bB
Si1	0.456 0±0.002 4eD	0.637 4±0.011 8dD	0.649 5±0.001 1eD	0.466 7±0.002 8dC
Si2	0.483 2±0.011 2dC	0.699 6±0.002 1cC	0.688 9±0.006 6dC	0.500 8±0.002 4bcB
Si3	0.498 6±0.002 6cC	0.729 6±0.002 6bB	0.716 5±0.004 6cB	0.489 5±0.004 5cC
Si4	0.550 3±0.005 7bB	0.757 7±0.003 7aA	0.727 2±0.008 0bB	0.611 7±0.004 4aA

4. 外源硅对盐胁迫下玉米幼苗 Ca^{2+} 含量的影响

盐胁迫下，玉米幼苗根系中 Ca^{2+} 含量显著下降（表 4-22），Na_2SiO_3 处理可以显著缓解盐胁迫导致的根系中 Ca^{2+} 含量的下降。与对照组相比，盐胁迫下不加 Na_2SiO_3 处理的根系中 Ca^{2+} 含量为对照组的 81.3%，0.5、1、2 mmol/L Na_2SiO_3 处理的根系中 Ca^{2+} 含量分别为对照组的 88.3%、88.8%、97.6%；除 0.5、1 mmol/L Na_2SiO_3 两处理间差异未达显著水平外，其余各处理间差异达极显著水平。Na_2SiO_3 处理也显著增加成熟叶叶片和成熟叶叶鞘中 Ca^{2+} 含量，以 2 mmol/L Na_2SiO_3 溶液处理的成熟叶叶片和成熟叶叶鞘中 Ca^{2+} 含量最高，比 Si1 处理分别增加 9.2% 和 13.5%。生长叶中 Ca^{2+} 含量随 Na_2SiO_3 浓度增加而增加，但 0.5、1 mmol/L Na_2SiO_3 处理与 Si1 处理间差异未达显著水平。

表 4-22 不同浓度 Si 对 NaCl 胁迫下玉米幼苗中 Ca^{2+} 含量的影响

Table 4-22 Effect of concentration of Si on Ca^{2+} content of maize seedlings under NaCl stress （mg/g）

处理 Treatment	根 Root	成熟叶叶片 Mature leaf	成熟叶叶鞘 Mature sheath	生长叶 Young leaf
CK	0.710 0±0.006 7aA	1.198 3±0.011 3aA	1.019 1±0.018 5aA	0.432 4±0.003 7aA
Si1	0.576 9±0.006 2dD	1.096 7±0.006 3bcBC	0.849 7±0.012 4eD	0.329 7±0.003 4cC
Si2	0.626 7±0.001 0cC	1.079 5±0.015 6cC	0.876 5±0.001 7dCD	0.332 6±0.003 0cC
Si3	0.630 8±0.002 4cC	1.113 7±0.001 4bB	0.898 5±0.006 8cC	0.339 9±0.006 7cC
Si4	0.693 3±0.007 4bB	1.197 3±0.011 0aA	0.964 1±0.009 5bB	0.389 7±0.008 7bB

5. 外源硅对盐胁迫下玉米幼苗 Na^+/K^+、Na^+/Ca^{2+} 比值的影响

NaCl 胁迫下，玉米幼苗各器官中的 Na^+/K^+ 比值增加（图 4-47），Na^+ 含量增加，K^+ 外渗打破原有的平衡。Na^+/K^+ 比值增幅最大的器官是根系，不加 Na_2SiO_3 处理（Si1）根系中 Na^+/K^+ 比值为对照组的 6.41 倍；其次是成熟叶叶鞘中，是对照组的 4.52 倍；生长叶和成熟叶叶片中该比值分别为对照组的 3.41 倍和 1.64 倍。加入不同浓度 Na_2SiO_3 溶液后，各处理 Na^+/K^+ 比值降低，根系、成熟叶叶鞘和成熟叶叶片均以 2 mmol/L Na_2SiO_3 处理 Na^+/K^+ 比值最低，比 Si1 处理分别降低 45.7%、37.0% 和

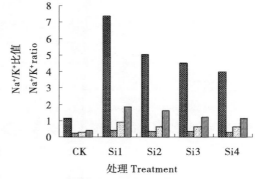

图 4-47 不同浓度 Si 对 NaCl 胁迫下玉米幼苗 Na^+/K^+ 比值影响

Fig.4-47 Effect of concentration of Si on Na^+/K^+ ratio of maize seedlings under NaCl stress

35.2%。生长叶以 1mmol/L Na₂SiO₃ 处理 Na⁺/K⁺ 比值最低，比 Si1 处理降低了 33.1%。

盐胁迫使玉米幼苗各器官的 Na⁺ 含量增加，高浓度的 Na⁺ 取代膜上的 Ca²⁺，导致各器官的 Na⁺/Ca²⁺ 比值增加，Si1 处理的根系、成熟叶叶鞘、生长叶和成熟叶叶片的 Na⁺/Ca²⁺ 比值分别为对照组的 3.35 倍、2.81 倍、3.32 倍和 1.70 倍。加硅处理后，各器官的 Na⁺/Ca²⁺ 比值下降，以 2 mmol/L Na₂SiO₃ 处理 Na⁺/Ca²⁺ 比值最低，根系、成熟叶叶鞘、生长叶和成熟叶叶片的 Na⁺/Ca²⁺ 比值较 Si1 处理分别降低了 28.9%、34.1%、27.6%和 33.0%（图 4-48）。

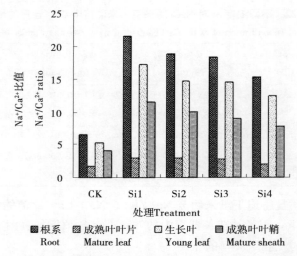

图 4-48　不同浓度 Si 对 NaCl 胁迫下玉米幼苗 Na⁺/Ca²⁺ 比值的影响

Fig. 4-48　Effect of concentration of Si on Na⁺/Ca²⁺ ratio of maize seedlings under NaCl stress

盐胁迫下，Na⁺/K⁺ 和 Na⁺/Ca²⁺ 比值常被用来表示盐害程度，比值越大，Na⁺ 对抑制 K⁺、Ca²⁺ 吸收的作用越大，植株受害越严重。不同浓度 Na₂SiO₃ 处理可以大幅度降低玉米幼苗各器官的 Na⁺/K⁺ 和 Na⁺/Ca²⁺ 比值，对维持盐胁迫下各器官的 Na⁺、K⁺ 和 Ca²⁺ 平衡、提高玉米幼苗耐盐性有重要意义。

三、结论与讨论

硅是自然界中含量非常丰富的元素，其含量在地壳中排在第二。由于硅无处不在，因此很难创造无硅的植物生长环境。迄今为止，人们尚无法证明硅是植物生长的必需元素，其主要原因是缺乏直接的证据证明硅是植物体内的必需成分或代谢产物分子的一部分（Epstein，1994）。而生长植物的土壤中含有大量的硅，选育的抗逆品种在土壤中对环境胁迫的响应与早期在缺硅基质中筛选和试验时的响应不同，因此硅很可能是植物必需元素，但现在尚不能肯定（Epstein，1994）。但不可否认的是，硅的确是植物健康生长的有益元素（Epstein，1999）。本研究结果表明，盐胁迫下，加硅可明显提高玉米幼苗的地上部和根系干重，增加盐胁迫下玉米幼苗的根冠比。盐胁迫加剧叶绿体的降解，抑制其合成。本研究结果表明，单纯盐胁迫使玉米幼苗叶片中叶绿素 a+b、叶绿素 a、叶绿素 b 含量下降，但叶绿素 a/b 比值增加。不同浓度 Na_2SiO_3 处理能明显提高叶绿素 a+b、叶绿素 a、叶绿素 b 含量。钱琼秋认为，硅通过维持叶绿体细胞内的离子平衡，增强保护酶活性，达到保护光合结构和稳定光合色素的作用，进而促进叶绿体的光合能力。但硅处理使叶绿素 a/b 比值降低，与束良佐等（2001）研究结果相反。

在正常情况下，植物细胞内自由基的产生与清除处于动态平衡状态；而当植物一旦处于盐胁迫下，这种平衡遭到破坏，导致·O^{2-}、·OH 等自由基的大量累积，自由基启动膜脂过氧化作用，膜内拟脂双分子层中含有的不饱和脂肪酸链被过氧化分解，从而造成膜的损伤和破坏，膜系统的完整性丧失，进而引起电解质外渗（宰学明，2001）。电解质渗漏率是反映细胞膜受伤程度的直接指标。MDA 是膜脂过氧化的末端产物，其含量是判断膜脂过氧化程度的重要指标（宰学明，2001）。单纯盐胁迫处理的玉米幼苗叶片中相对电导率增加，叶片和根系中的 MDA 含量也增加。0.5~2.0 mmol/L Na_2SiO_3 溶液处理叶片的相对电导率降低，叶片和根系中 MDA 含量均降低。这说明，适量的硅处理可以维持盐胁迫下细胞膜的完整性，从而保证了植物体内各种代谢的正常进行，提高玉米幼苗抵御盐害的能力。这可能是沉积在细胞质外体的凝胶态硅或可溶性硅提高细胞膜的稳定性，提高膜透性，降低了盐胁迫诱导的膜脂过氧化作用。

关于硅提高抗氧化系统酶活性已有相关报道（Liang et al.，2003；Zhu，2004）。本研究表明，在盐胁迫下加入不同浓度的硅，叶片和根系中的 SOD、CAT、POD 活性增强，同时 MDA 含量大幅度下降，表明外源硅对盐胁迫下玉米幼苗的活性氧清除系统具有保护作用，抑制盐胁迫导致的过氧化作用，通过提高叶片和根系的保护酶活性，细胞内清除自由基的能力增强，氧自由基的含量降低，减轻了盐胁迫导致的膜脂过氧化，使 MDA 含量减少。即：减轻对生物膜的伤害，说明硅可以缓解盐胁迫引起的过氧化伤害，抗氧化酶活性的提高可能在缓解盐胁迫对植物的伤害中发挥重要的作用。不同浓度硅处理对玉米幼苗叶片和根系 SOD、CAT、POD 活性的影响不同，叶片 SOD、CAT、

POD 活性均以 Na_2SiO_3 浓度为 1 mmol/L 时最强，而根系 3 种酶活性以 Na_2SiO_3 浓度为 2 mmol/L 时最强，表明硅对叶片和根系的酶活性调控并非完全同步。

盐胁迫条件下，植物都会受到渗透胁迫的伤害，而它们只能通过渗透调节减轻或避免伤害。而有关硅对盐胁迫下渗透调节物质含量的影响的报道较少。一般认为，可溶性糖、游离氨基酸、可溶性蛋白均为重要的渗透调节物质。本研究结果表明，盐胁迫下 3 种物质在叶片和根系中的含量增加。加入 Na_2SiO_3 处理后，根系中的增加幅度大于叶片，叶片中游离氨基酸、可溶性蛋白和可溶性糖含量以 Na_2SiO_3 为 1 mmol/L 处理含量最高，分别为对照组的 1.95 倍、1.41 倍和 1.34 倍；而根系中游离氨基酸和可溶性蛋白以 Na_2SiO_3 为 2 mmol/L 处理含量最高，分别为对照组的 3.28 倍和 2.03 倍。这充分说明，硅可增加盐胁迫下玉米幼苗的渗透调节物质含量，降低细胞渗透势，同时影响同化物在植物体内的运输和再分配。按渗透调节物质的含量随硅浓度的增加而增加的幅度排序，叶片和根系中均为游离氨基酸＞可溶性蛋白＞可溶性糖。

梁永超等（1999）认为，硅提高钾钠吸收选择性比率，是硅降低大麦盐害的机理之一。Liang 等（2005）认为，外源硅主要通过提高盐胁迫大麦根系的 ATP 酶活性，从而促进对 K^+ 的吸收，抑制对 Na^+ 和 Cl^- 的吸收，改变 K^+、Na^+ 在根域的微域分布，提高大麦体内抗氧化酶系统的活性，从而减轻由盐诱导的过氧化伤害，提高质膜和液泡膜的稳定性和功能等，从而增强其耐盐性。本研究证明，盐胁迫下玉米幼苗各器官的 Na^+ 含量显著增加，K^+、Mg^{2+}、Ca^{2+} 含量显著下降，导致 Na^+/K^+ 和 Na^+/Ca^{2+} 比值增大，离子平衡被破坏。施加外源硅的处理，可以促进盐胁迫条件下玉米幼苗各器官对 K^+、Mg^{2+}、Ca^{2+} 的选择吸收，降低 Na^+ 含量，Na^+/K^+ 和 Na^+/Ca^{2+} 比值降低，维持玉米幼苗体内的离子平衡。徐呈祥（2006）证明，外源硅显著提高盐胁迫下芦荟对 K^+ 的选择吸收和运输，维持细胞中的离子稳态，与增强根细胞质膜和液泡膜的质子泵活性有关。有关外源硅如何影响盐胁迫下玉米幼苗对离子的吸收与运输有待于进一步研究。

综上所述，外源硅一方面通过促进玉米幼苗对 K^+、Mg^{2+}、Ca^{2+} 的选择吸收，降低对 Na^+ 的选择吸收，来维持植株体内的离子平衡；另一方面通过提高叶片和根系的 SOD、POD、CAT 活性提高活性氧清除能力，维持活性氧积累与清除的平衡，叶片和根系的膜脂过氧化产物降低，保持膜系统的基本完整，同时使叶片和根系中的渗透调节物质含量增加，细胞渗透势降低、细胞吸水和保水能力增强，维持植株进行正常生理作用所需的胞内环境。另外，硅还可抑制叶绿素含量降低，使盐胁迫下的玉米幼苗保持较高的光合效率，这可能是硅提高植物耐盐性的重要原因之一。可以推测，本文所探讨的生理生化性质变化更可能是由于硅进入作物体内引起的变化，当然也不排除环境硅的作用。许多研究表明，硅通过影响植物的生态环境、增强植物抗逆性来影响植物。本文认为更重要的是，硅引起作物生理生化性质变化，进而影响盐胁迫下作物的生长发育。以上说明，作为植物的有益营养元素，硅的生物学功能并非只是通过沉积在细胞壁上增强植物的机械强度，同时还参与了植物的代谢活动，改善了盐胁迫下植物的生长环境。

第五节　外源 NO 对盐胁迫下玉米幼苗的缓解效应

NO 是一种广泛分布于生物体的生物活性分子，它较早地被应用于神经传导、控制平滑肌弹性、血管舒张及先天性免疫等方面的医学研究，曾被美国 Science 杂志评为 1992 年度的"明星分子"。而有关 NO 在植物中的作用，20 世纪 90 年代才开始引起科学家的关注。植物体内通过酶促和非酶促途径产生 NO。作为信号分子的 NO，可以广泛参与植物各种生理过程的调节，尤其在植物生长发育及其对逆境的响应等方面起着重要的调节作用（Beligni，2001）。同时，Beligni（2001）认为，植物 NO 具有双重生理效应，其中高浓度 NO 具有生理毒性，而低浓度 NO 则有保护作用，植物 NO 的生理效应与细胞的微环境和 NO 的实际浓度有关。近年来，对 NO 植物学效应的研究表明，NO 参与植物生长发育的许多过程，如种子萌发、叶片伸展、根系生长、器官衰老以及植物胁迫响应等，已经有人把它当作一种新的植物激素。有研究结果表明：外源 NO 能够通过诱导小麦的气孔关闭来提高其抗旱性（Garcia et al.，2001）；外源 NO 对盐胁迫下小麦叶片的氧化损伤具有保护作用（阮海华 Mata 等，2001）；外源 NO 对盐胁迫下水稻根部脂质过氧化有缓解作用（刘开力 等，2005）；外源 NO 可提高一年生黑麦草抗冷性（马向丽 等，2005）。总之，作为信号分子，NO 对植物抗逆性的作用越来越受到重视。有关 NO 对盐胁迫下玉米幼苗的缓解作用的研究报道不多，本研究旨在通过研究外源 NO 对盐胁迫下玉米幼苗叶片和根系渗透调节物质含量、保护酶活性、离子含量等方面的影响来探讨外源 NO 对盐胁迫下玉米幼苗缓解作用的可能机理。

一、材料与方法

供试材料为较耐盐的玉米品种——郑单 958，种子用 10％的 $NaClO_4$ 消毒

10min，自来水充分冲洗，后用蒸馏水冲洗数遍，28℃萌发，挑选发芽状况一致的种子培养，培养桶外裹双层黑遮光布。水培至一叶一心，后用1/2浓度的Hongland营养液培养，昼夜温度分别为28℃和20℃，每天光照16h，每3d换一次营养液。幼苗三叶一心时进行如下处理：①对照（CK），1/2 Hongland；②处理1（T1），150 mmol/L NaCl＋1/2 Hongland；③处理2（T2），150 mmol/L NaCl＋1/2 Hongland＋50 μmol/L SNP；④处理3（T3），150 mmol/L NaCl＋1/2 Hongland＋100 μmol/L SNP；⑤处理4（T4），150 mmol/L NaCl＋1/2 Hongland＋200 μmol/L SNP。NO供体硝普钠（[Na$_2$Fe（CN）$_5$]·NO，sodium nitroprusside，SNP），每0.5 mmol/L SNP大约释放2.0 μmol/L NO，现用现配。处理期间每2d换一次营养液，营养液pH为6.2，全天通气培养。处理6d后采样测定各项指标，每个处理至少重复3次。

二、结果与分析

（一）外源 NO 对 NaCl 胁迫下玉米幼苗生长的影响

试验结果表明（图4-49），50～200 μmol/L 外源 NO 供体 SNP 均能缓解盐胁迫对玉米幼苗生长的抑制。盐胁迫下，不施 SNP 处理（T1），全株、地上部和根系干重分别为对照组的58.4%、52.0%和76.0%。不同浓度 SNP 处理对玉米幼苗生物量积累的影响存在差异，50 μmol/L SNP 处理（TZ）玉米

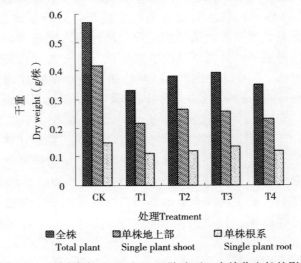

图4-49　不同浓度 SNP 对 NaCl 胁迫下玉米幼苗生长的影响

Fig. 4-49　Effect of concentration of SNP on the growth of maize seedlings under NaCl stress

幼苗地上部生物量积累增加幅度最大，为 T1 处理的 1.21 倍；以 100 μmol/L SNP 处理（T3）单株干重增加幅度最大，为 T1 处理的 1.19 倍，地上部和根系分别为 T1 处理的 1.18 倍、1.20 倍；当 SNP 浓度达到 200 μmol/L 时，单株干重、地上部和根系干重都有所下降。总体上，以 100 μmol/L SNP 处理效果最好，其根系干物质量为对照组的 91.0%，且根冠比增加，有利于提高植株的抗盐性。

（二）外源 NO 对 NaCl 胁迫下玉米幼苗叶绿素含量的影响

试验结果表明（图 4-50），不同浓度的外源 NO 供体 SNP，可明显改善 NaCl 胁迫导致的叶绿素含量下降，以 100 μmol/L SNP（T3）处理叶绿素含量最高，叶绿素 a+b、叶绿素 a、叶绿素 b 分别为 T1 处理的 1.26 倍、1.26 倍、1.24 倍，叶绿素 a/b 增加，表明 SNP 处理能更好地抑制叶绿素 a 的降解或促进叶绿素 a 的合成。

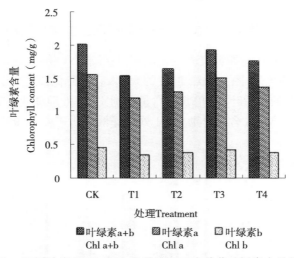

图 4-50　不同浓度 SNP 对 NaCl 胁迫下玉米幼苗叶绿素含量的影响

Fig. 4-50　Effect of concentration of SNP on chlorophyll content of maize seedlings under NaCl stress

（三）外源 NO 对 NaCl 胁迫下玉米幼苗叶片细胞膜透性的影响

在盐胁迫下，50~200 μmol/L SNP 处理均可以降低玉米幼苗叶片的电解质渗出率（图 4-51），加入 50、100、200 μmol/L SNP 处理后叶片的电解质渗出率分别比 T1 处理降低 18.4%、24.5% 和 14.3%。

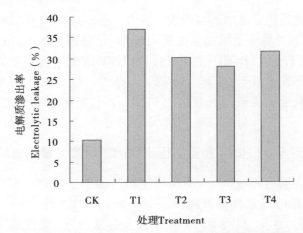

图 4-51　不同浓度 SNP 对 NaCl 胁迫下玉米幼苗细胞膜透性的影响

Fig. 4-51　Effect of concentration of SNP on cell membrane permeability of maize seedlings under NaCl stress

（四）外源 NO 对 NaCl 胁迫下玉米幼苗丙二醛含量的影响

MDA 含量的变化与细胞膜透性变化相似，外源 NO 供体 SNP 可降低叶片和根系中的 MDA 的含量（图 4-52）。叶片的 MDA 含量降低幅度大于根系，50、100、200 μmol/L SNP 处理后叶片的 MDA 含量分别比 T1 处理降低了 15.8%、25.8% 和 22.6%；根系中 MDA 含量分别比 T1 处理降低了 9.9%、16.9% 和 7.8%。

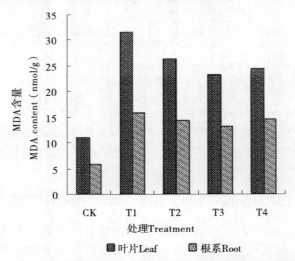

■叶片Leaf　▨根系Root

图 4-52　不同浓度 SNP 对 NaCl 胁迫下玉米幼苗 MDA 含量的影响

Fig. 4-52　Effect of concentration of SNP on MDA content of maize seedlings under NaCl stress

（五）外源 NO 对 NaCl 胁迫下玉米幼苗 SOD、CAT、POD 活性的影响

50～200 μmol/L SNP 处理可明显增加盐胁迫下玉米幼苗叶片和根系的 SOD 活性（图 4-53），以 100 μmol/L SNP 处理叶片和根系 SOD 活性增加幅度最大，分别比 T1 处理增加 26.3%、28.0%；其中，50 和 100 μmol/L SNP 处理根系 SOD 活性高于对照组。单纯的 NaCl 胁迫使玉米幼苗叶片和根系 CAT 活性增加（图 4-54），叶片和根系 CAT 活性分别为对照组的 1.35 倍、1.65 倍。加入 SNP 处理后，叶片 CAT 活性随 SNP 浓度增加而降低，50、100、200 μmol/L SNP 处理叶片 CAT 活性分别为对照组的 1.44 倍、1.39 倍、1.18 倍；根系 CAT 活性分别为对照组的 1.72 倍、1.47 倍、1.50 倍。由此可以看出，增加 SNP 浓度对根系 CAT 活性的影响大于叶片。不同浓度的 SNP 处理均可增加玉米幼苗叶片和根系的 POD 活性（图 4-55），以 50 μmol/L SNP 处理叶片和根系 POD 活性最高，分别比 T1 处理增加 4.2% 和 17.2%；200 μmol/L SNP 处理，叶片和根系的 POD 活性与 T1 处理相比均有所下降。

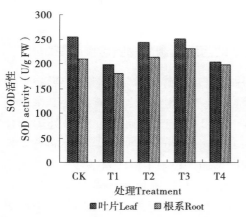

图 4-53　不同浓度 SNP 对 NaCl 胁迫下玉米幼苗 SOD 活性的影响

Fig. 4-53　Effect of concentration of SNP on SOD activity of maize seedlings under NaCl stress

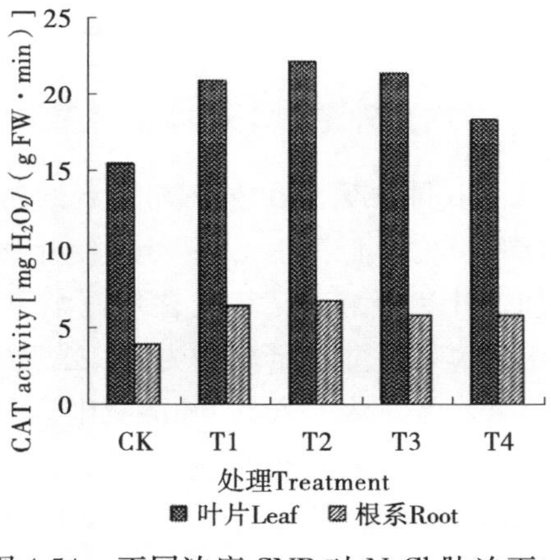

图 4-54　不同浓度 SNP 对 NaCl 胁迫下玉米幼苗 CAT 活性的影响

Fig. 4-54　Effect of concentration of SNP on CAT activity of maize seedlings under NaCl stress

以上结果表明，作为信号分子的 NO，可以提高盐胁迫下玉米幼苗的保护酶活性；但其对叶片和根系的酶活性的影响不同，可能是 NO 在根系和叶片中作用途径不同。

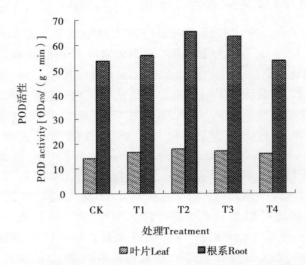

图 4-55　不同浓度 SNP 对 NaCl 胁迫下玉米幼苗 POD 活性的影响

Fig. 4-55　Effect of concentration of SNP on POD activity of maize seedlings under NaCl stress

（六）外源 NO 对 NaCl 胁迫下玉米幼苗渗透调节物质含量的影响

不同浓度 SNP 处理对玉米幼苗叶片和根系中游离氨基酸含量的影响不同（图 4-56），低浓度 SNP 处理使叶片中游离氨基酸含量增加；随着 SNP 浓度增加，叶片中游离氨基酸含量逐渐下降，50、100、150 μmol/L SNP 处理叶片中游离氨基酸含量分别为 T1 处理的 1.12 倍、1.06 倍、94%，处理间差异达显著水平（表 4-23）。随溶液中 SNP 浓度增加，根系中游离氨基酸含量并未呈现出规律性的变化，50、100、200 μmol/L SNP 处理根系中游离氨基酸含量分别为 T1 处理的 1.21 倍、1.04 倍、1.12 倍。各个处理对叶片和根系中可溶性蛋白含量的影响如下（图 4-57）：50 μmol/L SNP 处理叶片和根系中可溶性蛋白含量与 T1 处理相比变化不大，分别为 T1 处理的 1.01 倍、99%，处理间差异未达显著水平。随着 SNP 浓度增加，叶片中可溶性蛋白含量下降，100、200 μmol/L SNP 处理叶片中可溶性蛋白含量分别为 T1 处理的 96.6%、92.1%，处理间差异达显著水平；根系中可溶性蛋白含量分别为 T1 处理的 93.0%、91.0%。盐胁迫下，玉米幼苗叶片和根系中可溶性糖含量增加（图 4-58），50～200 μmol/L SNP 处理使叶片和根系中可溶性糖含量下降。其中，叶片以 100 μmol/L SNP 处理可溶性糖含量下降幅度最大，为 T1 处理的 80.1%，两处理间差异达极显著水平；根系以 200 μmol/L SNP 处理可溶性糖含量最低，为 T1 处理的 90.4%。

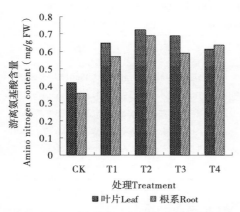

图 4-56 不同浓度 SNP 对 NaCl 胁迫下玉米幼苗游离氨基酸含量的影响

Fig. 4-56 Effect of concentration of SNP on free amino acids content of maize seedlings under NaCl stress

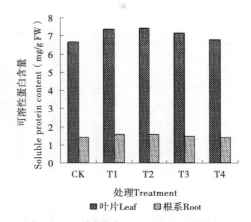

图 4-57 不同浓度 SNP 对 NaCl 胁迫下玉米幼苗可溶性蛋白含量的影响

Fig. 4-57 Effect of concentration of SNP on soluble protein content of maize seedlings under NaCl stress

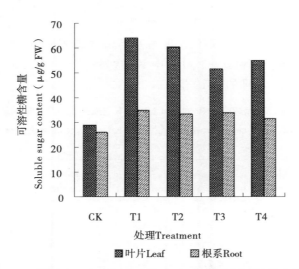

图 4-58 不同浓度 SNP 对 NaCl 胁迫下玉米幼苗可溶性糖含量影响

Fig. 4-58 Effect of concentration of SNP on the soluble sugar content of maize seedlings under NaCl stress

表 4-23　不同浓度 SNP 处理对 NaCl 胁迫下玉米幼苗可溶性糖、游离氨基酸和可溶性蛋白含量的影响

Table 4-23　Effect of concentration of SNP on soluble sugar, free amino acids and soluble protein proline content of maize seedlings under NaCl stress

指标 Indicator	CK	T1	T2	T3	T4
叶片可溶性蛋白含量 Leaf soluble protein content（mg/g FW）	6.654 5cB	7.40aA	7.45aA	7.151 1bA	6.81cB
根系可溶性蛋白含量 Root soluble protein content（mg/g FW）	1.385 7bA	1.56aA	1.55aA	1.458 2abA	1.41bA
叶片可溶性糖含量 Leaf soluble sugar content（μg/g FW）	29.120 0eC	64.25aA	60.30bA	51.454 5cB	55.19dB
根系可溶性糖含量 Root soluble sugar content（μg/g FW）	25.942 8bB	34.83aA	33.51aA	33.863 4aA	31.50aA
叶片游离氨基酸含量 Leaf amino acids content（mg/g FW）	0.421 5eD	0.65cB	0.73aA	0.690 6bA	0.61dC
根系游离氨基酸含量 Root amino acids content（mg/g FW）	0.359 4dC	0.57cB	0.69aA	0.593 6bcB	0.64abAB

（七）外源 NO 对盐胁迫下玉米幼苗离子含量的影响

1. 外源 NO 对盐胁迫下玉米幼苗 K^+ 含量的影响

表 4-24 显示，盐胁迫下玉米幼苗各器官中 K^+ 含量显著下降；50～200 μmol/L SNP 处理玉米幼苗各器官中的 K^+ 含量增加，以 100 μmol/L SNP 处理各器官中 K^+ 含量增加幅度最大。K^+ 含量增加幅度最大的器官是成熟叶叶鞘，50、100、200 μmol/L SNP 处理成熟叶叶鞘中 K^+ 含量分别比单纯盐胁迫处理（T1）增加了 35.5%、51.3%、44.0%，处理间差异达极显著水平。根系中以 100 μmol/L SNP 处理（T3）K^+ 含量增加幅度最大，比 T1 处理增加了 23.2%；50 与 200 μmol/L SNP 处理间差异未达显著水平，其余处理间差异达极显著水平。生长叶和成熟叶叶片中 K^+ 含量均以 100 μmol/L SNP 处理含量最高，分别为 T1 处理的 1.10 倍、1.09 倍。

表 4-24　不同浓度 SNP 对 NaCl 胁迫下玉米幼苗 K^+ 含量的影响

Table 4-24　Effect of concentration of SNP on K^+ content of maize seedlings under NaCl stress（mg/g）

处理 Treatment	根 Root	成熟叶叶片 Mature leaf	成熟叶叶鞘 Mature sheath	生长叶 Young leaf
CK	3.942 8±0.043 9aA	8.509 6±0.108 0bB	10.366 7±0.130 0aA	8.367 5±0.084 5aA
T1	1.701 8±0.026 2dD	8.073 8±0.089 8cC	5.374 5±0.110 0eE	5.337 5±0.038 4dC
T2	1.895 0±0.035 5cC	8.533 7±0.057 6bB	7.175 1±0.100 0dD	5.544 2±0.161 1cC
T3	2.097 1±0.043 5bB	8.775 2±0.031 5aA	8.131 5±0.120 0bB	5.856 7±0.090 6bB
T4	1.929 1±0.026 3cC	8.131 7±0.059 1cC	7.737 4±0.040 8cC	5.381 8±0.045 4cdC

2. 外源 NO 对盐胁迫下玉米幼苗 Na^+ 含量的影响

NaCl 胁迫使玉米幼苗各器官中 Na^+ 含量显著增加（表 4-25），50～200

μmol/L SNP 处理的各器官中 Na$^+$ 含量下降，以根系降低幅度最大，50、100、200 μmol/L SNP 处理根系 Na$^+$ 含量分别为 T1 处理的 64.7%、61.6%、63.1%。50 与 100 μmol/L SNP 处理间差异达显著水平，与 200 μmol/L SNP 处理间差异不显著；但 50～200 μmol/L SNP 处理根系 Na$^+$ 含量与 T1 处理间差异均达极显著水平。成熟叶叶鞘中 Na$^+$ 含量随 SNP 浓度增加而降低，200 μmol/L SNP 处理成熟叶叶鞘中 Na$^+$ 含量为 T1 处理的 82.8%。SNP 处理使生长叶中 Na$^+$ 含量降低，T3 与 T1 处理间差异达显著水平。盐胁迫下，SNP 处理并未显著降低成熟叶叶片中 Na$^+$ 的含量，50、100、200 μmol/L SNP 处理成熟叶叶片中 Na$^+$ 含量分别为 T1 处理的 1.04 倍、1.00 倍、1.02 倍。

表 4-25　不同浓度 SNP 对 NaCl 胁迫下玉米幼苗 Na$^+$ 含量的影响

Table 4-25　Effect of concentration of SNP on Na$^+$ content of maize seedlings under NaCl stress（mg/g）

处理 Treatment	根 Root	成熟叶叶片 Mature leaf	成熟叶叶鞘 Mature sheath	生长叶 Young leaf
CK	4.111 7±0.056 4dC	2.140 2±0.048 0cB	4.215 0±0.188 9eE	2.240 5±0.138 1cB
T1	12.428 5±0.377 2aA	3.324 9±0.088 1bA	9.311 1±0.043 9aA	5.665 4±0.220 7aA
T2	8.046 8±0.048 5bB	3.444 9±0.020 6aA	8.890 0±0.284 3bB	5.447 7±0.039 7abA
T3	7.653 4±0.117 1cB	3.337 1±0.043 3bA	8.290 8±0.064 3cC	5.377 3±0.039 6bA
T4	7.844 2±0.027 7bcB	3.375 5±0.035 9abA	7.714 0±0.017 7dD	5.495 3±0.039 3abA

3. 外源 NO 对盐胁迫下玉米幼苗 Mg^{2+} 含量的影响

盐胁迫下，50～200 μmol/L SNP 处理可以显著提高根系和成熟叶叶鞘中的 Mg^{2+} 含量（表 4-26），以 100 μmol/L SNP 处理增加幅度最大，分别为 T1 处理的 1.12 倍、1.04 倍，与其他处理间的差异达极显著水平。盐胁迫下，SNP 处理使生长叶中 Mg^{2+} 含量增加；随 SNP 浓度增加，Mg^{2+} 含量有所降低，50、100、200 μmol/L SNP 处理生长叶中 Mg^{2+} 含量分别为 T1 处理的 1.04 倍、1.03 倍、1.01 倍，T2 与 T3 处理间差异未达显著水平，与 T1 处理之间差异达极显著水平，T4 与 T1 处理间差异未达显著水平。随 SNP 浓度增加，成熟叶叶片中 Mg^{2+} 含量并未呈现出规律性变化。

表 4-26　不同浓度 SNP 对 NaCl 胁迫下玉米幼苗 Mg^{2+} 含量的影响

Table 4-26　Effect of concentration of SNP on Mg^{2+} content of maize seedlings under NaCl stress（mg/g）

处理 Treatment	根 Root	成熟叶叶片 Mature leaf	成熟叶叶鞘 Mature sheath	生长叶 Young leaf
CK	0.612 3±0.002 0aA	0.576 0±0.003 2dD	0.755 4±0.003 8aA	0.542 9±0.003 3aA

（续）

处理 Treatment	根 Root	成熟叶叶片 Mature leaf	成熟叶叶鞘 Mature sheath	生长叶 Young leaf
T1	0.498 6±0.002 6dD	0.637 4±0.002 5cC	0.638 7±0.001 0dC	0.500 9±0.002 4cC
T2	0.532 6±0.001 5cC	0.645 6±0.001 6bB	0.646 7±0.009 7cdC	0.519 6±0.003 6bB
T3	0.558 7±0.003 2bB	0.636 7±0.001 7cC	0.665 5±0.005 8bB	0.516 1±0.002 3bB
T4	0.530 9±0.001 9cC	0.662 7±0.004 3aA	0.649 2±0.000 6cC	0.505 5±0.004 2cC

4. 外源 NO 对盐胁迫下玉米幼苗 Ca^{2+} 含量的影响

SNP 处理可显著增加根系中 Ca^{2+} 含量（表 4-27），以 T2 处理根系中 Ca^{2+} 含量增加幅度最大，为 T1 处理的 1.12 倍；随着 SNP 浓度增加，根系中 Ca^{2+} 含量下降，T3、T4 处理根系中 Ca^{2+} 含量分别为 T1 处理的 1.11 倍、1.09 倍，T3 与 T4 处理间差异未达显著水平，与其他各处理间差异达到极显著水平。以 T3 处理成熟叶叶鞘中 Ca^{2+} 含量增加幅度最大，为 T1 处理的 1.06 倍；T1、T2、T4 处理间差异未达显著水平，与 T3 处理间差异均达到极显著水平。50 μmol/L SNP 处理成熟叶叶片中的 Ca^{2+} 含量比 T1 处理增加 1.1%，100、200 μmol/L SNP 处理成熟叶叶片中的 Ca^{2+} 含量下降，分别比 T1 处理降低了 3.5%、6.3%。SNP 处理对生长叶中 Ca^{2+} 含量的影响无明显规律。

表 4-27　不同浓度 SNP 对 NaCl 胁迫下玉米幼苗 Ca^{2+} 含量的影响

Table 4-27　Effect of concentration of SNP on Ca^{2+} content of maize seedlings under NaCl stress （mg/g）

处理 Treatment	根 Root	成熟叶叶片 Mature leaf	成熟叶叶鞘 Mature sheath	生长叶 Young leaf
CK	0.710 0±0.006 7aA	1.001 3±0.015 0dC	1.019 1±0.018 5aA	0.432 4±0.013 0aA
T1	0.576 9±0.002 6dD	1.096 7±0.006 7aA	0.849 7±0.003 9cC	0.329 7±0.003 4bB
T2	0.647 9±0.004 5bB	1.098 0±0.015 8aA	0.862 1±0.003 2cC	0.313 0±0.002 3cBC
T3	0.640 7±0.008 9bBC	1.058 2±0.003 0bB	0.909 2±0.014 0bB	0.319 4±0.003 0bcBC
T4	0.629 0±0.002 0cC	1.027 3±0.001 0cC	0.857 5±0.001 3cC	0.309 4±0.004 0cC

5. 外源 NO 对盐胁迫下玉米幼苗 Na^+/K^+、Na^+/Ca^{2+} 比值的影响

50～200 μmol/L SNP 处理，可明显降低盐胁迫下玉米幼苗各器官中的 Na^+/K^+ 比值（图 4-59）。根系、生长叶、成熟叶叶片中 Na^+/K^+ 比值均以 100 μmol/L SNP 处理下降幅度最大，分别为 T1 处理的 50.0%、86.5% 和 92.3%。SNP 处理使根系和成熟叶叶鞘中的 Na^+/Ca^{2+} 比值降低（图 4-60），50、100、200 μmol/L SNP 处理根系中 Na^+/Ca^{2+} 比值分别比 T1 处理降低了

42.3%、44.6%、42.1%。50~200 μmol/L SNP 处理并未明显降低生长叶和成熟叶叶片的 Na^+/Ca^{2+} 比值，SNP 处理成熟叶叶片的 Na^+/Ca^{2+} 比值与 T1 相比略有增加；100 μmol/L SNP 处理生长叶的 Na^+/Ca^{2+} 比值比 T1 处理降低

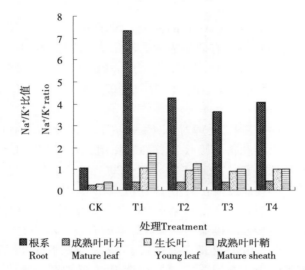

图 4-59　不同浓度 SNP 对 NaCl 胁迫下玉米幼苗 Na^+/K^+ 比值影响

Fig. 4-59　Effect of concentration of SNP on Na^+/K^+ ratio of maize seedlings under NaCl stress

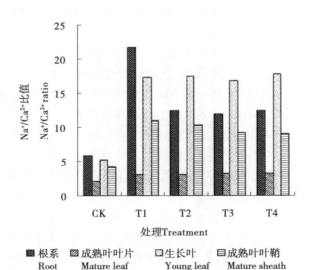

图 4-60　不同浓度 SNP 对 NaCl 胁迫下玉米幼苗 Na^+/Ca^{2+} 比值的影响

Fig. 4-60　Effect of concentration of SNP on Na^+/Ca^{2+} ratio of maize seedlings under NaCl stress

了 2.0%，50、200 μmol/L SNP 处理生长叶的 Na^+/Ca^{2+} 比值有所增加。

三、结论与讨论

近年来，随着人们对 NO 研究的深入，SNP 作为 NO 供体用于体外生物学的研究的地位日益重要。有研究表明，SNP 在生理溶液中可通过活性巯基通路释放 NO，SNP 释放 NO 呈一级动力学特征，且释放量较多（赵蕊等，2003）。Delledonne 等（1998）研究认为，用 0.5 mmol/L SNP 大约可以产生 2 μmol/L NO。

本研究结果表明，SNP 处理对 NaCl 胁迫下玉米幼苗具有明显的保护作用。盐胁迫对玉米生长和营养吸收具有抑制作用，外施 NO 可明显提高 NaCl 胁迫下玉米幼苗植株生长。本研究中，50～200 μmol/LSNP 处理均可以缓解盐胁迫对玉米幼苗的抑制效应，其中 100 μmol/L SNP 处理效果最明显。

叶绿素含量是反应光合强度的重要指标。植物受到盐胁迫时，各种生理过程都会受到影响，直接或间接地影响到叶绿素的含量。本研究结果表明，盐胁迫下叶绿素含量下降，SNP 处理显著提高了 NaCl 胁迫下的叶绿素含量，从而缓解了 NaCl 胁迫引起的氧化损伤，在一定程度上保护了叶绿体和细胞膜结构的完整，有助于植物在光合作用过程中对光能的吸收和提高转化效率，从而对维持盐胁迫下玉米幼苗较高的光合速率有一定的促进作用。

现已证实，提高植物体内抗氧化酶类活性及增强抗氧化代谢水平是增强植物耐盐性的途径之一。NO 具有信号分子的作用，可以减少非生物胁迫下植物体内活性氧的积累，缓解各种胁迫造成的氧化损伤，从而增强植物的适应能力。已有的研究表明，NO 对植物中抗氧化酶具有调节作用。Clark 等（2000）发现，外源 NO 供体可以明显抑制烟草叶片 CAT 的活力；阮海华等（2001）报道，NO 对盐胁迫下小麦叶片的氧化损伤具有保护作用；张艳艳等（2004）发现，NO 能够缓解盐胁迫对玉米生长的抑制作用。本研究结果表明，SNP 处理对盐胁迫下玉米幼苗具有明显的保护作用，SNP 处理可以不同程度地增加玉米叶片和根系 SOD、POD、CAT 活性；但对玉米叶片和根系中 3 种保护酶活性的影响具有不同的剂量效应，以 100 μmol/L SNP 处理的根系和叶片中 SOD 活性最高。50 μmol/L SNP 处理的根系和叶片中 CAT、POD 活性最高。这种差异可能与 SOD、POD、CAT 同工酶对 NO 敏感性差异有关，也可能是 NO 作为信号分子诱导玉米幼苗叶片和根系中某些 SOD、POD、CAT 同工酶在一定条件下表达。Beligni 等（2002）认为，外源 NO 诱导渗透胁迫下小麦幼苗叶片 SOD 活性的提高，可能与其作为信号分子来影响 SOD 编码基因的表达有关。由此推测，NO 缓解盐胁迫对玉米幼苗生长的抑制的可能机制是作为信号分子，通过诱导细胞内多种抗氧化酶的活性或者相关编码基因的表达，以及提高具有清除ROS能力的活性物质含量来间接清除ROS。当然，也不排除NO直接作为抗氧化剂，清除植物细胞内的ROS，缓解盐胁迫下玉米幼苗叶片和根系氧化损伤的可能性。此外，NO也可以通过对靶蛋白或某些能量代谢途径的抑制效应来直接降低ROS的产生，从而减轻盐胁迫下玉米幼苗叶片和根系的氧化损伤，提高玉米幼苗的耐盐性。有关NO调控盐胁迫下SOD、POD、CAT等植物氧化代谢中的关键酶的机理还有待于进一步探索。

盐胁迫条件下，植株生长受到抑制，植物组织可以通过降低细胞的渗透势来适应外界环境。逆境条件下，植物体内可溶性糖、游离氨基酸、可溶性蛋白含量增加，原因可能是大分子糖类和蛋白质的分解加强，而合成受到抑制，并加快光合产物形成过程中直接转向低分子量的物质如蔗糖等（Munns，1979）。本研究结果表明，与单纯盐胁迫处理相比，50 $\mu mol/L$ SNP处理的玉米幼苗叶片和根系中游离氨基酸含量增加，随着SNP浓度增加，叶片和根系中游离氨基酸含量下降；SNP处理降低了盐胁迫下玉米幼苗叶片和根系中可溶性糖和可溶性蛋白含量，但叶片和根系中可溶性糖、游离氨基酸、可溶性蛋白含量始终高于对照处理组。盐胁迫下可导致氮代谢不足或代谢失调（樊怀福，2006）。可以推测，NO作为信号分子可能通过调节碳氮代谢平衡达到缓解盐害的目的。

NaCl胁迫容易破坏植物细胞内营养平衡。盐胁迫下，玉米幼苗各器官中Na^+含量增加，K^+、Ca^{2+}、Mg^{2+}含量降低，破坏了细胞中的离子稳态，抑制植物生长。本研究结果表明，$50 \sim 200$ $\mu mol/L$的SNP处理可显著降低玉米幼苗根系、生长叶和成熟叶叶鞘的Na^+含量，同时根系和成熟叶叶鞘中K^+、Ca^{2+}、Mg^{2+}含量增加。SNP处理使生长叶中K^+、Mg^{2+}含量增加，但Ca^{2+}含量变化无明显规律；对成熟叶叶片的离子含量的影响不大。SNP处理降低了玉米幼苗各器官的Na^+/K^+、Na^+/Ca^{2+}比值，维持了细胞内的离子平衡。这表明，外源NO可通过某种机制降低玉米幼苗对Na^+的吸收和向生长器官的运输，或者NO可直接或间接维持细胞的离子选择性，便于细胞内Na^+的外排；同时NO提高植物对K^+、Ca^{2+}、Mg^{2+}的选择吸收性，维持各器官的离子稳态，从而缓解盐害。阮海华等（2001）认为，NO提高植物耐盐性的机理一方面与其提高植株的抗氧化能力有关，另一方面也与其调节植物离子平衡相关，并有Ca^{2+}信使的参与（Garg，2002）。这可能也与NO激活离子运输有关酶的活性有关。如Zhao等（2004）研究表明，NO提高盐胁迫下芦苇质膜H^+-ATPase活性，植物体内K^+和Ca^{2+}含量提高，Na^+相对含量下降。

NO作为一种信号分子，关于其具体的信号转导途径，及其与植物生长调节物质、各种环境因子的关系等相关分子机理尚待进一步研究。由于NO也是植物体内正常代谢的副产物，如果能从调节体内一氧化氮合酶（NOS）和硝酸还原酶（NR）等 NO 合成酶的活性等方面入手，适当提高内源 NO 的水平，对于缓解各种逆境胁迫所造成的膜脂过氧化、提高植物的各种耐逆性将更具有实践意义。

第六节　外源甜菜碱对盐胁迫下不同基因型玉米幼苗的缓解作用

甜菜碱属于季胺类化合物，是一种非毒性的渗透调节物质。盐胁迫条件下，加入外源甜菜碱有利于提高植物叶片的相对含水量以及净光合速率等。在不同的胁迫环境、不同的植物上使用的甜菜碱剂量不同，对同一植物采用不同的处理方式或不同生长时期甜菜碱的使用剂量也存在差异。甜菜碱作为一种渗透调节物质，在盐胁迫中的作用越来越受到关注。甜菜碱还能解除高盐胁迫对植物保护酶的活性的伤害，并参与细胞的渗透调节，具有重要的"非渗透调节功能"等。许多研究表明，植物体内的甜菜碱含量与盐胁迫的强度和持续时间呈正相关关系，盐胁迫刺激植物细胞内甜菜碱醛脱氢酶的活性，使植物大量积累甜菜碱，提高其耐盐能力。

有关甜菜碱在植物抗盐性方面的研究领域，目前主要集中于小麦、水稻、蔬菜等方面的研究，有关外源甜菜碱对玉米的作用的研究甚少，另外大部分的研究采用的是叶面喷施的方法，本试验研究了根施外源甜菜碱对 NaCl 胁迫下玉米幼苗体内生理特性的变化。NaCl 浓度是根据玉米能够耐受的最大 NaCl 浓度设定的，经过实验室前期对长丰 1 号和德美亚 1 号两个基因型玉米品种对 NaCl 的耐盐程度的筛选实验分析得到，当 NaCl 浓度小于 100 mmol/L 时，种子相对发芽率较高，继续增大 NaCl 浓度时种子发芽率迅速下降，所以本试验选用 100 mmol/L 的 NaCl 浓度进行盐胁迫的缓解试验。

一、材料与方法

1. 试验材料

德美亚 1 号（耐盐碱），由垦丰种业有限公司选育；长丰 1 号（盐碱敏感），由大庆市长丰农业科研所选育。

2. 试验方法

幼苗长到三叶一心时进行如下处理：①对照（CK），1/2 Hoagland 营养液；②处理 1（NaCl），100 mmol/L NaCl＋1/2 Hoagland 营养液；③处理 2（甜 1），100 mmol/L NaCl＋1/2 Hoagland 营养液＋1 mmol/L 甜菜碱；④处

理 3（甜 5），100 mmol/L NaCl＋1/2 Hoagland 营养液＋5 mmol/L 甜菜碱；⑤处理 4（甜 10），100 mmol/L NaCl＋1/2 Hoagland 营养液＋10 mmol/L 甜菜碱。从加外源物质开始计时，每隔 12 h、24 h、36 h、48 h 分别采样测定。

二、结果与分析

（一）甜菜碱对不同基因型玉米幼苗总叶绿素含量的影响

由图 4-61 可以看出，不同浓度的甜菜碱处理的玉米幼苗叶片中总叶绿素的含量随胁迫时间的不同而不同。在相同的胁迫时间下，盐碱胁迫敏感的玉米品种长丰 1 号，甜菜碱浓度为 5 mmol/L 时，总叶绿素含量达到最大值；耐盐碱型玉米品种德美亚 1 号，在甜菜碱浓度为 10 mmol/L 时，总叶绿素含量达到最大值。在相同浓度的甜菜碱处理下，长丰 1 号和德美亚 1 号玉米幼苗总叶绿素的含量均随胁迫时间的延长先升高后降低，均在胁迫 24 h 时达到最大值。在胁迫 24 h，甜菜碱浓度分别为 1、5、10 mmol/L 时，长丰 1 号幼苗叶片中总叶绿素的含量分别为不加甜菜碱的盐胁迫的 1.19 倍、1.28 倍、1.21 倍，但是 3 种甜菜碱浓度下长丰 1 号幼苗总叶绿素含量的差距不明显；德美亚 1 号幼苗叶片中总叶绿素的含量分别为不加甜菜碱的盐胁迫的 99%、1.09 倍、1.51 倍。

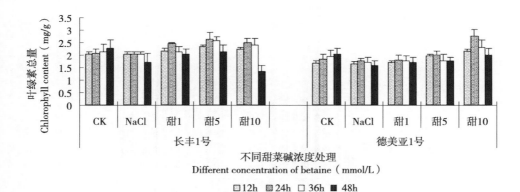

图 4-61　NaCl 胁迫下不同浓度的甜菜碱对不同基因型玉米幼苗总叶绿素含量的影响

Fig. 4-61　Effect of different concentrations of betaine at NaCl stress on total chlorophyll content of different maize genotypes

（二）甜菜碱对不同基因型玉米幼苗 SOD 活性的影响

由图 4-62 可以看出，在 NaCl 胁迫下，两个品种玉米幼苗的叶片和根系

SOD 活性与对照组相比均明显降低，盐胁迫抑制了玉米幼苗叶片 SOD 的活性。在相同的甜菜碱浓度下，随着胁迫时间的延长，两基因型玉米幼苗叶片 SOD 活性均先升高后降低，在胁迫 24 h 时 SOD 活性均达到最大值。在胁迫 24 h，甜菜碱浓度分别为 1、5、10 mmol/L 时，长丰 1 号叶片 SOD 的活性分别为不加甜菜碱的盐胁迫的 1.10 倍、1.18 倍、1.08 倍，德美亚 1 号叶片 SOD 的活性分别为为不加甜菜碱的盐胁迫的 1.04 倍、1.08 倍、1.02 倍。可见，在胁迫 24 h、甜菜碱浓度为 5 mmol/L 时，两基因型玉米幼苗的叶片 SOD 活性最大。

无论是对照组还是盐胁迫处理，根系的 SOD 活性始终低于叶片。根系 SOD 活性的变化趋势和叶片一致，也均在胁迫 24 h、浓度为 5 mmol/L 时达到最大值。

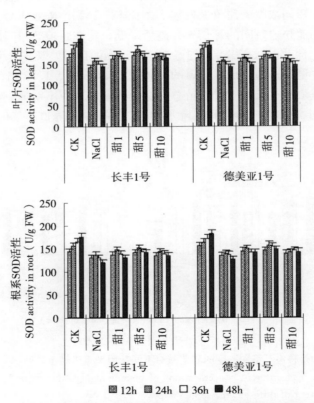

图 4-62　NaCl 胁迫下不同浓度的甜菜碱对不同基因型玉米幼
　　　　苗 SOD 活性的影响

Fig. 4-62　Effect of different concentrations of betaine at NaCl
　　　　stress on SOD activity of different maize genotypes

（三）甜菜碱对不同基因型玉米幼苗 POD 活性的影响

由图 4-63 可以看出，两不同基因型玉米品种叶片 POD 的活性在不同浓度的甜菜碱处理下的变化不同。在相同的胁迫时间下，长丰 1 号叶片 POD 的活性在甜菜碱浓度为 5 mmol/L 时达到最大值，德美亚 1 号叶片 POD 的活性在甜菜碱浓度为 10 mmol/L 时达到最大值。在相同甜菜碱浓度的处理条件下，两品种叶片 POD 的活性均随胁迫时间的延长表现为先升高后降低的趋势，并均在胁迫 24 h 时达到最大值。在相同的胁迫时长下，两基因型玉米品种根系 POD 的活性均在甜菜碱浓度为 5 mmol/L 时达到最大值。在相同的甜菜碱浓度处理下，两基因型玉米幼苗根系 POD 活性随胁迫时间的变化趋势和叶片一致。

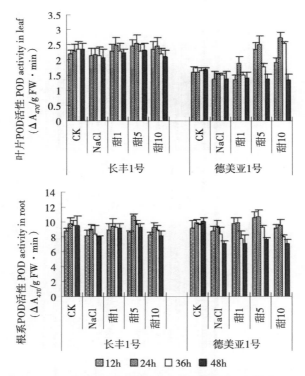

图 4-63　NaCl 胁迫下不同浓度的甜菜碱对不同基因型玉米幼苗 POD 活性的影响

Fig. 4-63　Effect of different concentrations of betaine at NaCl stress on POD activity of different maize genotypes

（四）甜菜碱对不同基因型玉米幼苗 MDA 含量的影响

由图 4-64 可以看出，NaCl 胁迫下，在相同的胁迫时间下，甜菜碱浓度为

5 mmol/L 时的玉米幼苗叶片和根系中 MDA 的含量最低。在相同的甜菜碱浓度处理下，两基因型玉米幼苗叶片中 MDA 的含量均随胁迫时间的延长先升高后下降；而根系则不同，长丰 1 号根系中的 MDA 含量随胁迫时间的延长呈上升趋势，德美亚 1 号先下降后上升。在相同的甜菜碱浓度处理下，两基因型玉米幼苗叶片中 MDA 的含量均在胁迫 48 h 时达到最低。在胁迫 48 h，甜菜碱浓度分别为 1、5、10 mmol/L 时，长丰 1 号叶片中 MDA 的含量分别为不加甜菜碱的盐胁迫的 76%、64%、83%，德美亚 1 号分别为不加甜菜碱的盐胁迫的 89%、60%、70%。在相同的甜菜碱浓度处理下，长丰 1 号幼苗根系在胁迫 12 h 时 MDA 含量最低，德美亚 1 号在胁迫 24 h 时 MDA 含量最低。长丰 1 号幼苗根系中 MDA 的含量在胁迫 12 h，甜菜碱浓度为 1、5、10 mmol/L 时，分别为不加甜菜碱的盐胁迫的对照组的 44%、25%、31%；德美亚 1 号

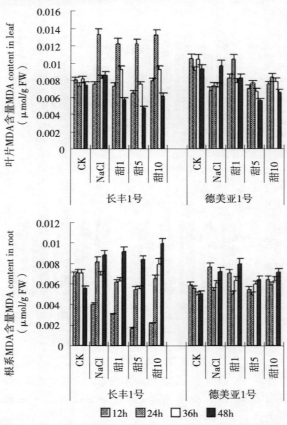

图 4-64　NaCl 胁迫下不同浓度的甜菜碱对不同基因型玉米幼苗 MDA 含量的影响

Fig. 4-64　Effect of different concentrations of betaine at NaCl stress on MDA content of different maize genotypes

幼苗根系中 MDA 的含量在胁迫 24 h，甜菜碱浓度分别为 1、5、10 mmol/L 时，分别为不加甜菜碱的盐胁迫的 91％、89％、1.05 倍。

（五）甜菜碱对不同基因型玉米幼苗可溶性蛋白含量的影响

由图 4-65 可以看出，在相同的胁迫时间下，长丰 1 号在甜菜碱浓度为 5 mmol/L 时叶片中可溶性蛋白含量达到最大值，德美亚 1 号在 10 mmol/L 时可溶性蛋白含量达到最大值；在相同的甜菜碱浓度处理下，两品种叶片中可溶性蛋白的含量均随胁迫时间的延长表现为先上升后下降再上升，均在胁迫 24 h 时达到最大值。在相同的胁迫时间下，两基因型玉米幼苗根系中可溶性蛋白的含量均在甜菜碱浓度为 5 mmol/L 时达到最大值；在相同的甜菜碱浓度处理下，随胁迫时间的延长，长丰 1 号根系中可溶性蛋白含量的变化趋势和叶片一致，德美亚 1 号根系中可溶性蛋白的含量则呈先上升后下降的趋势。

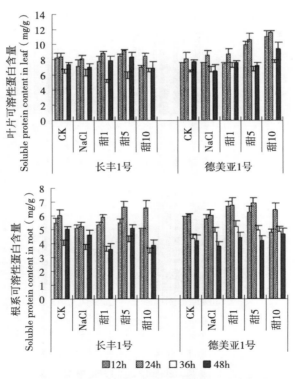

图 4-65　NaCl 胁迫下不同浓度的甜菜碱对不同基因型玉米幼苗可溶性蛋白含量的影响

Fig. 4-65　Effect of different concentrations of betaine at NaCl stress on soluble protein content of different maize genotypes

（六）甜菜碱对不同基因型玉米幼苗可溶性糖含量的影响

由图 4-66 可以看出，NaCl 胁迫下，两基因型玉米幼苗叶片和根系中的可溶性糖含量与对照组相比均增加。加入外源甜菜碱后，两基因型玉米幼苗叶片和根系中可溶性糖含量均比 NaCl 胁迫下均有所升高。在相同甜菜碱浓度处理下，长丰 1 号幼苗叶片中可溶性糖的含量在胁迫 36 h 时达到最大值，德美亚 1 号幼苗叶片中可溶性糖含量在胁迫 24 时达到最大值。在胁迫 36 h，甜菜碱浓度为 1、5、10 mmol/L 时，长丰 1 号幼苗叶片中可溶性糖含量分别为不加甜菜碱的盐胁迫的 1.56 倍、1.58 倍、1.39 倍；在胁迫 24 h，甜菜碱浓度分别为 1、5、10 mmol/L 时，德美亚 1 号幼苗叶片中可溶性糖含量分别为不加甜菜碱的盐胁迫的 1.48 倍、1.58 倍、1.53 倍。两基因型玉米幼苗根系中可溶性糖的含量变化趋势和叶片一致，根系在胁迫 24 h 时可溶性糖含量均达到最大值。

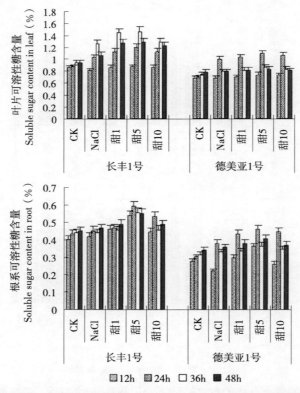

图 4-66　NaCl 胁迫下不同浓度的甜菜碱对不同基因型玉米幼苗可溶性糖含量的影响

Fig. 4-66　Effect of different concentrations of betaine at NaCl stress on soluble sugar content of different maize genotypes

在胁迫 24 h，甜菜碱浓度分别为 1、5、10 mmol/L 时，长丰 1 号幼苗根系中可溶性糖含量分别为不加甜菜碱的盐胁迫的 1.07 倍、1.36 倍、1.22 倍，德美亚 1 号分别为不加甜菜碱的盐胁迫的 1.27 倍、1.35 倍、1.31 倍。

（七）甜菜碱对不同基因型玉米幼苗脯氨酸含量的影响

由图 4-67 可以看出，NaCl 胁迫下，两基因型玉米幼苗叶片和根系中脯氨酸的含量与对照组相比均增加。加入甜菜碱后，两基因型玉米幼苗叶片和根系中脯氨酸含量均明显增加。在相同的甜菜碱浓度下，两基因型玉米幼苗叶片中脯氨酸的含量均随胁迫时间的延长先升高后下降，在胁迫 24 h 时均达到最大值。在胁迫 24 h，甜菜碱浓度分别为 1、5、10 mmol/L 时，长丰 1 号幼苗叶片中的脯氨酸含量分别为不加甜菜碱的盐胁迫的 2.18 倍、2.51 倍、2.38 倍，

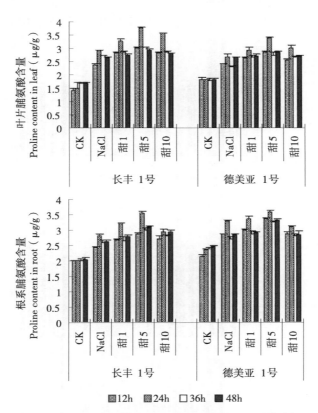

图 4-67 NaCl 胁迫下不同浓度的甜菜碱对不同基因型玉米幼苗脯氨酸含量的影响

Fig. 4-67 Effect of different concentrations of betaine at NaCl stress on proline content of different maize genotypes

德美亚 1 号幼苗叶片中的脯氨酸含量分别为不加甜菜碱的盐胁迫的 1.61 倍、1.85 倍、1.65 倍。两基因型玉米幼苗根系中脯氨酸的含量变化趋势和叶片一致，均在胁迫 24 h 时达到最大值。在胁迫 24 h，甜菜碱浓度分别为 1、5、10 mmol/L 时，长丰 1 号幼苗根系中脯氨酸的含量分别为不加甜菜碱的盐胁迫的 1.62 倍、1.79 倍、1.47 倍，德美亚 1 号幼苗根系中脯氨酸的含量分别为不加甜菜碱的盐胁迫的 1.43 倍、1.52 倍、1.32 倍。

（八）甜菜碱对不同基因型玉米幼苗离子含量的影响

由图 4-68、图 4-69、图 4-70 可以看出，NaCl 胁迫下，两基因型玉米幼苗叶片和根中 Na^+ 的含量均明显高于对照组。在相同的甜菜碱浓度处理下，叶片中 Na^+ 的含量均随胁迫时间的延长表现出先下降后上升的趋势，根系中 Na^+ 含量的变化为先升高后下降再上升。NaCl 胁迫下加入甜菜碱后，耐盐碱玉米品种德美亚 1 号叶片中 Na^+ 的含量比不加甜菜碱的盐胁迫处理的叶片中

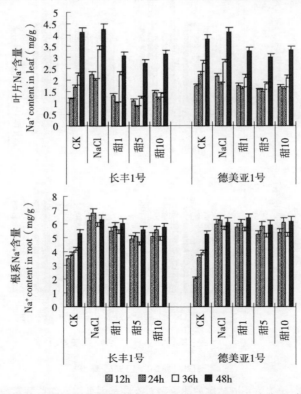

图 4-68　NaCl 胁迫下不同浓度的甜菜碱对不同基因型玉米幼苗 Na^+ 含量的影响

Fig. 4-68　Effect of different concentrations of betaine at NaCl stress on Na^+ content of different maize genotypes

Na$^+$含量下降了 37.2%，盐碱敏感型玉米品种长丰 1 号下降了 55.1%，即德美亚 1 号叶片中 Na$^+$下降的幅度比长丰 1 号的低；而两基因型玉米幼苗根系中 Na$^+$的含量的差别不明显。

NaCl 胁迫下，两基因型玉米幼苗叶片和根系中 K$^+$的含量均比对照组有明显的下降，这种变化和 Na$^+$的含量变化相反。在相同的甜菜碱浓度处理下，两基因型玉米幼苗叶片中 K$^+$的含量均随胁迫时间的延长先升高后下降，两基因型玉米幼苗根系中的变化趋势和叶片一致。NaCl 胁迫下，在相同的胁迫时间条件下，加入甜菜碱后盐碱敏感型玉米品种长丰 1 号玉米幼苗叶片和根系中 K$^+$的含量的升高幅度均小于耐盐碱玉米品种德美亚 1 号，长丰 1 号叶片中 K$^+$的含量分别为不加甜菜碱的盐胁迫的 32.6% 和 55.1%，根系中 K$^+$的含量分别为不加甜菜碱的盐胁迫的 26.1% 和 40.0%。

NaCl 胁迫下，两基因型玉米幼苗叶片和根系中 Na$^+$/K$^+$比值均比对照组有明显的升高，其变化趋势与 Na$^+$的含量变化一致。

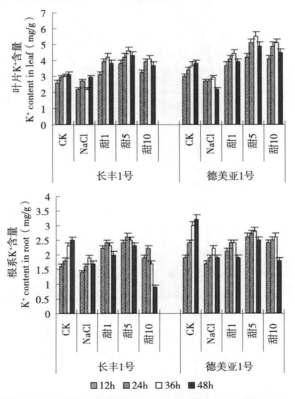

图 4-69　NaCl 胁迫下不同浓度的甜菜碱对不同基因型玉米幼苗 K$^+$含量的影响

Fig. 4-69　Effect of different concentrations of betaine at NaCl stress on K$^+$ content of different maize genotypes

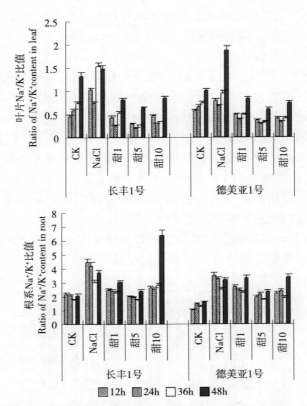

图 4-70　NaCl 胁迫下不同浓度的甜菜碱对不同基因型玉米幼苗 Na$^+$/K$^+$ 比值的影响

Fig. 4-70　Effect of different concentrations of betaine at NaCl stress on Na$^+$/K$^+$ content of different maize genotypes

三、结论与讨论

　　低浓度的甜菜碱能够明显缓解 NaCl 胁迫对玉米幼苗的影响，具体表现为提高叶绿素含量、增强细胞清除活性氧的能力、降低细胞的膜脂过氧化、增强细胞的渗透作用、促进植物保 K$^+$ 排 Na$^+$，这与张士功（2000）、刘俊（2004）、郑翠兵（2011）等在小麦、大麦的研究结果一致。但是高浓度的甜菜碱的缓解效果较低浓度的差，甜菜碱浓度为 5 mmol/L 时的缓解效果较好。

　　本试验中两基因型玉米品种在 NaCl 胁迫下，外源甜菜碱处理后长丰 1 号各项生理指标的变化幅度均比德美亚 1 号显著，外源甜菜碱对长丰 1 号的修复作用也明显强于德美亚 1 号。这种结果反过来进一步验证了德美亚 1 号较长丰

1 号耐盐碱。

外源甜菜碱对盐碱敏感型玉米品种长丰 1 号的最适缓解浓度低于耐盐碱型玉米品种德美亚 1 号，这可能是由于耐盐碱型玉米品种自身的抵抗胁迫能力优于盐碱敏感型，因此甜菜碱对其缓解效果在相同浓度下相对较差。甜菜碱对两种基因型玉米品种盐胁迫的最适缓解时间均为 24 h，在这个时间下缓解效果最好。之所以存在最适缓解时间可能是由于甜菜碱对玉米受到胁迫之后的缓解效果有一定的时间跨度，刚加入甜菜碱后要有一定的时间缓解效果才能够启动；随着时间的进行，甜菜碱的缓解效果由于植物的适应而出现下降。

（1）低浓度的甜菜碱（1～5 mmol/L）处理下的两基因型玉米幼苗叶绿素含量比高浓度（10 mmol/L）处理下的高。盐碱敏感型品种长丰 1 号的最适甜菜碱浓度为 5 mmol/L，并且在胁迫 24 h 时达到最大值。耐盐碱型玉米品种德美亚 1 号，高浓度的甜菜碱（10 mmol/L）处理下的叶绿素含量明显高于不加甜菜碱的盐胁迫，并且在胁迫 24 h 时达到最大值。

（2）NaCl 胁迫下，长丰 1 号和德美亚 1 号玉米幼苗叶片和根系 SOD、POD 活性均比对照组下降；加入甜菜碱后，SOD、POD 的活性均有所升高。说明甜菜碱能够通过提高保护酶的活性来缓解盐胁迫对玉米造成的伤害，在甜菜碱浓度为 5 mmol/L 时 SOD、POD 的活性最高。

（3）MDA 是膜脂过氧化的产物之一。NaCl 胁迫下，长丰 1 号和德美亚 1 号幼苗叶片和根系中 MDA 的含量均比对照组的高；加入甜菜碱后，MDA 含量比不加甜菜碱的盐胁迫的处理有所下降，并且在甜菜碱浓度为 5 mmol/L 时两基因型玉米幼苗叶片和根系中 MDA 的含量最低，但是根系和叶片中 MDA 含量变化的趋势不同。

（4）可溶性糖、脯氨酸、可溶性蛋白是植物体内主要的渗透调节物质。本试验结果表明，外源甜菜碱能够促进这 3 种物质的积累，从而提高玉米幼苗的渗透调节能力，进而缓解 NaCl 胁迫对幼苗产生的伤害。以甜菜碱的浓度为 5 mmol/L 时 3 种渗透调节物质的积累效果最好。

（5）利用外源物质对盐胁迫进行缓解时既要考虑其施用方法还要考虑施用的最适浓度。NaCl 胁迫下添加外源甜菜碱能够抑制玉米幼苗根系对 Na^+ 的吸收并阻碍了其由根系向叶片运输，同时促进了 K^+ 由根系向叶片的运输，从而达到缓解盐胁迫的作用。甜菜碱对 NaCl 胁迫下玉米的缓解效果最好的浓度为 5 mmol/L。

（6）综合各种生理指标的测定结果表明，甜菜碱不论是对盐碱敏感型玉米品种还是耐盐碱型玉米品种的盐胁迫均有一定程度的缓解作用。这种缓解作用在甜菜碱浓度为 5 mmol/L、胁迫时间为 24 h 时效果最好，浓度过低或过高的缓解作用均不如适中浓度；而胁迫时间上，加入甜菜碱 24 h 时玉米各项生理指标均最接近正常。因此，利用甜菜碱对玉米进行盐胁迫的缓解时应注意甜菜碱浓度的适中，还要注意缓解的最佳时间为 24 h。另外，甜菜碱对盐碱敏感型玉米的缓解作用优于耐盐碱型玉米品种。

第五章　盐、碱胁迫对不同基因型玉米幼苗生理特性的影响

植物体中保护酶的活性以及 MDA 的含量，可以作为衡量植物受盐碱胁迫危害程度和植物对盐碱胁迫抵御能力的指标。其中，SOD 酶在抗氧化酶系统中极为重要，且在生物体内普遍存在，能快速催化歧化反应，在保护酶系统中处于核心地位。POD 酶参与植物的多种生理代谢活动，具有催化多种细胞壁结构成分的合成、控制细胞的生长发育等作用。渗透调节作用是作物适应盐碱胁迫的主要生理机制之一，是作物对盐碱胁迫的一种适应性反应。渗透调节物质包括无机离子和有机亲和物质。盐碱胁迫对玉米造成的主要伤害是盐离子在细胞内的大量积累，导致了离子毒害和离子的不平衡，特别是 Na^+，Na^+ 对于细胞 K^+ 的吸收呈现明显的竞争性抑制作用，因此细胞内 Na^+ 的含量水平是检验植物是否耐盐的关键性指标。光合作用和盐碱胁迫的浓度呈正比例的关系，降低程度还与作物的种类以及品种有关。玉米在盐胁迫下，植物叶片的净光合速率降低，气孔导度下降，胞间 CO_2 浓度升高。

前人在有关玉米盐胁迫方面做了大量的研究，但大都是 6 d 以上的胁迫，而关于 48 h 以内盐胁迫时长的报道甚少。本试验以盐碱敏感型玉米品种长丰 1 号和耐盐碱型玉米品种德美亚 1 号为试验材料，以胁迫 12 h 为时间间隔，测定不同浓度不同胁迫时长下的玉米幼苗叶片和根系中保护酶活性、MDA 含量、渗透调节物质含量、离子的吸收与运转以及光合特性的变化，以明确短时间盐碱胁迫过程中玉米幼苗的生理生化的变化机制，为进一步在分子水平上对玉米盐碱胁迫的研究提供理论依据。

一、材料与方法

(一)供试品种

一是德美亚 1 号（耐盐碱），二是长丰 1 号（盐碱敏感）。

(二)试验设计

实验室经过筛选得出德美亚 1 号是较耐盐碱的玉米品种，长丰 1 号是盐碱敏感型玉米品种，因此选取这两个玉米品种用作本试验的研究。用 10 ％的

NaClO₄ 消毒种子 10 min，再用蒸馏水冲洗数遍，28℃萌发，挑选发芽一致的种子进行培养 。水培至一叶一心后，用 1/2 浓度的 Hoagland 营养液培养，每天光照 16 h，黑暗 8 h，昼夜温度分别为 28℃和 20℃，每 3 d 换一次营养液，全天 24 h 通气培养。幼苗长到三叶一心时进行如下处理：NaCl 和 NaHCO₃ 分别设 0 mmol/L、25 mmol/L、50 mmol/L、75 mmol/L、100 mmol/L 5 个浓度梯度；Na₂SO₄ 和 Na₂CO₃ 分别设 0 mmol/L、12.5 mmol/L、25 mmol/L、37.5 mmol/L、50 mmol/L 5 个浓度梯度。从加盐开始计时，每隔 12 h、24 h、36 h、48 h 分别取样测定。

二、结果与分析

（一）盐碱胁迫下玉米幼苗 SOD 活性的变化

4 种盐碱胁迫对玉米幼苗叶片的 SOD 活性变化影响不同。由图 5-1 可以看出，在 NaHCO₃ 和 NaCl 的胁迫下，随着胁迫时间的延长，长丰 1 号和德美亚

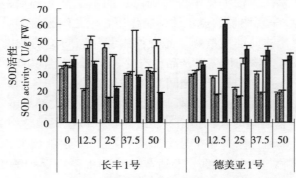

Na₂CO₃浓度 Na₂CO₃ concentration（mmol/L）

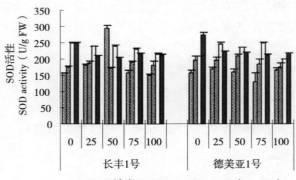

NaHCO₃浓度 NaHCO₃ concentration（mmol/L）

■12h ■24h □36h ■48h

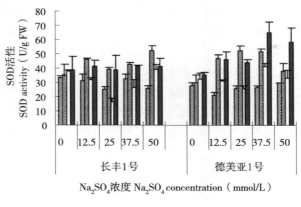

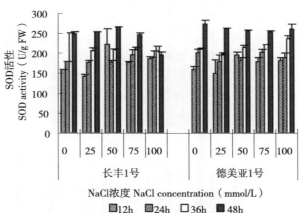

图 5-1 不同时长的盐碱胁迫下不同基因型玉米幼苗叶片 SOD 活性的变化

Fig. 5-1 Changes of salt stress and alkaline stress on SOD activity of blade of different maize genotypes at different time

1 号叶片 SOD 活性均呈上升的趋势。NaHCO$_3$ 处理的两品种中 SOD 活性均在胁迫时长为 36 h 时达到最大值，在 NaHCO$_3$ 浓度分别为 25、50、75、100 mmol/L 时，长丰 1 号叶片 SOD 的活性别为对照组的 96％、99％、93％、86％，德美亚 1 号叶片 SOD 的活性分别为对照组的 1.19 倍、1.14 倍、1.10 倍、95％。NaCl 处理的两基因型玉米品种均在胁迫时长为 48 h 时达到最大值，在 NaCl 浓度分别为 25、50、75、100 mmol/L 时，长丰 1 号叶片的 SOD 活性分别为对照组的 1.01 倍、1.07 倍、99％、78％，德美亚 1 号叶片的 SOD 活性分别为对照组的 95％、93％、92％、95％。对于 Na$_2$SO$_4$ 处理的两基因型玉米幼苗叶片 SOD 活性，在低浓度（12.5～25 mmol/L）胁迫下、胁迫时长为 24 h 时最高，高浓度（37.5～50 mmol/L）Na$^+$ 胁迫时表现不明显。对于 Na$_2$CO$_3$ 处理的两基因型玉米幼苗叶片 SOD 活性，在不同的浓度胁迫下，随着胁迫时间的延长,不同的耐盐碱性的玉米品种表现的趋势不同。

由图 5-2 可以看出,NaHCO$_3$ 胁迫处理下两基因型玉米品种在胁迫时长为 36 h 时,SOD 活性均达到最大值,在 NaHCO$_3$ 浓度分别为 25 mmol/L、50 mmol/L、75 mmol/L、100 mmol/L 时,长丰 1 号幼苗根系 SOD 的活性分别为对照组的 1.31 倍、1.29 倍、1.34 倍、1.08 倍,德美亚 1 号幼苗根系 SOD 的活性分别为对照组的 1.46 倍、1.43 倍、1.40 倍、1.10 倍。NaCl 胁迫处理下两基因型玉米品种均在胁迫时长为 48 h 时,SOD 活性达到最大值,在 NaCl 浓度分别为 25 mmol/L、50 mmol/L、75 mmol/L、100 mmol/L 时,长丰 1 号根系 SOD 活性分别为对照组的 94%、1.02 倍、94%、90%,德美亚 1 号根系 SOD 活性分别为对照组的 98%、96%、96%、96%。Na$_2$CO$_3$ 胁迫处理下两品种 SOD 活性呈先下降后上升的趋势,但是达到最大值时的胁迫时间不一致。Na$_2$SO$_4$ 胁迫下 SOD 活性呈上升的趋势,长丰 1 号根系 SOD 活性与胁迫时间无显著相关性,且 SOD 活性与对照组相比差异不明显;德美亚 1 号根系 SOD 活性在胁迫时长为 36 h 时达到最大值,但与对照组相比差异不明显。

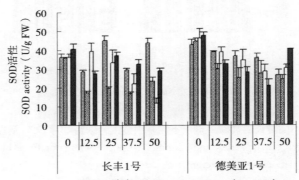

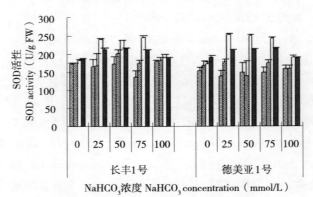

■ 12h ■ 24h □ 36h ■ 48h

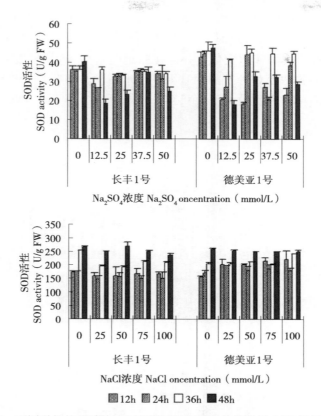

■ 12h ▨ 24h □ 36h ■ 48h

图 5-2　不同时长的盐碱胁迫下不同基因型玉米幼苗根系 SOD 活性的变化

Fig. 5-2　Changes of salt stress and alkaline stress on SOD activity of root of different maize genotypes at different time

（二）盐碱胁迫下玉米幼苗 POD 活性的变化

由图 5-3 可以看出，NaCl 和 NaHCO$_3$ 胁迫处理下的 POD 活性比另外两种盐的高。NaHCO$_3$ 胁迫下两种基因型玉米品种表现的趋势不同，长丰 1 号随着胁迫时间的延长，幼苗叶片 POD 的活性表现为先上升后下降，在胁迫时长为 24 h 时 POD 活性达到最大值，在 NaHCO$_3$ 浓度分别为 25 mmol/L、50 mmol/L、75 mmol/L、100 mmol/L 时，分别为对照组的 1.72 倍、1.40 倍、1.61 倍、1.37 倍；而德美亚 1 号幼苗叶片 POD 的活性呈先下降后上升的趋势，在胁迫时长为 12 h 和 36 h 时 POD 活性均到达最大值。在相同的 Na$_2$CO$_3$ 胁迫浓度处理下，两基因型玉米品种幼苗叶片 POD 的活性随着胁迫时间的延长均先下降后上升，但是 POD 活性达到最大值时的胁迫时长不一样，长丰 1 号在胁迫时长为 12 h 时达到最大值，而德美亚 1 号在 36 h 时达到最大值。在

相同的 Na_2SO_4 胁迫浓度处理下，长丰 1 号随着胁迫时间的延长叶片 POD 的活性先下降后上升，在胁迫时长为 12 h 时达到最大值；德美亚 1 号则先升高后下降再升高，呈 M 形变化，并且在胁迫时长为 48 h 时达到最大值。在相同的 NaCl 胁迫浓度处理下的两基因型玉米品种幼苗叶片 POD 的活性均在胁迫时长为 12 h 时达到最大值，长丰 1 号先下降后上升，德美亚 1 号呈下降趋势。

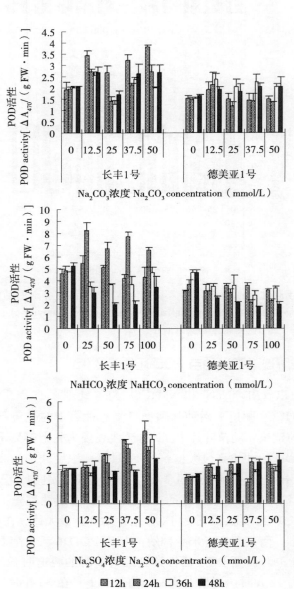

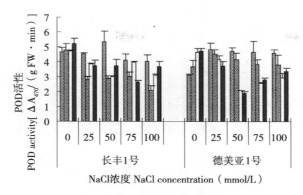

图 5-3 不同时长的盐碱胁迫下不同基因型玉米幼苗叶片 POD 活性的变化

Fig. 5-3 Changes of salt stress and alkaline stress on POD activity of blade of different maize genotypes at different time

由图 5-4 可以看出，$NaHCO_3$ 胁迫处理下的两基因型玉米根系 POD 的活性均随胁迫时间的延长先升高后下降，并在胁迫时长为 36 h 时达到最大值，

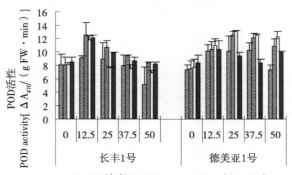

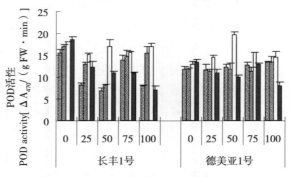

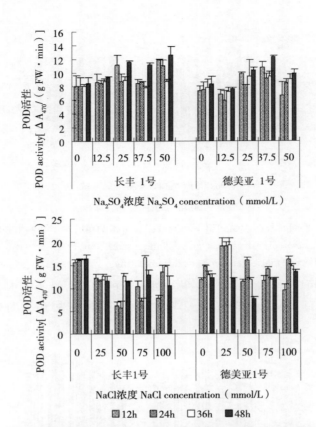

图 5-4　不同时长的盐碱胁迫下不同基因型玉米幼苗根系 POD 活性的变化

Fig. 5-4　Changes of salt stress and alkaline stress on POD activity of root of different maize genotypes at different time

在 NaHCO₃ 胁迫浓度分别为 25 mmol/L、50 mmol/L、75 mmol/L、100 mmol/L 时，长丰 1 号根系 POD 的活性分别为对照组的 84％、94％、86％、93％，德美亚 1 号根系 POD 的活性分别为对照组的 1.11 倍、1.52 倍、1.20 倍、1.12 倍。Na₂CO₃ 胁迫处理下的两基因型玉米根系 POD 活性的变化趋势和叶片一致，但根系 POD 的活性达到最大值时的胁迫时长不同，长丰 1 号在胁迫时长为 24 h 时达到最大值；德美亚 1 号在 36 h 时达到最大值。Na₂SO₄ 胁迫处理下，在相同的胁迫时长下，随着 Na⁺ 浓度的增加，两基因型玉米幼苗根系 POD 的活性均表现为上升趋势，并在胁迫时长为 48 h 时两基因型玉米幼苗根系 POD 活性均达到最大值。NaCl 胁迫处理下，长丰 1 号幼苗根系 POD 的活性先下降后上升，在胁迫时长为 36 h 时达到最大值；德美亚 1 号根系 POD 的活性先升高后下降，在胁迫时长为 24 h 时达到最大值。在 NaCl 胁迫浓度分别为 25 mmol/L、50 mmol/L、75 mmol/L、100 mmol/L 时，长丰1号根系 POD 的活性分别为对照组的 78%、79%、1.03 倍、91%，德美亚 1号根系 POD 活性分别为对照组的 1.28 倍、1.08 倍、95%、1.10 倍。

（三）盐碱胁迫下玉米幼苗 MDA 含量的变化

由图 5-5、图 5-6 可以看出，随着胁迫时间的延长，两种基因型玉米幼苗叶片和根系中 MDA 的含量在 4 种盐、碱胁迫处理下的变化趋势一致，根系中 MDA 含量的变化小于叶片中 MDA 含量的变化。NaHCO$_3$ 和 Na$_2$CO$_3$ 胁迫处理下，两种基因型玉米品种叶片和根系中的 MDA 含量均随胁迫时间的延长呈先下降后上升的趋势，且均在胁迫时长为 24 h 时达到最小值。Na$_2$SO$_4$ 胁迫处理下，两基因型玉米品种叶片和根系中的 MDA 含量均随胁迫时间的延长呈先下降后上升的趋势，长丰 1 号叶片和根系中 MDA 含量在胁迫时长为 24 h 时达到最低，德美亚 1 号叶片和根系中 MDA 含量在胁迫时长为 36 h 时达到最低。NaCl 胁迫处理下，两基因型玉米品种叶片和根系中 MDA 的含量随胁迫时间的延长呈先下降后上升的趋势，长丰 1 号叶片和根系中的 MDA 含量在胁

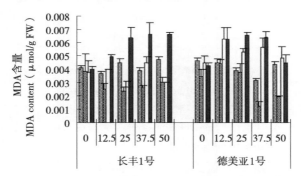

Na$_2$CO$_3$浓度 Na$_2$CO$_3$ concentration（mmol/L）

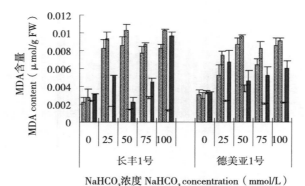

NaHCO$_3$浓度 NaHCO$_3$ concentration（mmol/L）

■ 12h　▨ 24h　□ 36h　■ 48h

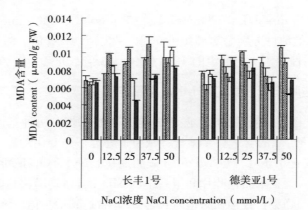

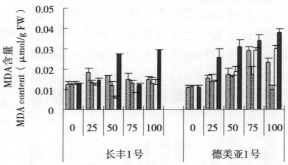

▨ 12h ▨ 24h □ 36h ■ 48h

图 5-5　不同时长的盐碱胁迫下不同基因型玉米幼苗叶片 MDA 含量的变化

Fig. 5-5　Changes of salt stress and alkaline stress on MDA activity of blade of different maize genotypes at different time

迫时长为 36 h 时达到最低，德美亚 1 号叶片和根系中的 MDA 含量在胁迫时长为 24 h 达到最低。

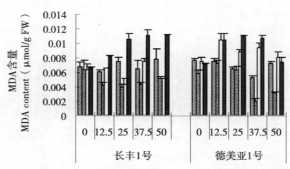

Na$_2$CO$_3$浓度 Na$_2$CO$_3$ concentration（mmol/L）

▨ 12h ▨ 24h □ 36h ■ 48h

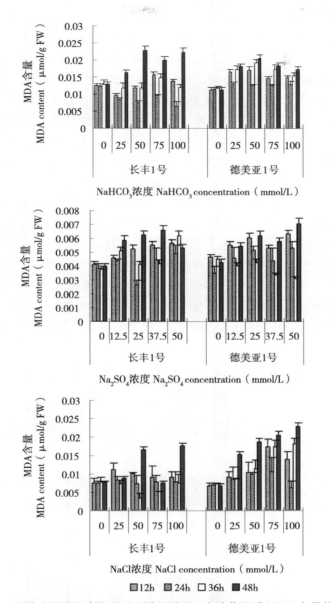

图 5-6 不同时长的盐碱胁迫下不同基因型玉米幼苗根系 MDA 含量的变化

Fig. 5-6 Changes of salt stress and alkaline stress on MDA activity of root of different maize genotypes at different time

(四) 盐碱胁迫下玉米幼苗可溶性蛋白含量的变化

由图 5-7 可以看出，$NaHCO_3$ 胁迫处理下的两基因型玉米幼苗叶片中可溶性蛋白的含量均随胁迫时间的延长先升高后下降，两品种叶片中的可溶性蛋白含量均在胁迫时长为 36 h 时达到最大值，在 NaHCO₃ 浓度分别为 25 mmol/L、50 mmol/L、75 mmol/L、100 mmol/L 时，长丰 1 号叶片中的可溶性蛋白含量分别为对照组的 1.82 倍、1.76 倍、1.81 倍、2.08 倍，德美亚 1 号叶片中的可溶性蛋白含量分别为对照组的 1.77 倍、1.97 倍、1.75 倍、1.90 倍。Na₂CO₃ 胁迫处理下的两品种可溶性蛋白含量均随胁迫时间的延长先升高后下降，长丰 1 号和德美亚 1 号叶片中可溶性蛋白的含量均在胁迫时长为 24 h 时达到最大值，在 Na₂CO₃ 浓度分别为 12.5 mmol/L、25 mmol/L、37.5 mmol/L、50 mmol/L 时，长丰 1 号叶片中的可溶性蛋白含量分别为对照组的 1.39 倍、1.50 倍、1.29 倍、1.58 倍，德美亚 1 号叶片中可溶性蛋白的含量分别为对照组的 1.23 倍、1.19 倍、1.20 倍、1.22 倍。Na₂SO₄ 胁迫处理下，两基因型玉米幼苗叶片中可溶性蛋白含量的变化趋势不明显，长丰 1 号和德美亚 1 号幼苗叶片中可溶性蛋白的含量均在胁迫时长为 36 h 时达到最大值。NaCl 胁迫处理下，两基因型玉米品种的可溶性蛋白含量均先上升后下降，均在胁迫时长为 36 h 时达到最大值，在 NaCl 浓度分别为 25 mmol/L、50 mmol/L、75 mmol/L、100 mmol/L 时，长丰 1 号叶片中可溶性蛋白含量分别为对照组的

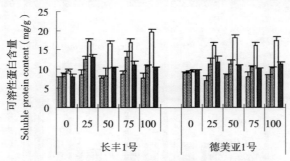

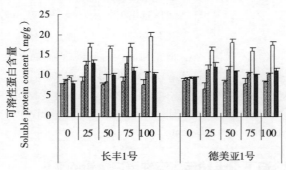

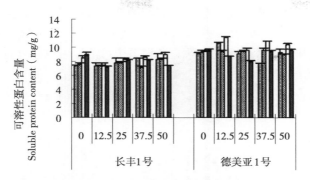

Na₂SO₄浓度 Na₂SO₄ concentration（mmol/L）

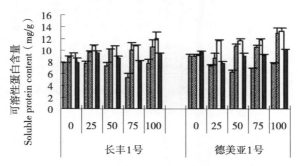

NaCl浓度 NaCl concentration（mmol/L）

▨12h ▨24h ▢36h ▉48h

图 5-7　不同时长的盐碱胁迫下不同基因型玉米幼苗叶片中可溶性蛋白含量的变化

Fig. 5-7　Changes of salt stress and alkaline stress on soluble protein content of blade of different maize genotypes at different time

1.15 倍、1.14 倍、1.14 倍、1.28 倍，德美亚 1 号的可溶性蛋白含量分别为对照组的 1.26 倍、1.28 倍、1.30 倍、1.44 倍。

由图 5-8 可以看出，$NaHCO_3$ 和 Na_2CO_3 胁迫处理下两基因型玉米品种根系中可溶性蛋白含量的变化趋势和叶片均一致。$NaHCO_3$ 胁迫处理下长丰 1 号和德美亚 1 号根系中可溶性蛋白含量均在胁迫时长为 36 h 时达到最大值，在 $NaHCO_3$ 浓度分别为 25 mmol/L、50 mmol/L、75 mmol/L、100 mmol/L 时，长丰 1 号根系中的可溶性蛋白含量分别为对照组的 2.03 倍、2.06 倍、2.25 倍、1.93 倍，德美亚 1 号根系中的可溶性蛋白含量分别为对照组的 2.43 倍、2.32 倍、2.32 倍、2.02 倍。Na_2CO_3 胁迫处理下的两品种根系中可溶性蛋白的含量均在胁迫时长为 24 h 时达到最大值，在 Na_2CO_3 浓度分别为 12.5 mmol/L、25 mmol/L、37.5 mmol/L、50 mmol/L 时，长丰 1 号根系中的可溶性蛋白含量分别为对照组的 1.57 倍、1.79 倍、1.38 倍、1.39 倍，德美亚 1

号根系中的可溶性蛋白含量分别为对照组的 2.01 倍、2.29 倍、2.04 倍、2.00 倍。Na_2SO_4 和 $NaCl$ 胁迫处理下，两基因型玉米品种幼苗根系中可溶性蛋白的含量变化趋势和叶片表现的一致，其根系中可溶性蛋白的含量均在胁迫时长为 36 h 时达到最大值。

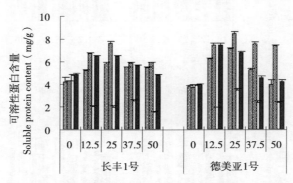

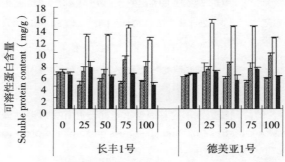

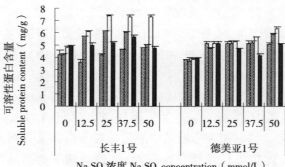

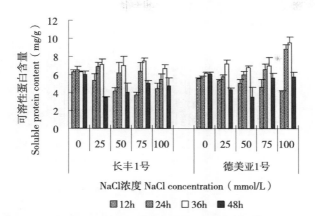

图 5-8　不同时长的盐碱胁迫下不同基因型玉米幼苗根系可溶性蛋白含量的变化

Fig. 5-8　Changes of salt stress and alkaline stress on soluble protein content of root of different maize genotypes at different time

（五）盐碱胁迫下玉米幼苗可溶性糖含量的变化

由图 5-9 可以看出，NaHCO₃ 胁迫处理下的长丰 1 号玉米幼苗叶片中可溶性糖含量随着胁迫时间的延长先下降后升高，在胁迫时长为 36 h 时达到最大值；德美亚 1 号随着胁迫时间的延长先升高后下降，在胁迫时长为 24 h 时达到最大值。在 NaHCO₃ 浓度分别为 25 mmol/L、50 mmol/L、75 mmol/L、100 mmol/L 时，长丰 1 号叶片中可溶性糖的含量分别为对照组的 1.64 倍、1.30 倍、2.03 倍、1.59 倍，德美亚 1 号叶片中可溶性糖的含量分别为对照组的 1.89 倍、1.21 倍、2.00 倍、2.24 倍。Na₂CO₃ 胁迫处理下的两品种均在胁迫时长为 12 h 时达到最大值，长丰 1 号叶片中可溶性糖的含量呈下降趋势，德美亚 1 号叶片中可溶性糖的含量呈下降升高再下降的趋势。Na₂SO₄ 胁迫处

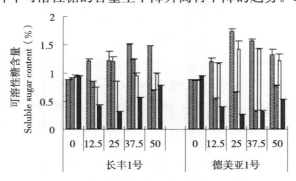

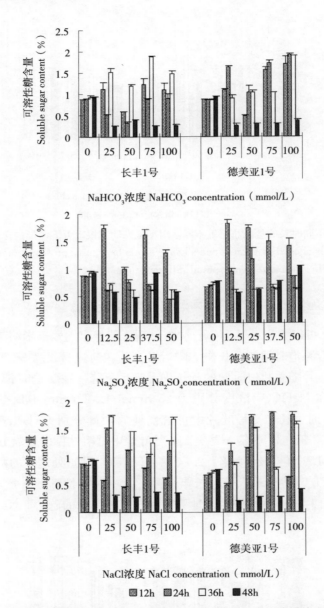

图 5-9　不同时长的盐碱胁迫下不同基因型玉米幼苗叶片中可溶性糖含量的变化

Fig. 5-9　Changes of salt stress and alkaline stress on soluble sugar content of blade of different maize genotypes at different time

理下，两品种均呈下降的趋势，在胁迫时长为 12 h 时两品种玉米幼苗叶片中可溶性糖含量均达到最大值，在 Na_2SO_4 浓度分别为 12.5 mmol/L、25 mmol/L、37.5 mmol/L、50 mmol/L 时，长丰 1 号叶片中可溶性糖含量分别为对照组的 1.99 倍、1.14 倍、1.86 倍、1.47 倍,德美亚 1 号叶片中可溶性糖的含量分别为对照组的 2.70 倍、2.56 倍、2.20 倍、2.07 倍。NaCl 胁迫处理下,两玉米品种幼苗叶片中可溶性糖的含量先升高后下降,长丰 1 号叶片中的可溶性糖含量在胁迫时长为 36 h 时达到最大值,德美亚 1 号叶片中可溶性糖含量在胁迫时长为 24 h 时达到最大值。

由图 5-10 可以看出,$NaHCO_3$ 胁迫处理下,两基因型玉米幼苗根系中可溶性糖含量的变化趋势和叶片一致,两基因型玉米品种根系中可溶性糖含量达到最大值的胁迫时长也与叶片一致。Na_2CO_3 胁迫处理下,两不同基因型的玉米品种根系中可溶性糖的含量均在胁迫时长为 12 h 时达到最大值,长丰 1 号根系中可溶性糖的含量的变化趋势和叶片一致,德美亚 1 号根系中可溶性糖的含量呈先下降后上升的趋势。Na_2SO_4 胁迫处理下,两品种幼苗根系中可溶性糖的含量均呈下降的趋势,在胁迫时长为 24 h 时长丰 1 号和德美亚 1 号玉米幼苗根系中可溶性糖含量均达到最大值,在 Na_2SO_4 浓度分别为 12.5 mmol/L、25 mmol/L、37.5 mmol/L、50 mmol/L 时,长丰 1 号根系中可溶性糖的含量分别为对照组的 1.79 倍、1.82 倍、2.60 倍、2.87 倍,德美亚 1 号根系中可

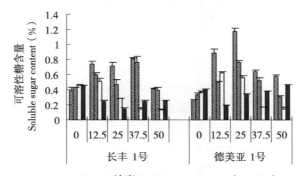

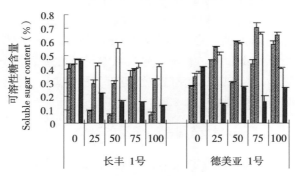

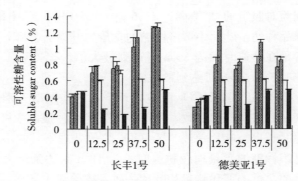

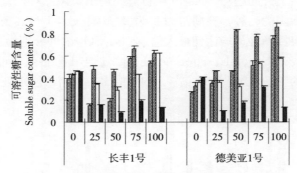

图 5-10　不同时长的盐碱胁迫下不同基因型玉米幼苗根系中可溶性糖含量的变化

Fig. 5-10　Changes of salt stress and alkaline stress on soluble sugar content of root of different maize genotypes at different time

溶性糖的含量分别为对照组的 3.70 倍、2.44 倍、3.13 倍、2.50 倍。NaCl 胁迫处理下,两基因型玉米品种根系中可溶性糖含量均先升高后下降,均在胁迫时长为 24 h 时达到最大值,在 NaCl 浓度分别为 25 mmol/L、50 mmol/L、75 mmol/L、100 mmol/L 时,长丰 1 号根系中可溶性糖含量分别为对照组的 1.13 倍、1.07 倍、1.54 倍、1.45 倍,德美亚 1 号根系中可溶性糖的含量分别为对照组的 1.35 倍、2.44 倍、2.29 倍、2.54 倍。

(六) 盐碱胁迫下玉米幼苗脯氨酸含量的变化

由图 5-11 可以看出,随着胁迫时间的延长,NaHCO₃ 胁迫处理下的两基因型玉米幼苗叶片中的脯氨酸的含量均随胁迫时间的延长先下降后上升,在胁迫时长为 48 h 时均达到最大值,在 NaHCO₃ 浓度分别为 25 mmol/L、50 mmol/L、75 mmol/L、100 mmol/L 时，长丰 1 号幼苗叶片中脯氨酸的含量分别为对照组的 1.56 倍、1.48 倍、1.24 倍、1.30 倍，德美亚 1 号叶片中脯氨酸的含量分别为对照组的 1.18 倍、1.12 倍、1.23 倍、1.26 倍。Na_2CO_3 胁迫处理下的两基因型玉米幼苗叶片中脯氨酸的含量均在胁迫时长为 36 h 时达到最大值，在相同的胁迫浓度下，随着胁迫时间的延长，长丰 1 号叶片中脯氨酸的含量先升高后下降，德美亚 1 号叶片中脯氨酸的含量先下降后升高再下降。Na_2SO_4 胁迫处理下，两基因型玉米品种叶片中脯氨酸的含量随胁迫时间的延长先升高后下降，叶片中脯氨酸的含量均在胁迫时长为 24 h 时达到最大值，在 Na_2SO_4 浓度分别为 12.5 mmol/L、25 mmol/L、37.5 mmol/L、50 mmol/L 时，长丰 1 号叶片中脯氨酸的含量分别为对照组的 1.19 倍、1.12 倍、1.11 倍、98%，德美亚 1 号叶片中脯氨酸的含量分别为对照组的 1.02 倍、1.13 倍、1.08 倍、1.05 倍。NaCl 胁迫处理下的两基因型玉米幼苗叶片中脯氨酸的含量的变化趋势和 $NaHCO_3$ 胁迫处理一致，也都在胁迫时长为 48 h 时达到最大值。

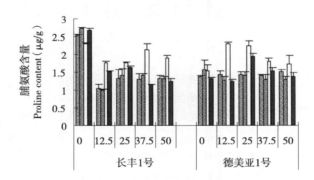

Na_2CO_3 浓度 Na_2CO_3 concentration（mmol/L）

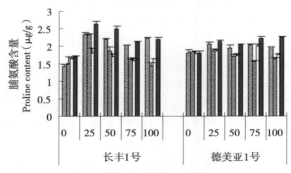

$NaHCO_3$ 浓度 $NaHCO_3$ concentration（mmol/L）

■ 12h ▨ 24h □ 36h ■ 48h

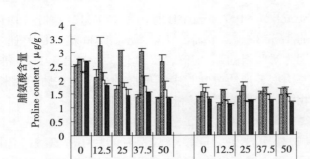

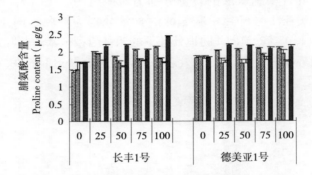

■12h ▨24h □36h ■48h

图 5-11　不同时长的盐碱胁迫下不同基因型玉米幼苗叶片 脯氨酸含量的变化

Fig. 5-11　Changes of salt stress and alkaline stress on proline content of blade of different maize genotypes at different time

　　由图 5-12 可以看出，随着胁迫时间的延长，NaHCO₃ 胁迫处理下的两基因型玉米幼苗根系中的脯氨酸含量均随胁迫时间的延长先下降后上升，在胁迫时长为 48 h 均达到最大值，和叶片的变化趋势一致，在 NaHCO₃ 浓度分别为 25 mmol/L、50 mmol/L、75 mmol/L、100 mmol/L 时，长丰 1 号根系中脯氨酸的含量分别为对照组的 1.55 倍、1.72 倍、1.32 倍、1.10 倍，德美亚 1 号根系中脯氨酸的含量分别为对照组的 1.04 倍、1.10 倍、1.11 倍、95％。Na₂CO₃ 胁迫处理下，随胁迫时间的延长，长丰 1 号根系中脯氨酸的含量先下降后升高，在胁迫时长为 48 h 时达到最大值；德美亚 1 号根系中脯氨酸的含量呈下降的趋势，在胁迫时长为 12 h 时达到最大值。Na₂SO₄ 胁迫处理下，随胁迫时间的延长，长丰 1 号根系中脯氨酸的含量先升高后下降，并且在胁迫时长为 24 h 时达到最大值；德美亚 1 号根系中脯氨酸的含量先下降后升高，在胁迫时长为 36 h 时达到最大值。NaCl 胁迫处理下，随胁迫时间的延长，长丰 1 号根系中脯氨酸的含量先下降后升高再下降，在胁迫时长为 36 h 时达到最大值；德美亚 1 号根系中脯氨酸的含量升高，在胁迫时长为 48 h 时达到最大值。

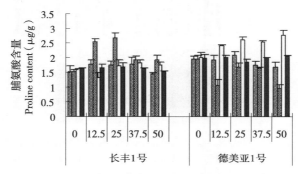

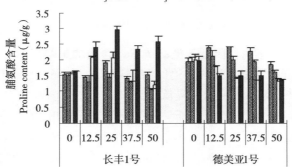

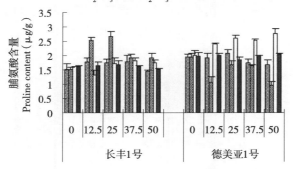

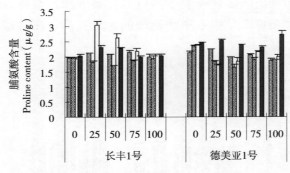

图 5-12　不同时长的盐碱胁迫下不同基因型玉米幼苗根系脯氨酸含量的变化

Fig. 5-12　Changes of salt stress and alkaline stress on proline content of root of different maize genotypes at different time

（七）盐碱胁迫下玉米幼苗离子含量的变化

1. 盐碱胁迫对不同基因型玉米幼苗 Na$^+$ 含量的影响

由图 5-13 可以看出，随着胁迫时间的延长，两种基因型玉米幼苗根系中 Na$^+$ 的含量随胁迫时间的延长先降低后升高，在胁迫时长为 24 h 时两种基因型玉米幼苗根系中 Na$^+$ 的含量最低，这表明在胁迫时长为 12～24 h 时植物自身吸收 Na$^+$ 的能力降低；胁迫时长为 24 h 之后，随着胁迫时间的延长，Na$^+$ 含量开始升高并在胁迫时长为 48 h 时达到最大值，这说明植物自身吸收 Na$^+$ 的能力升高。在胁迫时长为 48 h 时，德美亚 1 号在 NaCl、NaHCO$_3$、Na$_2$CO$_3$、Na$_2$SO$_4$ 胁迫下幼苗根中 Na$^+$ 含量分别为对照组的 1.21 倍、1.34 倍、1.58 倍、1.42 倍，长丰 1 号的分别为对照组的 1.31 倍、1.64 倍、1.87

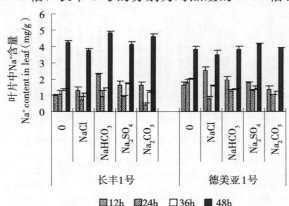

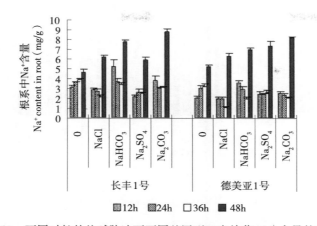

图 5-13 不同时长的盐碱胁迫下不同基因型玉米幼苗 Na$^+$ 含量的变化

Fig. 5-13 Changes of salt stress and alkaline stress on Na$^+$ content of different maize genotypes at different time

倍、1.26 倍，说明在 4 种盐碱胁迫下德美亚 1 号根系中 Na$^+$ 含量较长丰 1 号变化幅度小，进一步证明了德美亚 1 号自身能够承受的盐碱胁迫程度较大，较耐盐碱。而且，4 种盐中 NaHCO$_3$ 和 Na$_2$CO$_3$ 对两种基因型的玉米影响较 NaCl 和 Na$_2$SO$_4$ 的影响大，说明碱性盐胁迫对玉米 Na$^+$ 含量影响较大。叶片中 Na$^+$ 含量变化与根系一致，表明 Na$^+$ 含量在根系中吸收后运输到叶片中其含量并未发生明显的变化。

2. 盐碱胁迫对不同基因型玉米幼苗 K$^+$ 含量的影响

由图 5-14 可以看出，随着胁迫时间的延长，两种基因型玉米幼苗根系中 K$^+$ 的含量随胁迫时间的延长呈下降的趋势，在胁迫时长为 12 h 时含量最高。这说明玉米幼苗在受到胁迫的最初 12 h 中对 K$^+$ 的吸收明显升高，这与 Na$^+$ 的变化不同。在胁迫时长为 12 h 时，4 种盐中 NaCl 胁迫下长丰 1 号幼苗根系

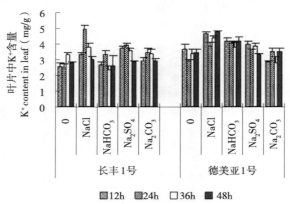

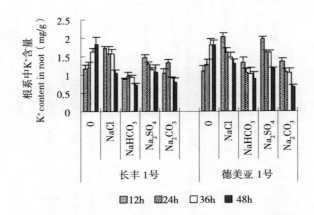

图 5-14　不同时长的盐碱胁迫下不同基因型玉米幼苗 K^+ 含量的变化

Fig. 5-14　Changes of salt stress and alkaline stress on K^+ content of different maize genotypes at different time

中 K^+ 含量为对照组的 1.35 倍，$NaHCO_3$、Na_2CO_3、Na_2SO_4 胁迫下 K^+ 含量分别为对照组的 76%、91%、1.28 倍；德美亚 1 号幼苗根系中 K^+ 含量为对照组的 1.59 倍，$NaHCO_3$、Na_2CO_3、Na_2SO_4 胁迫下 K^+ 含量分别为对照组的 1.03 倍、1.07 倍、1.55 倍，说明 NaCl 在影响根吸收 K^+ 中的作用较其他 3 种大。叶片中 K^+ 含量并无明显差异，这与根中不同，这说明 K^+ 在根中的含量并未影响其在叶中的含量。这可能是由于 K^+ 在运输过程中，根是其主要吸收并作用的部位，叶片中 K^+ 含量受盐胁迫的影响较小。

3. 盐碱胁迫对不同基因型玉米幼苗 Na^+/K^+ 比值的影响

由图 5-15 可以看出，两种不同基因型玉米幼苗在 4 种不同的盐碱胁迫下，其根内 Na^+/K^+ 的值均随胁迫时间的延长先下降后上升，这与 Na^+ 的变化趋势一致。两种基因型的玉米幼苗根系在 4 种盐碱胁迫下，其 Na^+/K^+ 的值均在胁迫时长为 48 h 时达到一个最大值。在碱性盐（$NaHCO_3$ 和 Na_2CO_3）胁迫下，长丰 1 号叶片中的 Na^+/K^+ 比值分别为对照组的 1.23 倍和 1.05 倍，根系中的 Na^+/K^+ 比值分别为对照组的 4.18 倍和 4.28 倍；德美亚 1 号根系中的 Na^+/K^+ 比值分别为对照组的 2.75 倍和 4.17 倍。在中性盐（NaCl 和 Na_2SO_4）胁迫下，长丰 1 号叶片中的 Na^+/K^+ 比值分别为对照组的 0.83 倍和 0.97 倍，根系中的 Na^+/K^+ 比值分别为对照组的 2.26 倍和 2.10 倍；德美亚 1 号根系中的 Na^+/K^+ 比值分别为对照组的 1.66 倍和 2.17 倍。在碱性盐胁迫下两基因型玉米幼苗叶片和根系中 Na^+/K^+ 的比值高于中性盐胁迫下的比值，说明碱性盐比中性盐的胁迫伤害更大。两种不同的基因型玉米幼苗在 4 种不同的盐碱胁迫下，其叶片内 Na^+/K^+ 的值均随胁迫时间的延长而表现出先下降后上升的趋势，在盐胁迫时长为 24

h时比值达到最低并且均小于 1，以后逐渐升高，表明植物在盐胁迫时长超过 24 h后对胁迫的缓解作用不能有效传递到叶片。可见，耐盐碱品种德美亚 1 号比盐碱敏感品种长丰 1 号的比值变化较小，说明其自身的抗盐碱能力使其离子含量的比值变化幅度减小。

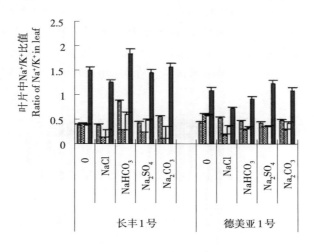

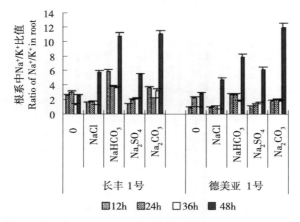

图 5-15　不同时长的盐碱胁迫下不同基因型玉米幼苗 Na$^+$/K$^+$ 含量比值的变化

Fig. 5-15　Changes of salt stress and alkaline stress on Na$^+$/K$^+$ ratio of different maize genotypes at different time

（八）盐碱胁迫下玉米幼苗养分含量的变化

1. 盐碱胁迫对不同基因型玉米幼苗氮素含量的影响

由图 5-16 可以看出，盐胁迫抑制了氮素在玉米幼苗中的积累。随着胁迫时间的延长，两种基因型玉米幼苗叶片和根系中氮素的含量在 4 种盐胁迫下均呈现出下降的趋势。NaCl 胁迫下，长丰 1 号幼苗叶片和根系中氮含量均在胁迫时长为 36 h 时达到最低，德美亚 1 号叶片和根系均在胁迫时长为 48 h 达到最低。Na₂SO₄ 胁迫下长，丰 1 号幼苗叶片和根系均在胁迫时长为 48 h 时氮含量达到最低；德美亚 1 号叶片在胁迫时长为 48 h 时达到最低，根系在胁迫时长为 24 h 时达到最低。NaHCO₃ 胁迫下，长丰 1 号叶片氮含量在胁迫时长为 36 h 达到最低，根系在胁迫时长为 48 h 时达到最低；德美亚 1 号叶片在胁迫时长为 36 h 达到最低，根系在胁迫时长为 24 h 达到最低。Na₂CO₃ 胁迫下长，丰 1 号和德美亚 1 号叶片和根系氮含量均在胁迫时长为 48 h 达到最低。

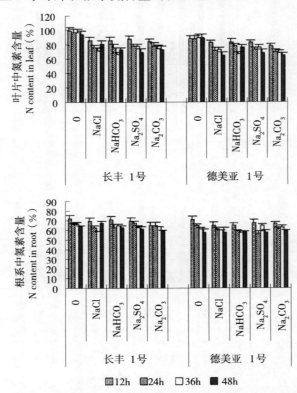

图 5-16　不同时长的盐碱胁迫下不同基因型玉米幼苗氮素含量的变化

Fig. 5-16　Changes of salt stress and alkaline stress on N content of different maize genotypes at different time

2. 盐碱胁迫对不同基因型玉米幼苗磷素含量的影响

由图 5-17 可以看出，随着胁迫时间的延长，长丰 1 号和德美亚 1 号叶片中磷含量在 4 种盐胁迫处理下均表现出先升高后降低的趋势，长丰 1 号在胁迫时长为 48 h 时磷含量达到最低值，德美亚 1 号在胁迫时长为 36 h 时达到最低值。长丰 1 号根系中磷的含量在 4 种盐胁迫处理下，随着胁迫时间的延长呈下降趋势，并在胁迫时长为 48 h 时达到最低；而德美亚 1 号呈先下降后上升的趋势，并在胁迫时长为 24 h 达到最低。

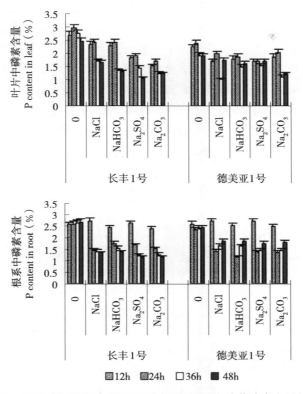

图 5-17 不同时长的盐碱胁迫下不同基因型玉米幼苗磷素含量的变化

Fig. 5-17 Changes of salt stress and alkaline stress on P content of different maize genotypes at different time

（九）盐碱胁迫下玉米幼苗光合指标的变化

由图 5-18、图 5-19、图 5-20、图 5-21 可以看出，随着盐浓度的增加，长丰 1 号玉米幼苗叶片中的净光合速率呈下降的趋势，在盐浓度为 100 mmol/L 时，与对照组相比，NaCl 胁迫下的净光合速率下降了 37.6 ％，Na_2SO_4 胁迫下的净光合速率下降了 46.2 ％，$NaHCO_3$ 胁迫下的净光合速率下降了 63.8％，Na_2CO_3 胁迫下的净光合速率下降了 62.2％。德美亚 1 号玉米幼苗叶片中的净光合速率呈先上升后下降的趋势，NaCl 和 Na_2SO_4 胁迫下的净光合速率在盐浓度为 25 mmol/L 时高于对照但之后呈下降趋势，在盐浓度为 100 mmol/L 时，与对照组相比净光合速率分别下降了 33.2％ 和 27.4％；$NaHCO_3$ 和 Na_2CO_3 胁迫下的净光合速率在盐浓度为 50 mmol/L 时高于对照组之后呈下降趋势，在盐浓度为 100 mmol/L 时与对照组相比净光合速率分别下降了 44.9％和 39.2％。

不同浓度的 4 种盐胁迫下的两种基因型玉米幼苗叶片的气孔导度和蒸腾速率的变化均随盐浓度的增加而明显下降，在相同盐浓度处理下的德美亚 1 号叶片中的气孔导度和蒸腾速率高于长丰 1 号。

两种基因型玉米幼苗叶片中的胞间 CO_2 浓度的变化均随盐浓度的增加先下降后上升，NaCl 胁迫下两品种均在 Na^+ 浓度为 50 mmol/L 时胞间 CO_2 浓度降至最低，Na_2SO_4 胁迫下两品种均在 Na^+ 浓度为 25 mmol/L 时最低，$NaHCO_3$ 胁迫下长丰 1 号在 Na^+ 浓度 25 mmol/L 时降至最低而德美亚 1 号在 Na^+ 浓度为 75 mmol/L 时最低，Na_2CO_3 胁迫下均在 Na^+ 浓度为 50 mmol/L 时降至最低。

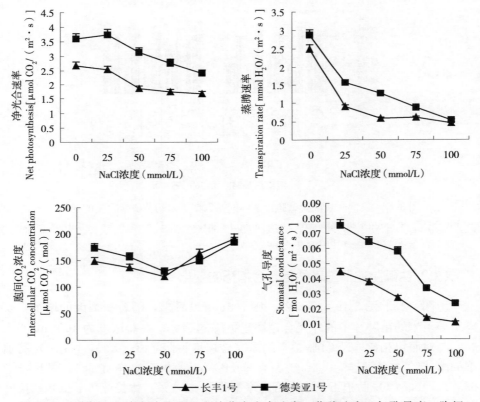

图 5-18　不同 NaCl 浓度胁迫下玉米幼苗净光合速率、蒸腾速率、气孔导度、胞间 CO_2 浓度的变化

Fig. 5-18　Change of NaCl stress on net photosynthesis，transpiration rate，stomatal conductance，intercellular CO_2 concentration of maize seedlings

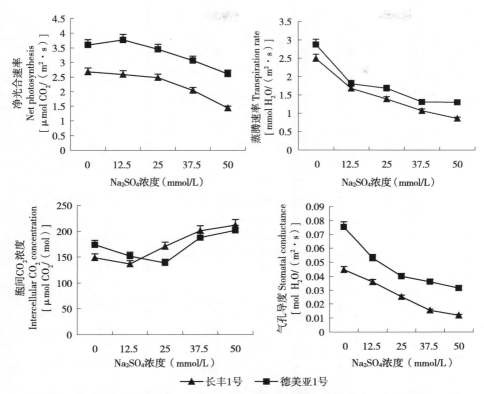

图 5-19　不同 Na_2SO_4 浓度胁迫下玉米幼苗净光合速率、蒸腾速率、气孔导度、胞间
　　　　 CO_2 浓度的变化

Fig. 5-19　Change of Na_2SO_4 stress on net photosynthesis，transpiration rate，
　　　　　 stomatal conductance，intercellular CO_2 concentration of maize seedlings

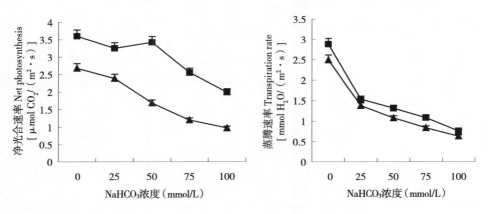

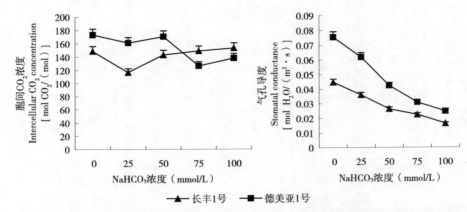

长丰1号　　德美亚1号

图 5-20　不同 NaHCO₃ 浓度胁迫下玉米幼苗净光合速率、蒸腾速率、气孔导度、胞间 CO_2 浓度的变化

Fig. 5-20　Change of NaHCO₃ stress on net photosynthesis，transpiration rate，stomatal conductance，intercellular CO_2 concentration of maize seedlings

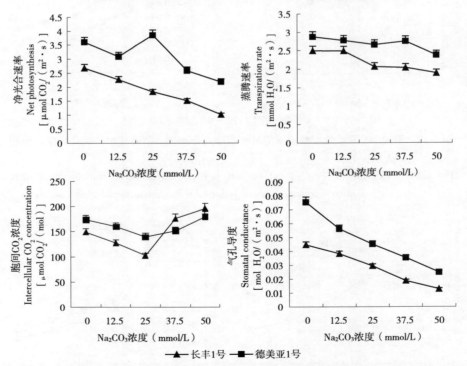

长丰1号　　德美亚1号

图 5-21　不同 Na₂CO₃ 浓度胁迫下玉米幼苗净光合速率、蒸腾速率、气孔导度、胞间 CO_2 浓度的变化

Fig. 5-21　Change of Na₂CO₃ stress on net photosynthesis，transpiration rate，stomatal conductance，intercellular CO_2 concentration of maize seedlings

三、结论

（1）本试验结果表明，德美亚 1 号叶片和根系在盐胁迫 48 h 后 SOD 活性变化幅度均小于长丰 1 号。两基因型玉米幼苗根系 POD 活性明显高于叶片，因为 POD 与呼吸作用有密切的关系。$NaHCO_3$ 处理的叶片和根系 POD 活性的变化均先升高后下降，但是 NaCl 处理则表现为先下降后上升的趋势。短时间胁迫下，耐盐碱玉米品种 SOD 活性均比盐碱敏感型玉米品种 SOD 活性达到最高值的时间晚。

（2）随着盐胁迫时间的延长，玉米幼苗中 MDA 的含量先下降，然后随胁迫时间的延长而增加。MDA 的含量在胁迫时间段为 12～24 h 呈下降趋势。

（3）在相同胁迫浓度下，随着时间的推移，可溶性糖含量在两基因型玉米品种中的变化在 $NaHCO_3$、Na_2SO_4、Na_2CO_3 3 种盐胁迫中均呈先下降后升高再下降的趋势，在相同浓度的 NaCl 胁迫下可溶性糖含量在两基因型玉米品种中均随时间的推移呈先上升后下降的趋势。在相同的胁迫时间下，在 Na^+ 浓度为 50 mmol/L 和 100 mmol/L 时，可溶性蛋白含量达到最大值，只是不同的盐处理达到最大值时的胁迫时间不同。德美亚 1 号和长丰 1 号根系和叶片中可溶性蛋白的含量达到最大值时的胁迫时长为 36 h。

（4）本研究结果表明，在胁迫时长为 12 h 时，两基因型玉米幼苗根系中 K^+ 的含量变化比 Na^+ 的含量变化明显。耐盐碱型玉米品种根系中 Na^+ 含量变化较盐碱敏感型玉米品种的小，K^+ 含量变化则相反。两基因型玉米幼苗根系内 Na^+/K^+ 的比值均随胁迫时间的延长而表现出先下降后上升的趋势。

盐胁迫抑制氮素的积累，不同的盐碱胁迫处理下的两基因型玉米幼苗叶片和根系中氮素的含量呈下降的趋势，但是氮素到达最低值的时间不同，耐盐碱品种德美亚 1 号在 Na_2SO_4 胁迫下的根系在胁迫时长为 24 h 时氮素含量达到最低。两基因型玉米幼苗的根系中磷的含量在胁迫时长为 12 h 时与对照组相比不仅没有明显下降，有的还呈上升的趋势，叶片在胁迫时长为 12 h 时的磷含量均比胁迫时长为 24 h 时的低。

（5）本试验研究结果表明，德美亚 1 号的净光合速率从胁迫开始直到结束都显著高于长丰 1 号；长丰 1 号在碱性盐胁迫下净光合速率的下降幅度大于中性盐胁迫，德美亚 1 号的净光合速率在 4 种盐胁迫下的变化幅度不明显并且小于长丰 1 号的变化幅度。玉米幼苗叶片的净光合速率、蒸腾速率、气孔导度均有所下降，但胞间 CO_2 浓度升高。

第六章　盐碱复合胁迫对玉米幼苗生长量及生理生化特性影响的研究

一、材料与方法

根据第二章玉米萌发、苗期耐盐碱品种筛选，从 29 份供试材料中选出一个高耐品种郑单 958 和一个高感品种真金 8 号。

（一）方法

玉米幼苗培养方法同第二章，培养到三叶一心期时盐碱复合胁迫处理，以碱性盐比例逐步增大的顺序分成 A、B、C、D、E 5 组，盐分组成及比例如表 6-1。每组内 5 个浓度处理，Na^+ 浓度依次是 0、50、100、150、200 mmol/L（表 6-2）。7d 后每个处理取长势均匀的 5 株幼苗，进行生长量指标的测定；取 10 株进行生理指标测定。

表 6-1　混合盐各处理所含盐分及其摩尔比
Table 6-1　The mixed processing contains salt and its molar ratio

组别 Group	NaCl	Na_2SO_4	$NaHCO_3$	Na_2CO_3
A	1	1	0	0
B	1	2	1	0
C	1	9	9	1
D	1	1	1	1
E	9	1	1	9

表 6-2　混合盐各处理的 pH 及其离子摩尔比
Table 6-2　The treatment of pH and mixed salt ions mole ratio

处理代号 Treat code	pH	$[Na^+]$ (mmol/L)	$[Cl^-]$ (mmol/L)	$[SO_4^{2-}]$ (mmol/L)	$[HCO_3^-]$ (mmol/L)	$[CO_3^{2-}]$ (mmol/L)
CK	6.20	0	0	0	0	0
A50	6.20	50.00	25.00	12.50	0	0
B50	7.90	50.00	12.50	12.50	12.50	0

（续）

处理代号 Treat code	pH	$[Na^+]$ (mmol/L)	$[Cl^-]$ (mmol/L)	$[SO_4^{2-}]$ (mmol/L)	$[HCO_3^-]$ (mmol/L)	$[CO_3^{2-}]$ (mmol/L)
C50	8.50	50.00	2.50	11.25	22.50	1.25
D50	9.30	50.00	12.50	6.25	12.50	6.25
E50	10.00	50.00	22.50	1.25	2.50	11.25
A100	6.40	100.00	50.00	25.00	0	0
B100	8.00	100.00	25.00	25.00	25.00	0
C100	8.50	100.00	5.00	22.50	45.00	2.50
D100	9.40	100.00	25.00	12.50	25.00	12.50
E100	10.20	100.00	45.00	2.50	5.00	22.50
A150	6.30	150.00	75.00	37.50	0	0
B150	8.10	150.00	37.50	37.50	37.50	0
C150	8.40	150.00	7.50	33.75	67.50	3.75
D150	9.50	150.00	37.50	18.75	37.50	18.75
E150	10.50	150.00	67.50	3.75	7.50	33.75
A200	6.40	200.00	100.00	50.00	0	0
B200	8.20	200.00	50.00	50.00	50.00	0
C200	8.70	200.00	10.00	45.00	90.00	5.00
D200	9.50	200.00	50.00	25.00	50.00	25.00
E200	10.40	200.00	90.00	5.00	10.00	45.00

（二）生理生化指标的测定

1. 玉米幼苗叶绿素 a 和叶绿素总含量的测定

采用丙酮乙醇混合法，称取幼苗第 3 片真叶中间部位 0.05 g 左右，放入 15 mL 丙酮乙醇混合液中浸泡直至叶片变白，在 663nm 和 645nm 波长下测定光密度 OD。计算公式如下：

叶绿素 a（mg/g）＝（$12.71OD_{663}$ － $2.59OD_{645}$）$\times V/1000W$

叶绿素总量（mg/g）＝（$8.04OD_{663}$ ＋ $20.29OD_{663}$）$\times V/1000W$

式中，V 为丙酮乙醇混合液体积（mL），W 为叶片重（g）。

2. 玉米幼苗叶片相对电导率的测定

取幼苗第 3 片真叶中间部位 1 cm，用去离子水冲洗干净，放入加 10 mL 去离子水的试管中，25℃浸泡 24 h，用电导率仪测定各试管中液体电导率，记为 A；将试管放入沸水浴中 20 min，然后冷却至初始温度测电导率，记为 B；相对电导率 $R＝(A/B)\times100$。

3. 玉米幼苗 MDA 含量的测定

取 0.5 g 材料，加 10％三氯乙酸 5 mL 研磨至匀浆，3 000 r/min 离心 10 min；向试管中加 1 mL 上清液（对照组加 1 mL 蒸馏水），加含 0.6％硫代巴比妥酸的 10％三氯乙酸溶液 2 mL；在沸水浴（水浴时加盖）中加热 15 min（呈现棕红色），迅速冷却后再离心一次；最后分别在 450 nm、532 nm、600 nm 下测定吸光值。

反应混合液 MDA 浓度 $C_{MDA}(\mu mol/L) = 6.45(OD_{532} - OD_{600}) - 0.56OD_{450}$

提取液中 MDA 浓度 $(\mu mol/mL) = C_{MDA} \times$ 反应液体积(mL)/[1 000 × 吸取提取液体积(mL)]

MDA 含量 $(\mu mol/g\ FW)$ = 提取液中 MDA 浓度 $(\mu mol/mL)$ × 提取液总量（mL）/样品质量（g）

4. 玉米幼苗活性氧产物的测定

（1）·OH 清除率　取 0.5 g 材料，用 5 mL 去离子水研磨至匀浆，4 000 r/min 离心 10 min；向试管中加 1 mL 上清液，1.8 mmol/L FeSO₄ 溶液 2 mL，1.8 mmol/L 水杨酸-乙醇溶液 1.5 mL，0.3％浓度的 H_2O_2 0.1 mL，振荡混合；37℃保温 30 min，用去离子水调零，在 510 nm 处测定吸光值。

·OH 清除率（％）＝（对照组－处理组/对照组）×100

（2）O_2^- 含量　取 0.5 g 材料，用 5 mL 磷酸缓冲液（pH 7.8）在冰浴下研磨至匀浆，4℃下 12 000 g 离心 20 min；向试管中加 1 mL 上清液（对照组加 1 mL 蒸馏水），50 mmol/L 磷酸缓冲液（pH 7.8）1 mL，10 mmol/L 盐酸羟胺溶液 1 mL，摇匀；25℃保温 20 min 后加 58 mmol/L 对氨基苯磺酸和 7 mmol/L α-萘胺各 1 mL，混匀；25℃保温 20 min 后加等体积三氯甲烷萃取色素，10 000 r/min 离心 3 min，取上层粉红色水润，530 nm 下测定吸光值。

O_2^- 含量 $[nmol/(min \cdot g)] = 1000n \cdot V/(V_s \cdot t \cdot m)$

式中，n 为标准曲线中查得溶液中 O_2^- 的物质的量（μmol），V 为样品提取液总体积（mL），V_s 为吸取提取液体积（mL），t 为样品与盐酸羟胺的反应时间（min），m 为样品质量（g）。

（3）H_2O_2 含量的测定　取 0.5 g 材料，加 5 mL 0.1％三氯乙酸，在冰浴下研磨至匀浆，4℃下 12 000 g 离心 15 min；向试管中加 1.5 mL 上清液（对照组加 1.5 mL 0.1％三氯乙酸），10mmol/L 磷酸缓冲液（pH 7.0）0.5 mL，1 mol/L KI 溶液 1 mL，390 nm 下测定吸光值。

H_2O_2 含量 $(\mu mol/g) = CV/(V_t \cdot m)$

式中，C 为标准曲线中查得样品中 H_2O_2 浓度（μmol），V 为样品提取液总体积（mL），V_t 为吸取提取液体积（mL），m 为样品质量（g）。

5. 玉米幼苗抗氧化酶活性的测定

取 0.4～0.5 g 材料，加 50 mmol/L 磷酸缓冲液（pH 7.8）5 mL 在冰浴下研磨至匀浆，4℃下 8 000 r/min 离心 20 min，上清液为酶粗提取液。

（1）CAT 活性测定　向试管中加 0.05 mL 粗酶液（对照组加 0.05 mL 杀死活性的粗酶液），50 mmol/L 磷酸缓冲液（pH 7.8）1.5 mL，蒸馏水 1 mL，逐个加入 0.1 mol/L H_2O_2 0.3 mL，立即在 240 nm 下测定吸光值，每隔 1 min 读数一次，共测 3 min，用蒸馏水调零，以每分钟 OD_{240} 减少 0.1 的酶量为 1 个酶活性单位（U）。

（2）POD 活性测定　向试管中加 3mL 反应混合液［28μL 愈创木酚溶于 50 mL 的 100 mmol/L 磷酸缓冲液（pH 6.0）中，待完全溶解后加 19μL 30％ H_2O_2 混合均匀］，再加入 0.1 mL 粗酶液［对照组加 0.1 mL 磷酸缓冲液（pH 7.8）］，立即在 470 nm 下测定吸光值，每隔 15 s 读数 1 次，读 45 s，以每 15 s OD 变化值测酶活性，用 $\Delta OD/min \cdot mg$ 蛋白质表示。

6. 玉米幼苗渗透调节物质含量的测定

可溶性蛋白含量的测定：取 0.4～0.5 g 材料，加 50 mmol/L 磷酸缓冲液（pH 7.8）5 mL 在冰浴下研磨至匀浆，4℃下 8 000 r/min 离心 20 min，上清液为酶粗提取液。向试管中加 0.1 酶量粗酶液［对照组加 0.1 mL 50 mmol/L 磷酸缓冲液（pH 7.8）］，5 mL 考马斯亮蓝溶液，充分混合，放置 2 min 后在 595 nm 下测定吸光值。

二、结果与分析

（一）盐碱复合胁迫对玉米幼苗生长量的影响

由于苗高变化率、干重变化率可以排除不同基因型玉米材料在相同生长条件下本身存在的差异，可以客观地反映出玉米品种及个体间苗期对盐分抵抗的能力，因此选用玉米幼苗表形各指标的变化率来研究盐碱复合胁迫下玉米生长量的变化趋势。

1. 盐碱复合胁迫对玉米幼苗苗高的影响

如图 6-1 所示，两品种苗高变化率在各个组别中随钠离子浓度的升高而不同程度地增加，浓度为 50 mmol/L 时 B 组比例促进郑单 958 地上部生长，B、C 组比例促进真金 8 号地上部生长，它们的苗高变化率排序依次为：$B_{郑单958}$＞$B_{真金8号}$＞$C_{真金8号}$，并且钠离子浓度 150 mmol/L 和 200 mmol/L 均与 50 mmol/L 差异达到显著水平（$P<0.05$，下同）。各组别间随碱性盐量地增加，浓度在 100～200 mmol/L 时，两品种苗高变化率也在不同程度地增大，郑单 958 的 E 组与 A、B 两组差异显著，真金 8 号的 E 组与 B、C、D 组差异也均显著。两

品种同组比较，真金 8 号的苗高变化率均高于郑单 958。

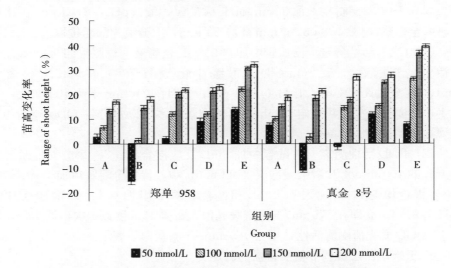

图 6-1　盐碱复合胁迫下不同玉米材料的苗高变化率

Fig. 6-1　High strain rate of different maize materials under saline compound stress

2. 盐碱复合胁迫对玉米幼苗根长的影响

如图 6-2 所示，两品种根长变化率在各个组别中随浓度的升高而不同程度地增加，郑单 958 在钠离子浓度为 50 mmol/L 时 B 组根长变化率为负值，说明此时的处理浓度促进根的生长，并且在 B、C、D、E 组中钠离子浓度 200 mmol/L 根长变化率与 50 mmol/L、100 mmol/L 差异均显著；真金 8 号根长

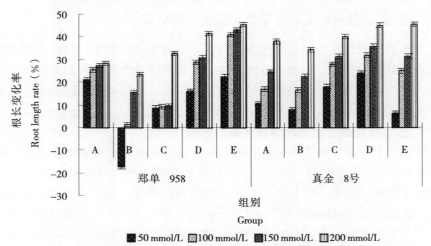

图 6-2　盐碱复合胁迫下不同玉米材料的根长变化率

Fig. 6-2　Root length rate of different maize materials under saline compound stress

变化率在钠离子浓度 200 mmol/L 与 50 mmol/L 差异均达到显著水平，各组别间随碱性盐量的增加，钠离子浓度在 100～200 mmol/L 时，两品种根长变化率也在不同程度地增大，郑单 958 的 E 组与 B、C、D 组间差异显著，真金 8 号各组别间差异均不显著。

3. 盐碱复合胁迫对玉米幼苗地上部鲜重的影响

如图 6-3 所示，两品种地上部鲜重变化率在各组别中随浓度的升高而不同程度地增加，钠离子浓度为 50 mmol/L 时 A、B、C 三组促进郑单 958 地上部鲜重的积累，B 组促进真金 8 号地上部鲜重的积累，它们的地上部鲜重变化率排序依次为：$B_{郑单958} > B_{真金8号} > C_{郑单958} > A_{郑单958}$。郑单 958 在各组中钠离子浓度 200 mmol/L 地上部鲜重变化率与 50 mmol/L 差异均显著，真金 8 号在各组中钠离子浓度 200 mmol/L 地上部鲜重变化率与 50 mmol/L、100 mmol/L 差异均达到显著水平。各组别间随碱性盐量的增加，地上部鲜重变化率在各钠离子浓度中郑单 958 的 E 组与 A 组差异达到显著水平，真金 8 号的 E 组与 B、D 两组的差异也均显著，真金 8 号的地上部鲜重变化率在 A、D、E 组各浓度中均高于郑单 958。

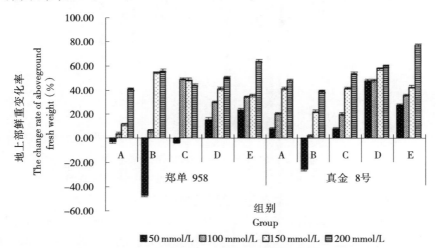

图 6-3　盐碱复合胁迫下不同玉米材料的地上部鲜重变化率

Fig. 6-3　Aboveground fresh weight rate of different maize materials under saline compound stress

4. 盐碱复合胁迫对玉米幼苗根鲜重的影响

如图 6-4 所示，两品种根鲜重变化率在各组别中随浓度的升高而不同程度地增加，其中促进郑单 958 根鲜重积累的有：钠离子浓度 50 mmol/L 的 A、B、C、D 组，100 mmol/L 的 A、B、C、D 组，150 mmol/L 的 D 组；促进真金 8 号根鲜重积累的有：钠离子浓度 50 mmol/L 的 A、B、C、D 组，100 mmol/L 的 A、

B 组，150 mmol/L 的 B 组。它们的根鲜重变化率排序依次为：B50郑单958＞
D50郑单958＞B50真金8号＞C50郑单958＞C50真金8号＞A50真金8号＞B100真金8号＞B100郑单958＞
B150真金8号＞A50郑单958＞D50真金8号＞A100郑单958＞A100真金8号＞D100郑单958＞
D150郑单958＞C100郑单958。郑单 958 在各组中钠离子浓度 200 mmol/L 根鲜重变
化率与 50、100 mmol/L 差异均达到显著水平，真金 8 号在各组中钠离子浓度
150 和 200 mmol/L 根鲜重变化率与 50 mmol/L 差异均显著。各组别间随碱性
盐量的增加，根鲜重变化率在各钠离子浓度中郑单 958 的 E 组与 A、C、D 组
差异均显著，在 50～150 mmol/L 时真金 8 号的 E 组与 B 组根鲜重变化率差异
达到显著水平，200 mmol/L 时各组间差异不显著。

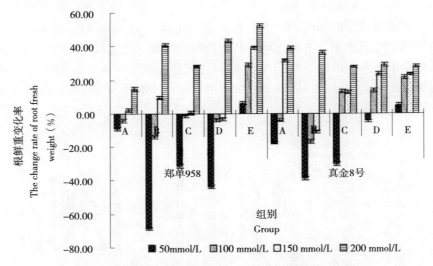

图 6-4　盐碱复合胁迫下不同玉米材料的根鲜重变化率

Fig. 6-4　Root fresh weight rate of different maize under saline compound stress

5. 盐碱复合胁迫对玉米幼苗地上部干重的影响

如图 6-5 所示，两品种地上部干重变化率在各组别中随浓度的升高而不同程
度地增加，其中促进郑单 958 地上部干物质积累的有：钠离子浓度 50 mmol/L 的
A、B、D、E 组；促进真金 8 号地上部干物质积累的有：钠离子浓度 50 mmol/L
的 A、B、C、D 组，100 mmol/L 的 A、C、D 组，150 mmol/L 的 C 组。它们的
地上部干重变化率排序依次为：A50真金8号＞B50郑单958＞A100真金8号＞C50真金8号＞
D50真金8号＞B50真金8号＞D100真金8号＞D50郑单958＞C100真金8号＞E50郑单958＞C150真金8号＞
A50郑单958。郑单 958 在各组中钠离子浓度 150 mmol/L 和 200 mmol/L 地上部干
重变化率与 50 mmol/L 差异均显著，真金 8 号在各组中各浓度间差异均不显著。
各组别间随碱性盐量的增加，两品种地上部干重变化率也在增加，真金 8 号的 E
组中各浓度的地上部干重变化率均高于郑单 958。

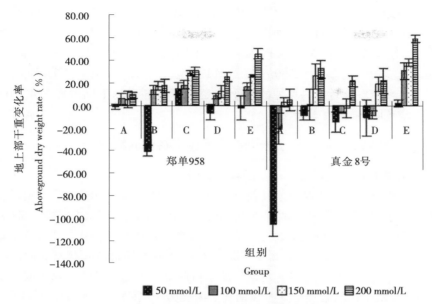

图 6-5　盐碱复合胁迫下不同玉米材料的地上部干重变化率

Fig. 6-5　Aboveground dry weight rate of different maize materials under saline compound stress

6. 盐碱复合胁迫对玉米幼苗根干重的影响

如图 6-6 所示，两品种根干重变化率在各组别中随浓度的升高而不同程度地增加，其中促进郑单 958 根干物质积累的有：钠离子浓度 50 mmol/L 的 A、

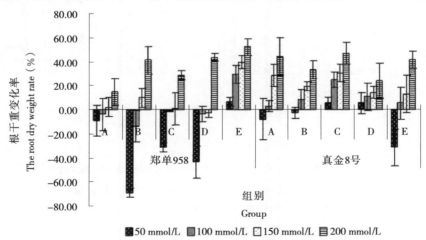

图 6-6　盐碱复合胁迫下不同玉米材料的根干重变化率

Fig. 6-6　Root dry weight change rate of different maize materials under saline compound stress

B、C、D 组，100 mmol/L 的 A、B、C、D 组，150 mmol/L 的 D 组；促进真金 8 号根干物质积累的有：钠离子浓度 50 mmol/L 的 A、B、E 组。它们的根干重变化率排序依次为：B50郑单958 ＞ D50郑单958 ＞ E50真金8号 ＞ C50郑单958 ＞ B100郑单958 ＞ A50郑单958 ＞ A50真金8号 ＞ A100郑单958 ＞ D100郑单958 ＞ D150郑单958 ＞ B50真金8号＞C100郑单958。两品种的根干重变化率在各自的不同浓度的组别间和组别中差异均不显著。

（二）盐碱复合胁迫对玉米幼苗生理生化特性的影响

1. 盐碱复合胁迫对玉米幼苗叶绿素含量的影响

（1）盐碱复合胁迫对玉米幼苗叶绿素 a 含量的影响　如图 6-7 所示，各组中随钠离子浓度的升高，两品种叶绿素 a 含量均有下降的趋势，且 A 组 50 mmol/L 两品种叶绿素 a 含量均高于对照组，郑单 958 和真金 8 号分别高于对照组 21.03％和 10.54％，说明此处理对两品种玉米幼苗叶绿素 a 的产生有促进作用，其他处理叶绿素 a 含量均低于对照组，真金 8 号的下降幅度大于郑单 958。各组中比较，郑单 958 在钠离子浓度为 50 和 200 mmol/L 时叶绿素 a 含量与对照组差异均显著，真金 8 号在钠离子浓度 50～200 mmol/L 时叶绿素 a 含量与对照组的差异也均达到显著水平。组别间比较，随碱性盐量的增加，郑单 958 的 E 组和 D 组均与 A 组和 B 组差异显著；真金 8 号的 E 组与 A、B、C 三组差异均显著，D 组与 A、B 组差异也显著。

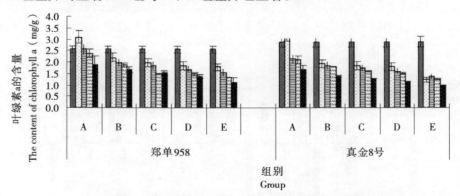

图 6-7　盐碱复合胁迫下不同玉米材料叶绿素 a 的含量

Fig. 6-7　The content of chlorophyll a of different maize materials under saline compound stress

（2）盐碱复合胁迫对玉米幼苗叶绿素总含量的影响　如图 6-8 所示，各组中随浓度的升高，两品种叶绿素的总含量均呈下降趋势，郑单 958 在 A 组的钠离子浓度为 50 和 100 mmol/L 时叶绿素的总含量均高于对照组，真金 8 号在 A 组的钠离子浓度为 50 mmol/L 时也高于对照组，它们分别高出对照组 20.55％、2.12％和 11.27％，说明 A 组的 50 和 100 mmol/L 盐碱处理对郑单 958 幼苗期叶绿素的产生有促进作用，A 组的 50 mmol/L 盐碱处理促进真金 8 号幼苗叶绿素的产生，其他处理均低于对照组，真金 8 号的下降幅度大于郑单 958。郑单 958 在浓度钠离子浓度为 50 和 200 mmol/L 时叶绿素总含量与对照组差异均显著，真金 8 号在钠离子浓度为 50～200 mmol/L 时叶绿素总含量与对照组的差异也均达到显著水平。组别间比较，随碱性盐量的增加，郑单 958 的 E 组与 A、B、C 三组差异均显著，D 组与 A 组差异也显著；真金 8 号的 E 组与 A、B、C、D 组间差异均显著，C 组和 D 组与 A 组和 B 组间差异均达到显著水平。

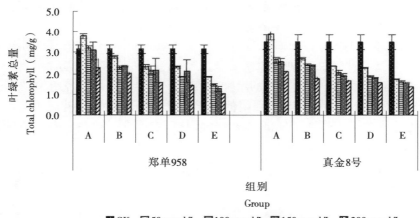

图 6-8　盐碱复合胁迫下不同玉米材料叶绿素总量

Fig. 6-8　Total chlorophyll of different maize materials under saline compound stress

2. 盐碱复合胁迫对玉米幼苗细胞膜透性的影响

如图 6-9 所示，各组中随钠离子浓度的增加，两品种的相对电导率也在增大，并且均高于对照组。与对照组的差异达到显著水平。真金 8 号的增加，幅度大于郑单 958，郑单 958 在 C 组的钠离子浓度为 100 mmol/L 时相对电导率增加幅度较大，真金 8 号在 C 组的钠离子浓度为 50 mmol/L 时相对电导率增加幅度较大。组别间比较，随碱性盐量的增加，郑单 958 的 C、D、E 三组均与 A、B 两组差异显著，真金 8 号的 D 组和 E 组均与 A 组差异显著。

3. 盐碱复合胁迫对玉米幼苗叶片丙二醛含量的影响

如图 6-10 所示，两品种叶片丙二醛含量随处理浓度的升高在不断增加，

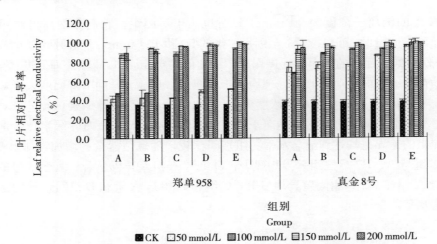

图 6-9　盐碱复合胁迫下不同玉米材料的相对电导率

Fig. 6-9　The relative electrical conductivity of different maize materials under saline compound stress

并且均高于对照组。真金 8 号的增加幅度大于郑单 958，在各组中钠离子浓度为 50～200 mmol/L 时与对照组的差异均达到显著水平。组别间比较，随碱性盐量的增加，郑单 958 和真金 8 号叶片丙二醛含量也在升高，均在 E 组

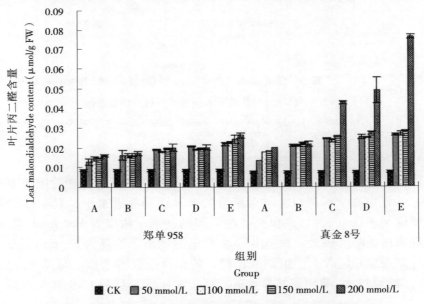

图 6-10　盐碱复合胁迫下不同玉米材料叶片丙二醛含量

Fig. 6-10　Leaf malondialdehyde content of different maize materials under saline compound stress

的钠离子浓度为 200 mmol/L 时达到最高值,分别高于对照组的 3.08 倍和 10.10 倍。郑单 958 的 E 组与 A、B、C 三组的差异均显著,C 组和 D 组均与 A 组和 B 组间差异达到显著水平;真金 8 号的 E 和 D 组均与 A 和 B 组差异显著。

4. 盐碱复合胁迫对玉米幼苗根部丙二醛含量的影响

如图 6-11 所示,两品种根部丙二醛含量在各组中随钠离子浓度的升高呈先升高后下降的趋势,但都高于对照组。郑单 958 在钠离子浓度为 50～150 mmol/L 时与对照组的差异均达到显著水平;真金 8 号除了 A 组的 50 mmol/L 钠离子浓度处理的根部丙二醛含量与对照组差异不显著外,其他处理与对照组差异均达到显著水平。组别间比较,随碱性盐量的增加,郑单 958 的 E 组与 A、B 两组间的差异显著,D 组与 A 组间差异也显著;真金 8 号的 E 组与 A、C 两组间差异达到显著水平,D 组与 A、B 两组间的差异显著。两品种根部丙二醛含量增加幅度真金 8 号大于郑单 958。

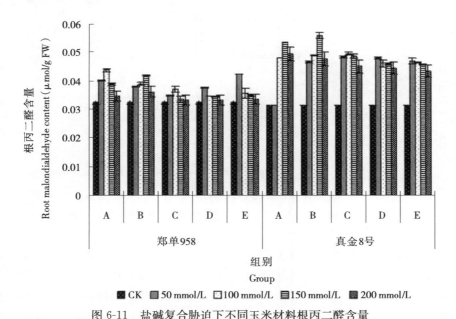

图 6-11 盐碱复合胁迫下不同玉米材料根丙二醛含量

Fig. 6-11 Root malondialdehyde content of different maize materials under saline compound stress

5. 盐碱复合胁迫对玉米幼苗叶片活性氧产物含量的影响

(1) 盐碱复合胁迫对玉米幼苗叶片 H_2O_2 含量的影响 如图 6-12 所示,两品种叶片 H_2O_2 含量在各组中随钠离子浓度的升高呈上升趋势。50 mmol/L 时郑单 958 的 A、B 组和真金 8 号的 B 组均低于对照组,说明该处理对叶片

H_2O_2 含量的积累有抑制作用，其他处理均高于对照组。真金 8 号 H_2O_2 含量的增加幅度大于郑单 958，200 mmol/L 时郑单 958 的 B、C、D、E 组和真金 8 号的 A、B、C、D、E 组与对照组的差异均达到显著水平。组别间比较，随碱性盐量的增加，郑单 958 和真金 8 号叶片 H_2O_2 含量也在升高，均在 E 组的 200 mmol/L 时达到最高值，分别高于对照组的 6.32 倍和 34.76 倍。郑单 958 的 E 组与 A、B、D 组差异均显著，C 组和 D 组均与 A 组和 B 组间差异达到显著水平；真金 8 号的 E 组与 A、B 组差异均显著。

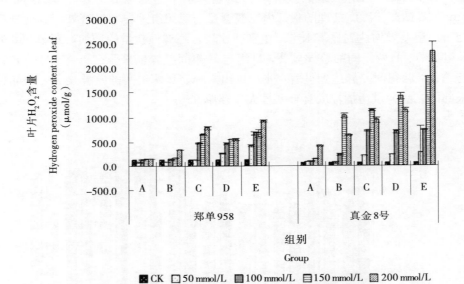

图 6-12　盐碱复合胁迫下不同玉米材料叶片 H_2O_2 含量

Fig. 6-12　Leaf blade H_2O_2 content of different maize materials under saline compound stress

（2）盐碱复合胁迫对玉米幼苗叶片 O_2^- 含量的影响　如图 6-13 所示，两品种叶片 O_2^- 含量在各组中随钠离子浓度的升高呈上升趋势。郑单 958 的 C 组和真金 8 号的 B、C 组在钠离子浓度 50 mmol/L 时均低于对照组，说明该处理对叶片 O_2^- 含量的积累有抑制作用，其他处理均高于对照组。真金 8 号 O_2^- 含量的增加幅度大于郑单 958，郑单 958 的各组 O_2^- 含量在钠离子浓度为 200 mmol/L 时均与对照组的差异达到显著水平，真金 8 号的各组 O_2^- 含量在钠离子浓度为 100～200 mmol/L 时与对照组的差异也均显著。组别间比较，随碱性盐量的增加，郑单 958 和真金 8 号叶片 O_2^- 含量也在升高，郑单 958 的 D 组和 E 组与 A、B、C 组差异均达到显著水平，A 组与 B、C 两组差异也均显著；真金 8 号的 E 组与 A 组间差异达到显著水平。

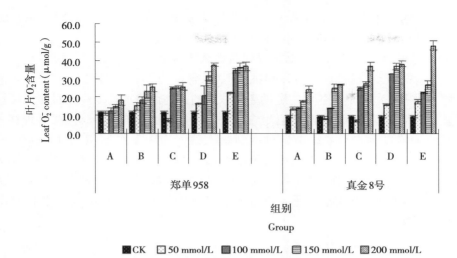

图 6-13　盐碱复合胁迫下不同玉米材料叶片 O_2^- 含量

Fig. 6-13　Leaf O_2^- content of different maize materials under saline compound stress

（3）盐碱复合胁迫对玉米幼苗叶片·OH 清除率的影响　如图 6-14 所示，两品种叶片·OH 清除率在各组中随钠离子浓度的升高而下降，郑单 958 的 B 组和真金 8 号的 E 组下降幅度最大。郑单 958 的 A 组和 B 组在钠离子浓度 50 mmol/L 时高于对照组，其他处理均低于对照组。郑单 958 在钠离子浓度 150～200 mmol/L 时各组均与对照组差异达到显著水平，真金 8 号在钠离子浓度为 100～200 mmol/L 时各组与对照组差异也均显著。组别间比较，郑单

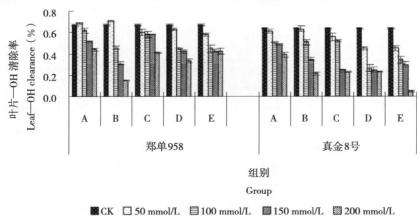

图 6-14　盐碱复合胁迫下不同玉米材料叶片·OH 清除率

Fig. 6-14　Leaf · OH clearance of different maize materials under saline compound stress

958 的 A 组和 D 组间、B 组和 C 组间差异均显著；真金 8 号的 E 组与 A、B、C 组差异均显著，A 组和 D 组差异也达到显著水平。

6. 盐碱复合胁迫对玉米幼苗根部活性氧产物含量的影响

（1）盐碱复合胁迫对玉米幼苗根 H_2O_2 含量的影响　如图 6-15 所示，两品种根系 H_2O_2 含量在各组中随钠离子浓度的升高而增加，均高于对照组且达到显著水平，真金 8 号根系 H_2O_2 含量的增加幅度大于郑单 958。两品种在 E 组钠离子浓度为 200 mmol/L 时达到最大值，均高于对照组的 10.57 倍和 19.86 倍。组别间比较，随碱性盐量的增加，郑单 958 和真金 8 号根系 H_2O_2 含量也在升高，两品种 E 组与 A、B、C、D 组差异均显著，郑单 958 的 A 组与 C、D 组差异达到显著水平，真金 8 号的 A 组与 B、C、D 组及 B 组和 D 组差异达显著水平。

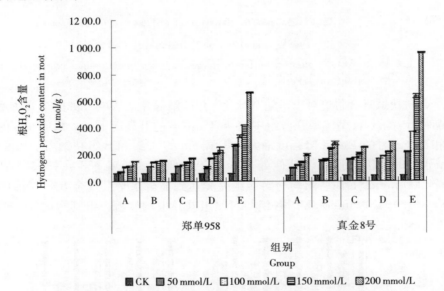

图 6-15　盐碱复合胁迫下不同玉米材料根 H_2O_2 含量

Fig. 6-15　Root H_2O_2 content of different maize materials under saline compound stress

（2）盐碱复合胁迫对玉米幼苗根 O_2^- 含量的影响　如图 6-16 所示，郑单 958 在钠离子浓度 50 mmol/L 时各组中根系 O_2^- 含量均低于对照组且与对照组差异显著；真金 8 号的根系 O_2^- 含量在钠离子浓度 50 mmol/L 时 E 组高于对照组，A、B、C、D 组均低于对照组，B、C、D、E 组与对照组差异均达到显著水平。钠离子浓度为 100 mmol/L 时，郑单 958 的 B 组高于对照组，其他处理均低于对照组，且均与对照组达到显著水平；真金 8 号的 D 组和 E 组高于对照组且差异显著，A、B、C 组均低于对照组。钠离子浓度为 150

mmol/L 时，郑单 958 的 A 组和 D 组低于对照组且差异显著；真金 8 号的 A 组低于对照组，其他处理均高于对照组，真金 8 号的增加幅度大于郑单 958。钠离子浓度 200 mmol/L 时，郑单 958 的 A 组低于对照组，其他处理及真金 8 号的各处理均高于对照组且差异达到显著水平，真金 8 号的增加幅度大于郑单 958。

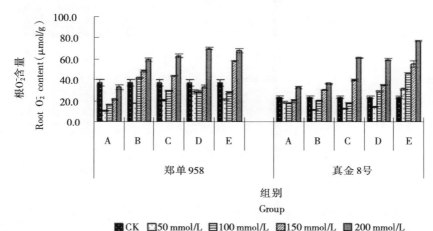

图 6-16　盐碱复合胁迫下不同玉米材料根 O_2^- 含量

Fig. 6-16　Content of root O_2^- content of different maize materials under saline compound stress

7. 盐碱复合胁迫对玉米幼苗叶片抗氧化酶活性的影响

（1）盐碱复合胁迫对玉米幼苗叶片 CAT 活性的影响　如图 6-17 所示，郑单 958 的 B、C、D、E 组和真金 8 号的 B、D 组叶片 CAT 活性随钠离子浓度的升高均呈先升高后下降的趋势，真金 8 号的 A、E 组均呈上升趋势。郑单 958 的 A 组和钠离子浓度为 50 mmol/L 时的 B、C 组均低于对照组，说明该处理下叶片活性氧自由基的产生低于对照组，促进玉米幼苗叶片生长。组内比较，B 组中两品种 CAT 活性在钠离子浓度为 150 mmol/L 时最强，高于对照组且与对照组差异达到显著水平，郑单 958 高于真金 8 号；C、D、E 组中郑单 958 在钠离子浓度为 100 mmol/L 时活性最强，均与对照组差异显著；A、C、E 组中真金 8 号在钠离子浓度为 200 mmol/L 时活性最强，与对照组差异均达到显著水平；D 组中真金 8 号在钠离子浓度 150 mmol/L 时最强，高于对照组且差异显著。组别间比较，钠离子浓度 150 mmol/L 时郑单 958 的 B 组和钠离子浓度 200 mmol/L 时真金 8 号的 E 组 CAT 活性最强，均高于对照组且差异显著，真金 8 号的活性高于郑单 958。

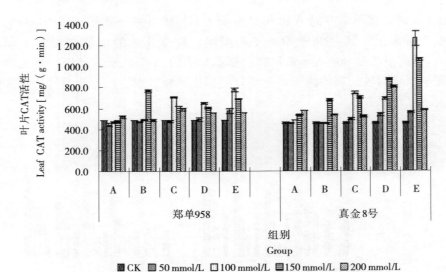

图 6-17　盐碱复合胁迫下不同玉米材料叶片 CAT 活性

Fig. 6-17　Leaf CAT activity of different maize materials under saline compound stress

（2）盐碱复合胁迫对玉米幼苗叶片 POD 活性的影响　如图 6-18 所示，郑单 958 的叶片 POD 活性在 A、C 两组随钠离子浓度升高而升高，B、D、E 组呈先升高后下降的趋势，A 组及钠离子浓度为 50 mmol/L 时的 B、C、D 组均

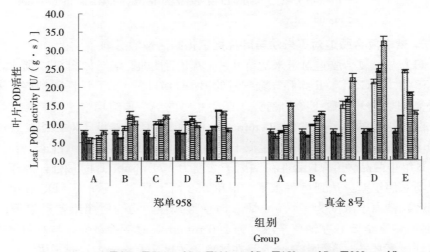

图 6-18　盐碱复合胁迫下不同玉米材料叶片 POD 活性

Fig. 6-18　Leaf POD activity of different maize materials under saline compound stress

低于对照组；真金8号的叶片POD活性在A、B、C、D组随钠离子浓度升高呈上升的趋势，E组呈先升高后下降的趋势，钠离子浓度50 mmol/L时的A、B、C组均低于对照组。组内比较，B组和D组中钠离子浓度为150 mmol/L时郑单958的活性最强，且均高于对照组与对照组差异显著；在郑单958的C组中和真金8号的A、B、C、D各组中钠离子浓度为200 mmol/L时叶片POD活性最强，且均高于对照组与对照组差异达到显著水平；E组中两品种均在钠离子浓度为100 mmol/L时叶片POD活性最强，也均高于对照组且真金8号与对照组差异显著。组别间比较，郑单958的E组钠离子浓度100 mmol/L活性最强，真金8号的D组钠离子浓度200 mmol/L活性最强，且均与对照组差异达到显著水平，真金8号的活性高于郑单958。

8. 盐碱复合胁迫对玉米幼苗叶片可溶性蛋白含量的影响

如图6-19所示，在各组中比较，郑单958的A、B、C、D组叶片可溶性蛋白含量随钠离子浓度的升高均呈先下降后升高再下降的趋势，钠离子浓度为150 mmol/L时B组和C组可溶性蛋白含量均高于对照组，且与对照组差异显著，说明叶片能够应付该处理的伤害，其他处理均低于对照组；郑单958的E组和真金8号的A、B组叶片可溶性蛋白含量随钠离子浓度的升高均呈先升高后下降的趋势，说明二者为了应对盐碱胁迫，叶片可溶性蛋白含量增加，当盐碱浓度高于其承受能力时，二者受害严重，叶片可溶性蛋白含量下降；真金8号的C、D、E组随钠离子浓度的升高均呈不同程度的升高，且都与对照组差异显著。组别间比较，钠离子浓度为150 mmol/L时，郑单958的B组可溶性

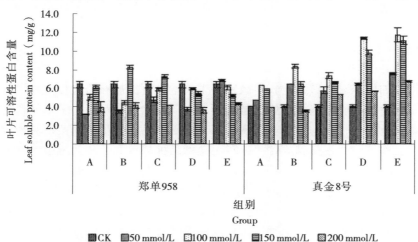

图6-19　盐碱复合胁迫下不同玉米材料叶片可溶性蛋白含量

Fig. 6-19　Leaf soluble protein content of different maize materials under saline compound stress

蛋白含量最高，与对照组差异达到显著水平；真金 8 号在钠离子浓度为 100 mmol/L 时的 E 组达到最高，与对照组差异显著，真金 8 号的可溶性蛋白量增加幅度大于郑单 958。

三、小结

（1）盐碱复合胁迫下，钠离子浓度 50 mmol/L 的 B 组促进两品种地上部和根部生长量的积累。随碱性盐量的增加，真金 8 号地上部的受害程度大于郑单 958，更进一步证明了郑单 958 的耐盐碱程度强于真金 8 号。

（2）盐碱复合胁迫下，两品种在钠离子浓度为 50 mmol/L 的 A 组时促进叶绿素 a 和叶绿素总量的积累，郑单 958 的增加幅度大于真金 8 号。

（3）盐碱复合胁迫下，从叶绿素 a 含量、叶绿素总量、叶片相对电导率、叶片和根的丙二醛含量的变化趋势来看，真金 8 号的受害程度大于郑单 958。

（4）盐碱复合胁迫下，从活性氧产物 H_2O_2、O_2^- 含量和 ·OH 清除率的变化趋势分析，在 50 mmol/L 时对两品种的根和叶片的生长有促进作用，随着浓度的升高真金 8 号的受害程度大于郑单 958。

（5）盐碱复合胁迫下，钠离子浓度为 150 mmol/L 时郑单 958 的 B 组和钠离子浓度为 200 mmol/L 时真金 8 号的 E 组叶片 CAT 活性最强；钠离子浓度为 100 mmol/L 时郑单 958 的 E 组和钠离子浓度为 200 mmol/L 时真金 8 号的 D 组叶片 POD 活性最强，真金 8 号的活性高于郑单 958。

（6）盐碱胁迫强于中性盐胁迫，郑单 958 的耐盐碱性强于真金 8 号。

四、讨论

植物的生长对盐碱胁迫较为敏感，生长量是评价盐碱胁迫程度和耐盐碱能力的综合指标。研究表明，生长量变化率可以排除不同基因型玉米材料在相同生长条件下本身存在的差异，客观地反映出玉米品种及个体间苗期对盐分的抵抗能力。本试验通过盐碱复合胁迫对耐盐碱品种郑单 958 和盐碱敏感品种真金 8 号的苗高变化率、根长变化率、地上部鲜重变化率、根鲜重变化率、地上部干重变化率、根干重变化率的变化趋势分析得出，钠离子浓度 50 mmol/L 的 B 组促进郑单 958 和真金 8 号地上部和根部生长量的积累；随着胁迫浓度的升高及碱性盐量的增加，两品种受害程度加重，且真金 8 号的受害程度大于郑单 958，进一步证明了郑单 958 的耐盐碱能力强于真金 8 号，盐碱胁迫大于中性盐胁迫。

叶绿素是植物进行光合作用的主要物质之一。盐碱胁迫下，植物的光合速率下降，Mg^{2+}沉淀，叶绿素降解酶活性增强，叶绿素合成速率下降。相对电导率是衡量植物膜透性的可靠指标，反映在渗透胁迫下细胞膜的受害程度。盐碱胁迫下，植物相对电导率越大，细胞膜受害程度越大，植物的耐盐碱能力越弱。本试验中，钠离子浓度50 mmol/L的A组促进郑单958和真金8号叶绿素a含量和叶绿素总量的积累；随盐碱浓度升高，叶绿素a和叶绿素总量在下降，叶片相对电导率在升高，说明盐碱浓度越高危害程度越大。

丙二醛是膜脂过氧化的产物，积累过多会对植物体内的酶和膜结构造成破坏，膜透性增大，渗透调节物质含量增加，最后导致植物生理机能紊乱，代谢失常。相关研究报道，当盐胁迫加重时，植物体中丙二醛含量会上升，高于一定程度后会下降。本试验中，叶片丙二醛含量随盐碱浓度的升高而增加，根系丙二醛含量随盐碱浓度升高呈先升高后下降的趋势。可能因为根系是吸收营养物质的主要器官，并且直接接触盐碱环境，受盐碱危害程度较大，当丙二醛含量达到最大值之后，根系的酶和膜结构被彻底破坏，生理代谢紊乱。

活性氧，概括来说是指机体内或自然环境中由氧组成，含氧元素且性质活泼的物质总称。植物体在遭受逆境胁迫下，会产生过多的活性氧，其中包括H_2O_2、O_2^-和·OH和单线态氧，O_2^-又不断地衍生出H_2O_2和·OH以及单线态氧。过多的活性氧会破坏植物机体的微环境，损坏细胞膜结构，影响植物正常的生理代谢，严重时会导致植物死亡。CAT（过氧化氢酶）和POD（过氧化物酶）等抗氧化物酶，在植物活性氧清除系统中起着重要的作用，能够维持活性氧自由基的产生与清除系统的动态平衡，保护膜结构的完整性。本试验研究中，盐碱复合胁迫下，从活性氧产物H_2O_2、O_2^-含量和·OH清除率的变化趋势分析可知，钠离子浓度在50 mmol/L时对两品种的根和叶片的生长有促进作用，随着盐碱浓度的升高，活性氧含量在增加，真金8号的增加幅度大于郑单958；钠离子浓度为150 mmol/L时郑单958的B组和钠离子浓度200 mmol/L时真金8号的E组叶片CAT活性最强；钠离子浓度为100 mmol/L时郑单958的E组和钠离子浓度为200 mmol/L时真金8号的D组叶片POD活性最强，真金8号的活性大于郑单958。酶活性值达到最大后又下降，说明过多的活性氧破坏了POD和CAT的结构，清除活性氧的能力下降，使活性氧自由基的产生和清除的动态平衡失调，膜脂过氧化加剧，导致玉米幼苗叶片变黄且萎蔫。

相关研究报道，作物的耐盐碱机制中，渗透调节具有重要作用。植物渗透调节物质的含量变化，是适应碱环境的重要机制。盐碱胁迫下，植物为了适应渗透胁迫，合成一些有机物来平衡渗透势，可溶性蛋白是渗透调节物质之一。本试验中，盐碱胁迫下随盐碱浓度的升高，玉米幼苗叶片可溶性蛋白含量均呈先升高后下降的趋势。可溶性蛋白含量先升高，可能是植物体通过自身调节合成可溶性蛋白来适应盐碱胁迫环境；盐碱浓度继续升高可溶性蛋白含量又下降，可能是因为植物体内合成的保护酶类的物质结构被破坏，大量的离子积累破坏了渗透势的平衡，打破了原有的蛋白代谢平衡，导致可溶性蛋白降解，其含量降低。盐碱敏感品种真金8号的变化幅度大于耐盐碱品种郑单958，说明真金8号受盐碱胁迫较严重，为了应付胁迫植株尽其所能产生足够的可溶性蛋白以便适应此环境。

第七章　外源亚精胺对盐碱复合胁迫下玉米幼苗生理生化特性影响的研究

一、材料与方法

玉米幼苗培养到三叶一心期时，盐碱复合胁迫处理为：D组（D150），钠离子浓度 150 mmol/L（NaCl：Na₂SO₄：NaHCO₃：Na₂CO₃＝1：1：1：1）；E组（E200），钠离子浓度 200 mmol/L（NaCl：Na₂SO₄：NaHCO₃：Na₂CO₃＝9：1：1：9）。盐碱复合胁迫＋亚精胺处理为：①CK，1/2 Hoagland 营养液；②150 mmol/L D组＋0.01 mmol/L Spd；③150 mmol/L D组＋0.1 mmol/L Spd；④150 mmol/L D组＋0.5 mmol/L Spd；⑤200 mmol/L E组＋0.015 mmol/L Spd；⑥200 mmol/L E组＋0.15 mmol/L Spd；⑦200 mmol/L E组＋0.75 mmol/L Spd。每个处理 3 次重复，7d 后每个处理取长势均匀的 10 株进行生理指标测定。

二、结果与分析

（一）亚精胺对玉米幼苗叶绿素 a 含量的影响

如图 7-1 所示，D组 150 mmol/L 盐碱复合胁迫下加入 0.5 mmol/L 亚精

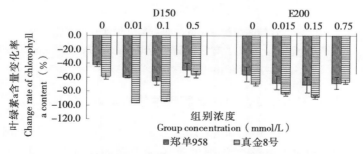

图 7-1　亚精胺缓解下不同玉米材料叶绿素 a 含量的变化率

Fig. 7-1　Change rate of chlorophyll a content of different material corn under spermine ease

胺和 E 组 200 mmol/L 盐碱复合胁迫下加入 0.75 mmol/L 亚精胺时，盐碱敏感品种真金 8 号叶绿素 a 含量变化率分别高于不加亚精胺的 4.09％和 3.41％，说明以上浓度亚精胺对盐碱复合胁迫下真金 8 号叶绿素 a 的积累具有缓解作用；盐碱敏感品种真金 8 号和耐盐碱品种郑单 958 的叶绿素 a 含量变化率在亚精胺的其他浓度处理下均低于不加亚精胺。

（二）亚精胺对玉米幼苗叶绿素总量的影响

如图 7-2 所示，D 组 150 mmol/L 盐碱复合胁迫下加入 0.5 mmol/L 亚精胺和 E 组 200 mmol/L 盐碱复合胁迫下加入 0.015 mmol/L、0.75 mmol/L 亚精胺时，盐碱敏感品种真金 8 号叶绿素总量变化率分别高于不加亚精胺的 7.32％、4.02％和 17.86％；E 组 200 mmol/L 盐碱复合胁迫下加入 0.75 mmol/L 亚精胺时，耐盐碱品种郑单 958 叶绿素总量变化率高于不加亚精胺的 3.85％。其中，E 组 200 mmol/L 盐碱复合胁迫下加入 0.75 mmol/L 亚精胺时盐碱敏感品种真金 8 号叶绿素总量变化率与不加亚精胺的差异达到显著水平。其他处理两品种叶绿素总量变化率均低于不加亚精胺。

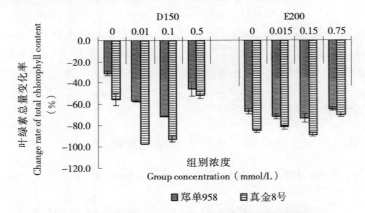

图 7-2 亚精胺缓解下不同玉米材料叶绿素总量变化率

Fig. 7-2 Change rate of total chlorophyll content of different material corn under spermine ease

（三）亚精胺对玉米幼苗叶片细胞膜透性的影响

如图 7-3 所示，D 组 150 mmol/L 盐碱复合胁迫下加入 0.01 mmol/L 亚精胺时，郑单 958 相对电导率变化率低于不加亚精胺，且差异显著；加入 0.5 mmol/L 亚精胺时，郑单 958 和真金 8 号相对电导率变化率均低于不加亚精胺。E 组 200 mmol/L 盐碱复合胁迫下，郑单 958 的相对电导率的变化率在加入 0.015～0.75 mmol/L 亚精胺时均低于不加亚精胺，且与对照组差异达到显著水平；真金 8 号的相对电导率的变化率在加入 0.15 mmol/L 亚精胺时低于不加亚精胺。叶片相对电导率变化率降低，说明以上浓度亚精胺对盐碱复合胁迫下两品种叶片细胞膜透性有缓解作用，其他浓度对两品种叶片细胞膜透性没有缓解效果。

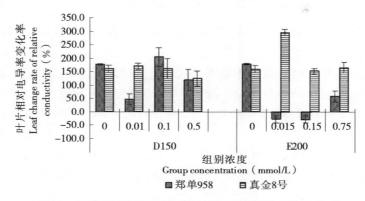

图 7-3 亚精胺缓解下不同玉米材料叶片相对电导率变化率

Fig. 7-3 Leaf change rate of relative conductivity of different material corn under spermine ease

（四）亚精胺对玉米幼苗叶片 H_2O_2 含量的影响

如图 7-4 所示，盐碱复合胁迫 D 组 150 mmol/L 和 E 组 200 mmol/L 中盐碱敏感品种真金 8 号的叶片 H_2O_2 含量变化率在加入 0.01～0.5 mmol/L 和 0.015～0.75 mmol/L 亚精胺时均低于不加亚精胺，且差异均显著；盐碱复合胁迫 E 组 200 mmol/L 中耐盐碱品种郑单 958 的叶片 H_2O_2 含量变化率在加入

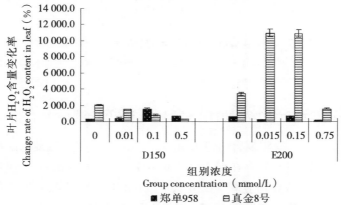

图 7-4 亚精胺缓解下不同玉米材料叶片 H_2O_2 含量变化率

Fig. 7-4 Change rate of H_2O_2 content in leaf of different material corn under spermine ease

0.015 mmol/L 和 0.75 mmol/L 亚精胺时均低于不加亚精胺，且差异均达到显著水平。说明以上浓度亚精胺对两品种应付 H_2O_2 的积累具有缓解作用，其他浓度亚精胺对两品种应付 H_2O_2 的积累没有缓解效果。

（五）亚精胺对玉米幼苗叶片 O_2^- 含量的影响

如图 7-5 所示，盐碱复合胁迫 D 组 150 mmol/L 和 E 组 200 mmol/L 中盐碱敏感品种真金 8 号的叶片 O_2^- 含量变化率在加入 0.01～0.5 mmol/L 和 0.015～0.75 mmol/L 亚精胺时均低于不加亚精胺，且差异均显著；盐碱复合胁迫 D 组 150 mmol/L 中耐盐碱品种郑单 985 的叶片 O_2^- 含量变化率在加入 0.01 mmol/L 和 0.1 mmol/L 亚精胺时均低于不加亚精胺，差异均达到显著水平；E 组 200 mmol/L 中耐盐碱品种郑单 985 的叶片 O_2^- 含量变化率在加入 0.015～0.75 mmol/L 亚精胺时均低于不加亚精胺的值，且差异均显著。说明以上浓度亚精胺对两品种应付 O_2^- 的积累具有缓解作用，其他浓度亚精胺对两品种应付 O_2^- 的积累没有缓解效果。

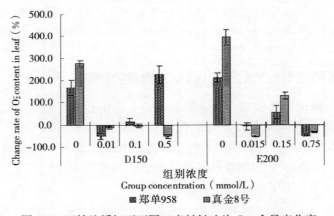

图 7-5　亚精胺缓解下不同玉米材料叶片 O_2^- 含量变化率

Fig. 7-5　Change rate of O_2^- content in leaf of different material corn under spermine ease

（六）亚精胺对玉米幼苗叶片·OH 清除率的影响

如图 7-6 所示，盐碱复合胁迫 D 组 150 mmol/L 中盐碱敏感品种真金 8 号的叶片·OH 清除率变化率在加入 0.1 mmol/L 和 0.5 mmol/L 亚精胺时均高于不加亚精胺，且差异均显著。E 组 200 mmol/L 中耐盐碱品种郑单 985 的叶片·OH 清除率变化率在加入 0.015 mmol/L 亚精胺时高于不加亚精胺，且差异达到显著水平；真金 8 号的叶片·OH 清除率变化率在加入 0.75 mmol/L 亚精胺时高于不加亚精胺，且差异显著。说明以上浓度亚精胺能够提高盐碱胁迫下两品种叶片羟基的清除率，起到了缓解的作用。

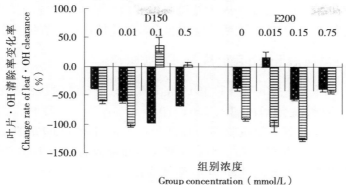

图 7-6　亚精胺缓解下不同玉米材料叶片—OH 清除率变化率

Fig. 7-6　Change rate of leaf • OH clearance of different material corn under spermine ease

（七）亚精胺对玉米幼苗叶片 CAT 活性的影响

如图 7-7 所示，盐碱复合胁迫 D 组 150 mmol/L 中耐盐碱品种郑单 958 的叶片 CAT 活性变化率在加入 0.01～0.5 mmol/L 亚精胺时均高于不加亚精胺，且差异均显著；盐碱敏感品种真金 8 的叶片 CAT 活性变化率在加入 0.01 mmol/L 亚精胺时高于不加亚精胺，且差异达显著水平。盐碱复合胁迫 E 组 200 mmol/L 中郑单 958 的叶片 CAT 活性变化率在加入 0.1 mmol/L 亚精胺时高于不加亚精胺，且差异显著。说明以上浓度亚精胺能够提高盐碱胁迫下两品

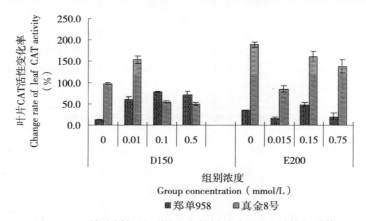

图 7-7　亚精胺缓解下不同玉米材料叶片 CAT 活性相对值

Fig. 7-7　Change rate of leaf CAT activity of different material corn under spermine ease

种叶片 CAT 活性，加强活性氧自由基的清除效果，其他浓度亚精胺降低了两品种叶片 CAT 活性。可能是因为盐碱胁迫使活性氧大量积累破坏了 CAT 的结构活性，降低了 CAT 清除活性氧的能力，致使植株产生氧化损伤。

（八）亚精胺对玉米幼苗叶片 POD 活性的影响

如图 7-8 所示，盐碱复合胁迫 D 组 150 mmol/L 中耐盐碱品种郑单 958 的叶片 POD 活性变化率在加入 0.01～0.5 mmol/L 亚精胺时均高于不加亚精胺，且差异均显著；盐碱敏感品种真金 8 号的叶片 POD 活性变化率在加入 0.01 mmol/L 亚精胺时高于不加亚精胺，盐碱复合胁迫 E 组 200 mmol/L 中郑单 985 和真金 8 号的叶片 POD 活性变化率在加入 0.015～0.75 mmol/L 亚精胺时均高于于不加亚精胺，且差异均达到显著水平。说明以上浓度亚精胺能够提高盐碱胁迫下两品种叶片 POD 活性，加强活性氧自由基的清除效果。

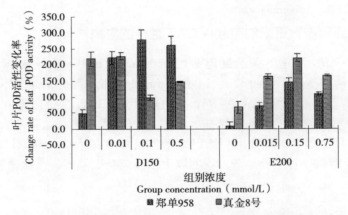

图 7-8 亚精胺缓解下不同玉米材料叶片 POD 活性相对值

Fig. 7-8 Change rate of leaf POD activity of different material corn under spermine ease

（九）亚精胺对玉米幼苗叶片可溶性蛋白含量的影响

如图 7-9 所示，盐碱复合胁迫 D 组 150 mmol/L 和 E 组 200 mmol/L 中耐盐碱品种郑单 958 的叶片可溶性蛋白含量变化率在加入 0.01～0.5 mmol/L 和 0.015～0.75 mmol/L 亚精胺时均高于不加亚精胺；E 组 200 mmol/L 中盐碱敏感品种真金 8 号的叶片可溶性蛋白含量变化率在加入 0.15 mmol/L 亚精胺时高于不加亚精胺，且差异达到显著水平。说明以上浓度亚精胺能够提高盐碱胁迫下两品种叶片可溶性蛋白的含量，加强可溶性蛋白的渗透调节能力。

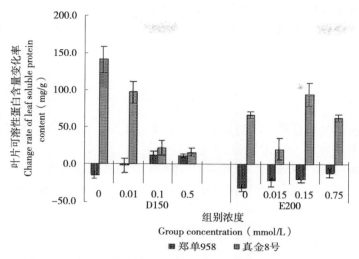

图 7-9 亚精胺缓解下不同玉米材料叶片可溶性蛋白含量相对值

Fig. 7-9 Change rate of leaf soluble protein content of different material corn under spermine ease

三、讨论

盐碱胁迫显著抑制植物的生长，生长量、叶绿素含量显著下降，活性氧产物大量积累，抗氧化酶活性增强和渗透调节物质增加。研究显示，在逆境下，多胺不仅可以阻止生物大分子降解，缓解膜伤害，促进蛋白质合成，结合酶分子，增强抗氧化酶活性，还可以代替 SOD 的作用，清除大量的活性氧，增强植物的抗性。研究发现，外源亚精胺对提高黄瓜、辣椒、番茄、水稻等作物的耐盐性效果显著。张毅等研究证明，盐碱胁迫下外施亚精胺对番茄幼苗地上部干鲜质量、叶绿素含量、叶绿素 a 含量/叶绿素 b 含量均有促进效应。杨牟等表明，亚精胺对盐碱胁迫下的射干幼苗抗氧化酶 SOD、POD、CAT 活性增强效果明显。本试验用亚精胺将盐碱复合胁迫对玉米幼苗较严重的盐碱复合胁迫 150 mmol/L 的 D 组和 200 mmol/L 的 E 组进行缓解试验，从叶绿素含量、相对电导率、抗氧化酶活性以及活性氧产物和渗透调节物质的变化趋势来看，对于盐碱胁迫的缓解效果显著，其中对 POD 活性缓解效果最佳。另外，外源亚精胺对耐盐碱品种郑单 958 的最适缓解浓度为 0.015 mmol/L，对盐碱敏感品种真金 8 号的最适缓解浓度范围为 0.5～0.75 mmol/L。亚精胺浓度低于或高于以上最适浓度时，可能对盐碱胁迫下玉米幼苗的生长促进作用较小。亚精胺对耐盐碱能力不同的植物缓解效应也存在差异。张纪涛等研究报道，外源亚精胺对番茄的缓解效果在耐盐性较弱的品种上更明显。本试验与其研究结果一致，外源亚精胺对盐碱敏感品种真金 8 号的缓解效果比对耐盐碱品种郑单 958 的缓解效果明显。

四、结论

（1）亚精胺对郑单 958 的最适缓解浓度为 0.015 mmol/L，对真金 8 号的最适缓解浓度为 0.5～0.75 mmol/L。

（2）亚精胺对郑单 958 和真金 8 号的 POD 活性缓解效果最佳。

（3）亚精胺对真金 8 号的缓解作用强于郑单 958，进一步证明了郑单 958 的耐盐碱性强于真金 8 号。

主 要 参 考 文 献

蔡妙珍，罗安程，林咸永，等，2003. Ca^{2+} 对过量 Fe^{2+} 胁迫下水稻保护酶活性及膜脂过氧化的影响 [J]. 作物学报，29（3）：447-451.

曹敏建，张雨林，1994. 钾肥对玉米抗旱性生理指标及产量的影响 [J]. 作物杂志（4）：37-39.

曹让，梁宗锁，武永军，2004. 分根交替渗透胁迫下玉米幼苗叶片中游离氨基酸的变化 [J].干旱地区农业研究，22（1）：49-54.

柴小清，靳飞，张艳萍，2004. 缺铁逆境胁迫下水稻叶蛋白质组的双向电泳分析 [J]. 首都师范大学学报（自然科学版），25（3）：46-51.

陈华新，李卫军，安沙舟，等，2003. 钙对 NaCl 胁迫下杂交酸模幼苗叶片光抑制的减轻作用 [J]. 植物生理与分子生物学学报，29（5）：449-454.

陈淑芳，朱月林，刘友良，等，2005.NaCl 胁迫对番茄嫁接苗保护酶活性、渗透调节物质含量及光合特性的影响 [J]. 园艺学报，32（4）：609-613.

陈新平，1993. 水分胁迫条件下施用钾对土壤生物有效性和小麦抗旱性的研究 [D]. 北京：北京农业大学.

崔德杰，高静，宋宏伟，2000. 施用硅钾肥对冬小麦抗旱性的影响 [J]. 土壤肥料（4）：27-29.

段培，王芳，王宝山，2006.NO 供体 SNP 浸种显著缓解盐胁迫对小麦幼苗的氧化损伤 [J]. 菏泽学院学报，28（5）：93-97.

樊怀福，郭世荣，杜长霞，等，2006. 外源 NO 对 NaCl 胁迫下黄瓜幼苗氮化合物和硝酸还原酶活性的影响 [J]. 西北植物学报，26（10）：2063-2068.

冯固，李晓林，张福锁，等，2000. 盐胁迫下丛枝菌根真菌对玉米水分和养分状况的影响 [J]. 应用生态学报，11（4）：595-598.

冯固，杨茂秋，白灯莎，1998. 盐胁迫下 VA 菌根对无芒雀麦体内矿质元素含量及组成的影响 [J]. 草业学报，7（3）：21-28.

高永生，王锁民，宫海军，等，2003. 盐胁迫下植物离子转运的分子生物学研究 [J]. 草业学报，12（5）：18-25.

龚明，李英，曹宗巽，1990. 植物体内的钙信使系统 [J]. 植物学通报，7（3）：19-29.

龚明，1989. 盐胁迫下大麦和小麦等叶片脂质过氧化伤害与超微结构变化的关系 [J]. 植物学报，31（11）：841-846.

郭书奎，赵可夫，2001.NaCl 胁迫抑制玉米幼苗光合作用的可能机理 [J]. 植物生理学报，27（6）：461-466.

郭延平，陈屏昭，张良诚，等，2002. 不同供磷水平对温州蜜柑叶片光合作用的影响 [J].

植物营养与肥料学报，8（2）：186-191.

霍仕平，1995.玉米抗旱的形态和生理生化指标研究进展［J］.干旱地区农业研究，13（3）：67-73，57.

江行玉，窦君霞，王正秋，2001.NaCl对玉米和棉花光合作用与渗透调节能力影响的比较［J］.植物生理学通讯，37（4）：303-305.

李合生，2003.植物生理生化实验原理和技术［M］.北京：高等教育出版社.

李合生，2002.现代植物生理学［M］.北京：高等教育出版社.

李其星，唐新莲，沈方科，等，2006.铝胁迫下外源Ca^{2+}对黑麦幼根膜脂过氧化及保护酶活性的影响［J］.广西农业科学，37（3）：249-252.

李青云，葛会波，胡淑明，等，2004.盐胁迫下钙对草莓叶片脂肪酸含量及组成的影响［J］.河北农业大学学报，27（6）：56-59.

李长润，刘友良，1993.盐胁迫下小麦幼苗离子吸收运输的选择性与叶片耐盐量［J］.南京农业大学学报，16（1）：16-20.

梁银丽，康绍忠，张成娥，1999.不同水分条件下小麦生长特性及氮磷营养的调节作用［J］.干旱地区农业研究（12）：58-63.

梁永超，丁瑞兴，剂谦，1999.硅对大麦耐盐性的影响及其机制［J］.中国农业科学，32（6）：75-83.

廖建雄，王根轩，1999.谷子叶片光合速率日变化及水分利用效率［J］.植物生理学报，25（4）：362-368.

凌腾芳，宣伟，樊颖瑞，等，2005.外源葡萄糖果糖和NO供体（SNP）对盐胁迫下水稻种子萌发的影响［J］.植物生理与分子生物学学报，31（2）：205-212.

刘俊，刘怀攀，刘友良，2004.外源甜菜碱对盐胁迫下大麦幼苗体内多胺和离子含量的影响［J］.作物学报，30（11）：1119-1123.

刘俊，张艳艳，章文华，2005.大麦根中多胺含量和转化与耐盐性的关系［J］.南京农业大学学报，28（2）：7-11.

刘开力，韩航如，徐颖洁，等，2005.外源一氧化氮对盐胁迫下水稻根部脂质过氧化的缓解作用［J］.中国水稻科学，19（4）：333-337.

刘鹏程，王辉，程家强，等，2004.NO对小麦叶片干旱诱导膜脂过氧化的调节效应［J］.西北植物学报，24（1）：141-145.

刘伟宏，刘飞虎，SCHACHTMAN D，等，1999.植物根部细胞钾离子转运机制及其分子基础［J］.江西农业大学学报（4）：451-455.

刘友良，汪良驹，1998.植物对盐胁迫的反应和耐盐性［M］//植物生理和分子生物学.北京：科学出版社.

刘志生，1996.鲁德1号冬小麦耐盐力分析［J］.中国农学通报，12（3）：21-22.

刘祖祺，张石城，1994.植物抗性生理学［M］.北京：中国农业出版社.

陆景陵，1994.植物营养学［M］.北京：北京农业大学出版社：32-33.

罗斌，1994.我国的盐碱化土地与治理技术［J］.林业科技通讯（3）：8-10.

吕金岭，董永，2007.盐逆境胁迫下施钾对降低小麦盐害的生理效应研究［J］.江西农业学报，19（3）：39-40.

马翠兰，刘星辉，2004. 盐对柚幼苗的胁迫效应分析 [J]. 热带作物学报，25（1）：28-31.

马向丽，魏小红，龙瑞军，等，2005. 外源一氧化氮提高一年生黑麦草抗冷性机制 [J]. 生态学报，25（6）：1269-1274.

南京农业大学，1994. 土壤农化分析 [M]. 北京：中国农业出版社：132-133.

彭志红，彭克勤，胡家金，等，2002. 渗透胁迫下植物脯氨酸积累的研究进展 [J]. 中国农学通报，18（4）：80-83.

钱骅，刘友良，1995. 盐胁迫下钙对大麦根系质膜和液泡膜功能的保护效应（简报）[J]. 植物生理学通讯，31（2）：102-104.

任红旭，陈雄，王亚馥，2001. 抗旱性不同的小麦幼苗在水分斜坡和盐斜坡下抗氧化酶和多胺的变化 [J]. 植物生态学报，25（6）：709-715.

任小林，张少颖，于建娜，2004. 一氧化氮与植物成熟衰老的关系 [J]. 西北植物学报，24（1）：167-171.

阮海华，沈文飚，叶茂炳，等，2001. 一氧化氮对盐胁迫下小麦叶片氧化损伤的保护作用 [J]. 科学通报，46（23）：1993-1997.

邵晶，刘玲，刘兆普，等，2005. 磷对海水抑制芦荟幼苗生长的缓解效应 [J]. 中国农业科学，38（4）：843-848.

史跃林，罗庆熙，刘佩英，1995. Ca^{2+} 对盐胁迫下黄瓜幼苗中 CaM、MDA 含量和质膜透性的影响 [J]. 植物生理学通讯，31（5）：347-349.

束良佐，刘英惠，2001. 硅对盐胁迫下玉米幼苗叶片膜脂过氧化和保护系统的影响 [J]. 厦门大学学报（自然科学版），40（6）：1295-1300.

谈建康，安树青，王峥嵘，等，1998. NaCl、Na_2SO_4 和 Na_2CO_3 胁迫对小麦叶片自由基含量及质膜透性的比较研究 [J]. 植物学通报，15（增刊）：82-86.

汤章城，1999. 植物生理和分子生物学 [C]. 北京：科技出版社：739-745.

陶帅平，葛志清，虞国兴，等，2001. 施钾对扬麦 158 等小麦品种的养分吸收与生物产量的影响 [J]. 土壤学报，38（3）：301-307.

汪邓民，周冀衡，朱显灵，等，1998. 干旱胁迫下钾对烤烟生长及抗旱性的生理调节 [J]. 中国烟草科学（3）：26-29.

汪耀富，宋世旭，王佩，等，2006. 渗透胁迫对不同供钾水平烤烟叶片抗旱生理指标的影响 [J]. 中国农学通报，22（5）：216-219.

王宝山，李德全，赵士杰，等，1999. 等渗 NaCl 和 KCl 胁迫对高粱幼苗生长和气体交换的影响 [J]. 植物学通报，16（4）：449-453.

王宝山，赵可夫，1997a. NaCl 胁迫下玉米黄化苗质外体和共质体 Na，Ca 浓度的变化 [J]. 作物学报，23（1）：27-33.

王宝山，赵可夫，邹琦，1997b. 作物耐盐机理研究进展及提高作物抗盐性的对策 [J]. 植物学通报，14（增刊）：25-30.

王宝山，邹琦，赵可夫，2000. NaCl 胁迫对高粱不同器官离子含量的影响 [J]. 作物学报，

6 (11)：845-850.

王宝山，1995. 小麦叶片中 Na^+、K^+ 提取方法的比较 [J]. 植物生理学通讯，31 (1)：50-52.

王代军，1998. 温度胁迫下几种冷季型草坪草抗性机制的研究 [J]. 草业学报，7 (1)：75-80.

王凤婷，艾希珍，刘金亮，等，2005. 钾对日光温室黄瓜糖、维生素C、硝酸盐及其相关酶活性的影响 [J]. 植物营养与肥料学报，11 (5)：682-687.

王洪春，1997. 生物膜结构功能和渗透调节 [J]. 上海：上海科学技术出版社.

王丽燕，赵可夫，2005. 玉米幼苗对盐胁迫的生理响应 [J]. 作物学报，31 (2)：264-266.

王丽燕，赵可夫，2004. NaCl 胁迫对海蓬子（*Salicornia bigelovii* Torr.）离子区室化、光合作用和生长的影响 [J]. 植物生理与分子生物学学报，30 (1)：94-98.

王利军，李家承，刘允芬，等，2003. 高温干旱胁迫下水杨酸和钙对柑橘光合作用和叶绿素荧光的影响 [J]. 中国农学通报，19 (6)：185-189.

王鸣刚，1995. 小麦耐盐变异体的筛选 I 小麦耐盐细胞系的筛选及生理生化特性的分析 [J]. 西北植物学报，15 (5)：15-20.

王锁民，朱兴运，王增荣，1993. 渗透调节在碱茅幼苗适应盐逆境中的作用初探 [J]. 草业学报，2 (3)：40-46.

王锁民，朱兴运，等，1994. 盐胁迫对拔节期碱茅游离氨基酸成分和脯氨酸含量的影响 [J]. 草业学报，3 (3)：22-26.

王文卿，叶庆华，王笑梅，等，2001. 盐胁迫对木榄幼苗各器官热值，能量积累及分配的影响 [J]. 应用生态学报，12 (1)：8-12.

王应，张颖妹，2001. 果蝇程序化死亡基因（PD CD5）同源 cDNA 的克隆和序列分析 [J]. 中国生物化学和分子生物学报，17 (2)：143-147.

王泽港，1999. 半根干旱胁迫对水稻叶片光合特性和糖代谢的影响 [J]. 江苏农业研究，20 (3)：15-18.

吴雪霞，朱月林，朱为民，等，2006. 外源一氧化氮对 NaCl 胁迫下番茄幼苗生长和光合作用的影响 [J]. 西北植物学报，26 (6)：1206-1211.

夏阳，林彬，陶洪斌，等，2000. 不同基因型小麦对 NaCl 胁迫的反应 [J]. 植物营养与肥料学报，6 (4)：417-423.

徐呈祥，2006. 库拉索芦荟（*Aloe vera* L.）对盐胁迫的响应和硅对其盐害的缓解效应 [D]. 南京：南京农业大学.

徐呈祥，刘兆普，刘友良，2004. 硅在植物中的生理功能 [J]. 植物生理学通讯，40 (6)：753-757.

徐云岭，余叔文，1990. 植物适应盐逆境过程中的能量消耗 [J]. 植物生理学通讯 (6)：70-72.

许兴，李树华，惠红霞，等，2002. NaCl 胁迫对小麦幼苗生长、叶绿素含量及 Na^+、K^+ 吸收的影响 [J]. 西北植物学报，22 (2)：278-284.

阎国华，陈云昭，1996. Ca $(NO_3)_2$ 对盐胁迫下大豆离体胚再生植株保护系统的影响 [J].

山西农业大学学报（自然科学版），16（3）：222-225.

晏斌，戴秋杰，1994. 外界 K 水平对水稻幼苗耐盐性的影响［J］. 中国水稻科学，8（2）：119-122.

杨根平，荆家海，王韶唐，等，1992. 钙在水分胁迫植物体内作用的初步研究［J］. 西北植物学报，12（5）：13-17.

杨洪兵，丁顺华，邱念伟，等，2001. 耐盐性不同的小麦根和根茎结合部的拒 Na+ 作用［J］. 植物生理学报，27（2）：179-185.

杨俊兴，张彤，吴冬秀，2003. 磷素营养对植物抗旱性的影响［J］. 广东微量元素科学，10（12）：13-19.

杨敏生，李艳华，梁海永，等，2003. 盐胁迫下白杨无性系苗木体内离子分配及比较［J］. 生态学报，23（2）：271-277.

宰学明，吴国荣，陆长梅，等，2001. Ca2+ 对花生幼苗耐热性和活性氧代谢的影响［J］. 中国油料作物学报，23（1）：46-50.

张福锁，1993. 植物营养生态生理学和遗传学［M］. 北京：中国科学技术出版社.

张金林，陈托兄，王锁民，2004. 阿拉善荒漠区几种抗旱植物游离氨基酸和游离脯氨酸的分布特征［J］. 中国沙漠，24（4）：493-499.

张士功，高吉寅，宋景芝，2000. 外源甜菜碱对盐胁迫下小麦幼苗体内几种与抗逆能力有关物质含量以及钠钾吸收和运输的影响（简报）［J］. 植物生理学通讯，36（1）：23-26.

张岁岐，山仑，薛青武，2000. 氮磷营养对小麦水分关系的影响［J］. 植物营养与肥料学报，6（2）：147-151，165.

张岁岐，山仑，1998. 磷素营养对春小麦抗旱性的影响关系［J］. 应用与环境生物学报，4（2）：115-119.

张宪政，1992. 作物生理研究法［J］. 北京：农业出版社.

张绪成，上官周平，高世铭，2005. NO 对植物生长发育的调控机制［J］. 西北植物学报，25（4）：812-818.

张艳艳，刘俊，刘友良，2004. 一氧化氮缓解盐胁迫对玉米生长的抑制作用［J］. 植物生理与分子生物学学报，30（4）：455-459.

张燕，方力，李天飞，等，2002. 钙对低温胁迫的烟草幼苗某些酶活性的影响［J］. 植物学通报，19（3）：342-347.

赵福庚，王晓云，王汉忠，1999. 花生叶片生长发育过程中多胺代谢的变化［J］. 作物学报，25（2）：249-253.

赵可夫，1997. 作物耐盐机理研究进展及提高作物抗盐性的对策［J］. 植物学通报，14（增刊）：235-240.

赵可夫，李军，1999. 盐浓度对 3 种单子叶盐生植物渗透调节剂及其在渗透调节中贡献的影响［J］. 植物学报，41（12）：1287-1292.

赵可夫，邹琦，李德全，等，1993. 盐分和水分胁迫对盐生和非盐生植物细胞膜脂过氧化作用的效应［J］. 植物学报，35（7）：519-525.

赵可夫，1993. 盐生植物的抗盐性及抗盐机理 [M]. 北京：中国科学技术出版社.

赵可夫，1983. 植物抗盐生理 [M]. 北京：中国科学技术出版社.

赵蕊，赵轶，楼宜嘉，2003. 生理溶液中硝普钠释放一氧化氮巯基通路的动力学研究 [J]. 中国药学杂志，38（2）：103-105.

郑海雷，林鹏，1998. 培养盐度对海莲和木木榄幼苗膜保护系统的影响 [J]. 厦门大学学报，37（2）：278-282.

郑翠兵，2011. 盐胁迫下甜菜碱对甜菜光合作用及抗氧化能力的影响 [D]. 哈尔滨：黑龙江大学.

郑青松，王仁雷，刘友良，2001. 钙对盐胁迫下棉苗离子吸收分配的影响 [J]. 植物生理学报，27（4）：325-330.

郑延海，宁堂原，贾爱君，等，2007. 钾营养对不同基因型小麦幼苗 NaCl 胁迫的缓解作用 [J]. 植物营养与肥料学报，13（3）：381-386.

钟鹏，朱占林，李志刚，等，2005. 干旱和低磷胁迫对大豆叶保护酶活性的影响 [J]. 中国农学通报，（21）2：153-154.

周冀衡，汪邓民，朱显灵，1998. 钾对烟草抗旱性影响的生理研究 [J]. 黑龙江烟草（2）：8-10.

朱新广，张其德，匡廷云，2000. NaCl 对小麦光合功能的伤害主要是由离子效应造成的 [J]. 植物学通报，127（4）：360-365.

朱新广，张其德，1999. NaCl 对光合作用影响的研究进展 [J]. 植物学通报，16（4）：332-338.

邹琦，2000. 植物生理生化实验指导 [M]. 北京：中国农业出版社.

AHMAD R, ZAHEER S H, ISMAIL S, 1992. Role of silicon in salt tolerance of wheat (*Triticum aestivum* L.) [J]. Plant Sci., 85：43-50.

AKIO U, ANDRE T J, TAKASHI H, et al., 2002. Effects of hydrogen peroxide and nitric oxide on both salt and heat stress tolerance in rice [J]. Plant Sci., 163（3）：515-523.

ALLISON E M, WALSBY A E, 1984. The role of K^+ in the control of turgor pressure in a gas-vacuolate blue-green alga [J]. J. Exp. Bot., 32：241.

ALSCHER R G, DONAHUE J L, Cramer C L, 1997. Reactive oxygen species and antioxidants：relationship in green cells [J]. Phy siol. Plant., 100：224-233.

BELIGNI M V, FATH A, BETHKE P C, et al., 2002. Nitric oxide acts as an antioxidant and delays programmed cell death in barley aleurone layer [J]. Plant Physiol., 129：1642-1645

BELIGNI M V, LAMATTINA L, 2001. Nitric oxide：a non-traditional regulator of plant growth [J]. Trends Plant Sci., 6：508-509

BELIGNI M V, LAMATTINA L, 1999. Nitric oxide counteracts cytotoxic processes mediated by reactive oxygen species in plant tissues [J]. Planta, 208：337-344.

BERNSTEIN L, 1961. Osmtic adjustment of plants to saline media [J]. Amer J Bot, 48：

909-918.

BERNSTEIN L, FRANCOISM L E, CLARK R A, 1974. Interacyive effects of salinity and fertility on yields of grains and vegetables [J]. Agron. J. , 66: 412-421.

BERRY J A, DOWNTON, 1982. Environmental regulation of photosynthesis [M]. New York: Academic Prees: 294 - 306.

BLAT M R, 1993. Hormonal control of ion channel gating [J]. Ann, Rev, plant Mol. Biol, 44: 553-559.

BOULER D, JEREMY J J, WILDING M, 1966. Amino acids liberated into the culture medium by pea seedling roots [J]. Plant Soil, 4: 121-127.

CAMP W V, MONTAGU M V, INZE D, 1998. H_2O_2 and NO: redox signals in disease resistance [J]. Trends Plant Sci. , 3: 330-334.

CARTER D R, CHEESEMAN J M, 1993. The effect of external NaCl on thylakoid stacking in lettuce plants [J]. Plant Cell Environ, 16: 215-223.

CLARK A, DESIKAN R, HURST R D, et al. , 2000. NO way back: nitric oxide and programmed cell death in Arabiodopsis thaliana suspension cultures [J]. Plant J. , 24: 667-677.

CRAMER G R, LAUCHLI A, POLITO V S , 1985. Displacement of Ca^{2+} by Na^+ from the plasmalemma of root cells [J]. Plant Physiol. , 79: 207-211.

DELLEDONNE M, XIA Y J, DIXON R A, et al. , 1998. Nitric oxide functions as a signal in plant diseasere resistance [J]. Nature, 394: 585-588.

ELSTER E F, HARAL D S, 1994. Biological socources of free radicals [J]. Free Radlcals in the Enviro. (7): 13-15.

ELSTNER E F, 1982. Oxygen activivation and oxygen toxicity [J]. Annu. Rev. Plant Physiol. , 133: 73-96.

EPSTEIN M, 1987. Advance salt tolerance [J]. Plant Soil, 99: 17-29.

EPSTEIN W, WIECZOREK Z, SOENERS A, et al. , 1984. Potassium transport in adi: genetic and biochemical characterization of the K^+-translocating ATPase [J]. Btochern Soc. Trans. , 12: 235.

EVANS R E, BRIARS S A, EWILLIANS L, 1991. Active calcium transport by plant cell membranes [J]. Exp. bot. , 42: 285-303.

FARQUHAR G D, SHARKEY T D, 1982. Stomatal conductance and photosynthesis [J]. Annu. Rev. Plant Physiol. , 33: 317-345.

FLOWERS HAJIBAGHER T J A, YEO A R, 1991. Ion accumulation in the cell walls of rice plants growing under saline condition: evidence for the Oertli hypothesis [J]. Plant, Cell and Environment, 14: 319-325.

GARCIA MATA C, LAMATTINA I, 2001. Nitric oxide induce stomatal closure and enhance the adaptive plant responses against drought stress [J]. Plant Physiol. , 126 (3): 1196-1204.

GNANSIRI S, HIROHUMI S, 1990. Cell membrane stability and leaf water relation as affected by phosphorus nutrition under water stress in Maize [J]. Soil Sci. Plant nutri. , 36 (4): 661-666.

GONG H J, CHEN K M, CHEN G C, et al. , 2003. Effects of silicon on growth of wheat under drought [J]. J. Plant Nutr. , 26: 1055-1063.

GOSSETT D R, MILLHOLLON E P, LUCAS M C, 1994. Antioxidant response to NaCl in salt-tolerant and Salt-sensitive cultivars of cotton [J]. Crop Science, 34: 706-714.

GRATTAN S R, GRIEVE C M, 1992. Mineral element acquisition and response of plants grown in saline environments [J]. Agric. Ecosystem and Envirr. , 38: 275-300.

GREENWAY H, CUNN A, PITMAN M G, et al. , 1965. Potassium Retranslocation in seedling of Hordeum Vulgare [J]. Aust. J. Biol. Sci. , 18: 235-247.

HARO R, BANEULOS M A, QUINTERO F J, et al. , 1999. Genetec basis of sodium exclusion and sodium tolerance in yeast a model for plants [J]. Physilol. Plant, 89: 868-874.

HAYASHI H A, MUSTARDY L, DESHNIUM P, et al. , 1997. Transformation of *Arabidopsis thaliana* with the *coda* gene for choline oxidase: accumulation of glycinebetaine and enhanced tolerance to salt and cold stress [J]. Plant J. , 66: 133-142.

JACOBY B, 1964. Function of bean roots and stems in sodium retention [J]. Plant physiol. , 39: 445-449.

JEAN R, MATTIJS H C P, 1993. Exposure of Cyanobacterium synechocystis PCC 6803 to salt stress induces concerted change in respiration and photosynthesis [J]. Plant and Cell physiol, 34: 1073-1079.

JESCHKE W D, STELTER W, REISING B, et al. , 1983. Vacuole Na/K exchange, its occurrence in root cells of Hordeum, Atriplex and Zea and its significance for K/Na discrimination in roots [J]. J. Exp. Bot. , 34: 964-979.

KE Y Q, DAN T G, 1999. Effects of salt stress on the ultratructure of chloroplast and activities of some protective enzymes in leaves of sweet potato [J]. Acta. phytophysiol. Sin. , 25 (3): 229-233.

KRAMER G F, NORMAN H A, KRIZED D J, et al. , 1991. Influence of UV-B radiation on polyamines lipid peroxidation and membrane lipid in cucumber [J]. Photochemistry, 30: 2101-2108.

LAUCHI A, 1984. Salinity tolerance in plant: strategies for crop improvement [C]. New York: John Wiley and Sons, 171-184.

LEOPOLD A C, 1984. Evidence for toxicity effects of salt in membranes [A]. New York: John Wiley and Sona, 67-75.

LEVITT J, 1980. Responses of plants to environmental stresses. [D]. New York: Academic Press.

LIANG Y, 1998. Effects of Si on leaf ultra structure, chlorophyll content and photosynthetic activity in barley under salt stress [J]. Pedosphere, 8: 289-296.

LIANG Y C, Chen Q, Liu Q, et al., 2003. Exogenous silicon (Si) increase antioxidant enzyme activity and reduce lipid peroxidation in roots of salt-stressed barley (*Hordeum vulgare* L.) [J]. Journal of Plant Physiology, 160: 1157-1164.

LIANG Y C, ZHANG W H, CHEN Q, et al., 2005. Effects of silicon on tonoplast H^+-ATPase and H^+-PPase activity, fatty acid composition and fluidity in roots of salt-stressed barley (*Hordeum vulgare* L.) [J]. Envir. Exp. Bot., 53: 29-37.

LYNCH J A, 1988. Salinity affects intracellular calcium in corn potatoplasts [J]. Plant Physiol (87): 351-356.

LYNCH J, POLITC V S, LAUCHLI A, 1989. Salinity stress increases Ca activity in maize root protoplasts [J]. Plant Physiol., 90: 1271-1274.

MAGY Z, GALIBA G, 1995. Drought and salt tolerance are not necessarily linked: a Study on wheat varieties differing in drought tolerance under consecutive water and salinity stress [J]. Journal of Plant Physiology., 145: 168-174.

MARCUM K B, MURDOCH C L, 1990. Growth responses, ion relations, and osmotic adaptations of eleven C_4 Turf grasses to salinity [J]. Agron. J., 82 (5): 892-896.

MARTINEZ V, LAUCHLI A, 1994. Salt-induced inhibitions of phosphate uptake in plant of cotton (*Gossypium hirsuzum* L) [J]. New Phytol., 126: 609-614.

MATA C G, LAMATTINA L, 2001. Nitric oxide induces stomatal closure and enhances the adaptive plan; responses against drought stress [J]. Plant Physiol., 126: 1196-1204.

MATSUSHITA N, MATOH T, 1992. Function of the shoot base of salt-tolerant reed (*Phagmites communis* Trinius) plants for Na^+ exclusion from the shoots [J]. Soil Sci. and Plant Nutr., 38 (3): 565-571.

MITLER R, 2002. Oxidative stress, antioxidants and stress tolerance [J]. Trends in Plant Sci., 7: 405-410.

MUNNS R, BRACELY C J, BARLOW E W R, 1979. Solute accumulation in the apex and leaves of wheat during water stress [J]. Aust. J Plant physiol. (6): 379-389.

NASSERY H, 1972. The loss of potassium and solium from existed barley and bean roots [J]. New Phytol., 71: 269-274.

OERTLI, J J, 1968. Exracellular salt accumulation, a possible mechanism of salt injury in plants [J]. Agrochimical., 12: 461-469.

RATHERT G, 1982. Influence of extreme K: Na ratios and high substrate salinity on plant metabolism of crops differing in salt tolerence [J]. J. plant Nutr., 5: 183-193.

SHEN L M, DAVID M, JOYCE G F, 1990. Influence of drought on the concentration and distribution of 2, 4-diami-naobutyric acid and other free amino acids in tissues of flatpea (*Lathyrus sylvestris* L.) [J]. Enviro. Expt. Bot., 30: 497-504.

SMITH T A, 1985. Polyamines [J]. Annual Review of Plant Physiology, 6: 117-143.

SNEDDEN W A, FROMM H, 2001. Calmodulin as a versatile calcium signal transducer in plants [J]. New Phytol. , 151: 35-66.

STEVEN J N, RADHIKA D, ANDREW C, et al. , 2002. Nitric oxide is a novel component of abscisic acid signaling in stomatal guard cells [J]. Plant Physiol. , 128: 13-16.

WALKER R R, BLACKMORE D H, SUN Q, 1993. Carbon dioside assimilation and folia ion concentration in leaves of Leamon (*Citrus Limon* L) tress irrigated with NaCl and Na_2SO_4 [J]. Aust. J. Plant Physiol, 20: 173-185.

WATAD A E A, Reuverni M, Bressan R A, 1991. Enhanced net K^+ uptake capacity of NaCl-adaptcells [J]. Plant Physiol, 15: 1265.

WINTER E, 1982. Salt tolerance of Trifolium alexandrinum L. Effects of salt in ultrasreucture of phloem and xylem transfer cells in petioles and leaves [J]. Australian Journal of Plant Physiology, 9 (2): 239-250.

WU L, LIN H, 1994, Salt tolerance and salt uptake in diploid and poolyploid buffalograsses (*Buchloe dactloides*) [J]. Journal of Plant nutrition, 17 (11): 1905-1928.

YEO A R, FLOWERS T J, 1982. Accumulation and localization of sodium ions within the shoots of rice (*Oryza sativa*) varieties differing in salinity resistance [J]. Physiol plant Copenhagen, 56: 343-348.

YU Z, RENGEL Q, 1999. Drought and salinity differentially influence activities of superoxide dismutase in narrow leafed lupines [J]. Plant Science, 141: 1-11.

ZHAO L Q, ZHANG F, GUO J K, et al. , 2004. Nitric oxide functions as a signal in salt resistance in the calluses from two ecotypes of reed [J]. Plant Physiol, 134 (2): 849-857.

ZHU J K, LIU J P, XIONG L M, 1998. Genetic analysis of salt tolerance in Arabidopsis: evidence for a critical role of potassium nutrition [J]. Plant Cell, 10: 1181-1191.

ZHU J K, 2000. Genetic analysis of plant salt tolerance using Arabidopsis [J]. Plant Physiol, 124: 941-948.

ZHU Z J, WEI G Q, LI J, et al. , 2004. Silicon alleviates salt-stress and increases antioxidant enzymes activity in leaves of salt-stressed cucumber (*Cucumis sativus* L) [J]. Plant Science, 167 (3): 527-533.

图书在版编目（CIP）数据

玉米盐胁迫及调控机理/王玉凤，杨克军，薛盈文
著 . —北京：中国农业出版社，2020.4
ISBN 978-7-109-26705-3

Ⅰ.①玉… Ⅱ.①王…②杨…③薛… Ⅲ.①玉米—
盐胁迫—抗性机制 Ⅳ.①S513.034

中国版本图书馆 CIP 数据核字（2020）第 048536 号

中国农业出版社出版
地址：北京市朝阳区麦子店街 18 号楼
邮编：100125
责任编辑：郭银巧　　文字编辑：史佳丽　张美憧
版式设计：史鑫宇　　责任校对：周丽芳
印刷：北京印刷一厂
版次：2020 年 4 月第 1 版
印次：2020 年 4 月北京第 1 次印刷
发行：新华书店北京发行所
开本：700mm×1000mm　1/16
印张：15
字数：300 千字
定价：75.00 元